国家出版基金项目
NATIONAL PUBLICATION FOUNDATION

科技史新视角研究丛书

中国科学院自然科学史研究所　主编

黄兴　著

汉代钢铁锻造工艺

山东科学技术出版社
·济南·

图书在版编目（CIP）数据

汉代钢铁锻造工艺／黄兴著．—济南：山东科学
技术出版社，2023.4
（科技史新视角研究丛书）
ISBN 978-7-5723-1631-9

Ⅰ．①汉…　Ⅱ．①黄…　Ⅲ．①钢铁冶金－冶
金史－中国－汉代　Ⅳ．①TF4-092

中国国家版本馆 CIP 数据核字（2023）第 082203 号

汉代钢铁锻造工艺
HANDAI GANGTIE DUANZAO GONGYI

责任编辑：位　彬　杨　磊
装帧设计：孙小杰

主管单位：山东出版传媒股份有限公司
出 版 者：山东科学技术出版社
　　　　　地址：济南市市中区舜耕路 517 号
　　　　　邮编：250003　电话：（0531）82098088
　　　　　网址：www.lkj.com.cn
　　　　　电子邮件：sdkj@sdcbcm.com
发 行 者：山东科学技术出版社
　　　　　地址：济南市市中区舜耕路 517 号
　　　　　邮编：250003　电话：（0531）82098067
印 刷 者：山东临沂新华印刷物流集团有限责任公司
　　　　　地址：山东省临沂市高新技术产业开发区龙湖路 1 号
　　　　　邮编：276017　电话：（0539）2925659

规格：16 开（170 mm×240 mm）
印张：16.5　字数：263 千　插页：1
版次：2023 年 4 月第 1 版　印次：2023 年 4 月第 1 次印刷
定价：78.00 元

总序

　　中国古代的科学技术是推动中华文明发展的重要力量，是中华文脉绵延不绝的源泉。其向外传播及与周边国家地区、域外文明的接触、交流和融合，为世界科学技术的发展做出了非常重要的贡献。古人在农、医、天、算以及生物、地理等领域，取得了许多重大科学发现；在技术和工程上，也完成了无数令人惊叹的发明创造；留下了浩如烟海的典籍和数不胜数的文物等珍贵历史文化遗产。

　　五四运动前后，我国的科技史学科开始兴起，朱文鑫、竺可桢、李俨、钱宝琮、叶企孙、钱临照、张子高、袁翰青、侯仁之、刘仙洲、梁思成、陈桢等在相关学科发展史的研究方面做出了奠基性的工作。从 20 世纪 50 年代起，中国逐步建立科技史学科专门研究和教学机构。中国科技史研究者们从业余到专业、从少数人到数百人、从分散研究到有组织建制化活动、从个别学科到科学技术各领域，筚路蓝缕，渐次发展，全方位地担负起中国科学技术史研究的责任。

　　1957 年，中国自然科学史研究室（1975 年扩建为中国科学院自然科学史研究所，简称"科学史所"）成立，标志着中国科学技术史学科建制化的开端。此后六十多年，科学史所以任务带学科，组织同行力量，有计划地整理中国自然科学和技术遗产，注重中国古代科技史研究，编撰出版多卷本大型丛书《中国科学技术史》（简称《大书》，26 卷，1998—2011 年相继出版）、《中国传统工艺全集》（20卷20册，2004—2016年第一、二辑相继出版）和《中国古代工程技术史大系》（2006年开始相继刊印，已出版12卷）等著作。其中，《大书》凝聚了国内百余位作者数十年研究心血，代表着中国古代科技史研究的最高水平。

1978年起，科学史所将研究方向从中国古代科技史扩展至近现代科技史和世界科技史。四十多年来，汇聚同行之力，编撰出版《20世纪科学技术简史》（1985年第一版，1999年修订版）、《中国近现代科学技术史》（1997年）、《中国近现代科学技术史研究丛书》（35种47册，2004—2009年相继出版）和《科技革命与国家现代化研究丛书》（7卷本，2017—2020年出版）等著作，填补了近现代科技史和世界科技史研究一些领域的空白，引领了学科发展的方向。

"十二五"期间，科学史所部署"科技知识的创造与传播研究"一期项目，与同行一道着眼于学科创新，选择不同时期的学科史个案，考察分析跨地区与跨文化的知识传播途径、模式与机制，研究科学概念与理论的创造、技术发明与创新的产生、思维方式与知识的表达、知识的传播与重塑等问题，积累了大量新的资料和其他形式的资源，拓展了研究路径，开拓了国际合作交流的渠道。现已出版的多卷本《科技知识的创造与传播研究丛书》（2018年开始刊印，已出版12卷），涉及农学知识的起源与传播、医学知识的形成与传播、数学知识的引入与传播和技术知识的起源与传播，以及明清之际西方自然哲学知识在中国的传播等方面的主题。丛书纵向贯穿史前、殷商、宋、明清和民国等不同时段，在空间维度上横跨中国历史上的疆域和沟通东西方的丝绸之路，于中国古代科技的史实考证、工艺复原与学科门类史、近现代科学技术由西方向中国传播及其对中国传统知识和社会文化的冲击等方面获得了更多新认知。

科学史所在"十三五"期间布局"科技知识的创造与传播研究"二期

项目，秉承一期项目的研究宗旨和实践理念，继续以国际比较研究的视野，组织跨学科、跨所的科研攻关队伍，探索古代与近现代科学技术创造和传播的史实及机制。项目产出的成果获得国家出版基金资助，将冠以《科技史新视角研究丛书》书名出版。这套丛书的内容包括物理、天文、航海、植物学、农学、医药、矿冶等主题，着力探讨相关学科领域科技知识的内涵、在世界不同国家地区的发展演变与交互影响，并揭示科技知识与人类社会的相互关系，不仅重视中国经验、中国智慧，也关注国外案例和交流研究。

两期项目的研究成果，从更宽视野、更多视角、更深层次揭示了科技知识创造的方式和动力机制及科技知识创造与传播的主体、发挥的作用和关键影响因素，深化了对中国传统科技体系内涵与演变及中外科技交流的多维度认识。

一百多年来，国内外学者前赴后继，在中国古代科学技术史、近现代科学技术史的发掘、整理和研究上已收获累累硕果，形成了探究中国古代和近现代科技史的宏观叙事架构，回答了古代科技的结构与体系特征、思想方法、发展道路、价值作用与影响等一系列问题，开创了近现代科技史研究的新局面。我国学者也迈出了从中国视角研究世界科技史的坚实步伐。

当下，我国迈上了全面建设社会主义现代化强国、实现第二个百年奋斗目标、以中国式现代化全面推进中华民族伟大复兴的新征程。这种新形势，一方面需要我国科技群体不停向前沿探索、加快前进的脚步，另一方面也亟需科技史研究机构和学者因应时势进一步深入检视科技史，从中总结经验得失，以支撑现实决策，服务未来发展。在中国历史及世界文明发展的大视野中，进一步总结阐述中国科技发展的体系、思想、成就和特点，澄清关于中国古代科学技术似是而非的认识或争议，充分发掘传统科技宝库以为今用，将有助于讲好中国科技发展的故事，回答国家和社会公众的高度关切之问题，推动中华优秀传统文化的创造性转化和创新性发展，提振民族文化自信和创新自信。

"科技史新视角研究丛书"结合微观实证和宏观综合研究，在这承前启后的科技史研究序列中，薪火相传，继往开来。它以新视角带来新认知，在中国古代与近现代科技史实、中外科技交流的研究中，必将更好地发挥以史为鉴的作用。

关晓武

2022 年 1 月

序　言

　　中国的科技史研究兴起于新文化运动时期。自那时起，中国科技史学科的开拓者们注重以现代科技体系为参照系，整理、研究和总结中华科技遗产，精心考证史实，阐释和复原科技成就，努力澄清历史上"有什么""是什么""谁创造的"等诸多基本学术问题，构建古代学科史和技术史，取得了卓著的研究成果。这种学术传统的典型代表作是中国科学院自然科学史研究所组织全国同行撰写的 26 卷本《中国科学技术史》（卢嘉锡主编）。这部巨著的作者总结数十年的研究成果，主要探讨如下学术问题：中国古代有过什么样的科学技术？其价值、作用与影响如何？又走过怎样的发展道路？在世界科学技术史中占有怎样的地位？为什么会这样，以及给我们什么样的启示？

　　20 世纪 90 年代以来，中国学者在撰写多套古代科技史丛书的同时，还积极思考如何突破过去的研究范式，尝试新的研究视角和方法，开拓新的研究方向和领域，推进学术研究和交流的国际化。这时，中外科技知识交流史以及科技的社会史和文化史等研究愈加受到重视。2010 年，中国科学院自然科学史研究所制定"十二五"科研规划，并启动"科技知识的创造与传播"等若干重要研究项目，以期突破"成就阐释"模式的局限性，争取在微观考释和宏观叙事等方面有所突破。2016 年，中国科学院自然科学史研究所启动"十三五"规划的"科技知识的创造与传播"研究项目

（第二期），至今形成了《科技史新视角研究丛书》文稿，其中包括黄兴撰写的《汉代钢铁锻造工艺》。

中国学者对古代金属技术和冶金考古做了长期的重点研究，取得了丰硕的学术成果，培养了许多专业人才。不过，与冶铸史相比，钢铁锻造技术史研究相对薄弱，这方面的专题学术成果尚不够系统。黄兴本科学习物理学，到硕士阶段转向研习科技史，2014 年完成中国古代冶铁竖炉炉型的专题研究，在北京科技大学获得博士学位，之后到中国科学院自然科学史研究所做博士后研究。2017 年，我们鼓励他以"汉代钢铁锻造工艺研究"为选题，参与研究所"十三五"规划项目，期望他发挥自己的学术专长，在金属技术史研究领域持续着力并取得新突破。

在研究所的支持下，黄兴梳理了有关中国锻造工艺的古文献、考古发掘报告和科技史学术研究成果，从锻铁炉、鼓风器、工具、成形工艺、锻铁制品，以及锻造工艺与经济社会的关系等方面，对汉代锻造技术做了系统的专题研究，包括调查现存的传统锻铁技艺，终于写成《汉代钢铁锻造工艺》。在这部新作中，他对汉代锻造技术做了新阐述，比如，指出其显著特征是在"生铁冶炼及制钢技术体系"基础上形成了类型多样、技术先进的"中原系统"锻造工艺。我们相信这部著作及其后续成果能够丰富和深化我们对中国古代金属技术史，乃至中国科技知识传统的认知，为中国科技史学科发展做出贡献。

是为序。

张柏春

2023 年 4 月

目 录

绪　论

第一节　研究意义

考古学"三期说"将铁器的生产能力、制作效率和性能水平视为判断社会生产力发展程度的重要标志，将铁器工具的意义提高到了划分人类社会文明阶段的高度。中国社会自战国开始逐步进入铁器时代，迨及汉代，全面实现铁器化，在农业、手工业、军事、交通、日常生活等方面都产生了重要影响。这也成为中国社会发展史上的一个重要转折点。

古代生产铁器可分为冶炼和制造加工两个环节。前者包括冶铁和炼钢两个环节，后者有铸造和锻造两种工艺。

人工冶铁最早是用块炼铁法生产熟铁。熟铁含碳量低于0.02%，质地柔软，熔化温度接近纯铁的熔点1535℃，古代无法将其熔化，由此早期铁制品都是锻造成形[①]。中国在公元前8—前6世纪发明了冶炼液态生铁的技术。生铁含碳量高于4.2%，质地脆硬，熔化温度在1100℃~1200℃，可以快速批量生产铸造铁器，用来制作农具。将铸铁在900℃左右长时间退火，碳元素以石墨形态析出，甚至再汇聚成球团状，成为韧性可锻铸铁，性能明显提升。将铸铁产品在高温和氧化环境下继续加热、脱碳，就成了铸铁脱碳钢，可

---

① 在机械加工领域，成型主要是指有外型范的条件下，通过铸造或锻造使工件充满范的内型空间。因此在本书中，将通过铸造、模锻加工而成，称为成型，对自由锻则称为成形，汉代锻造绝大多数都是自由锻。

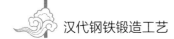

以锻造成各种器物。战国末期到东汉末期，又出现了炒钢、百炼钢、灌钢等炼钢工艺。其韧性和硬度远胜铸铁和青铜，多用来制作兵器和高品质的工具。两汉时期，锻造不仅成为铁器制作与加工的主要工艺，而且是制作高质量铁器所必需的工艺，是两汉社会实现铁器化的必要条件。

铁器铸造沿袭了青铜器的传统和技艺，可以快速成型、批量生产，也容易制作出外形复杂的铁器，多用来制作农具、工具和造像。锻造工艺除了可以改变器物外形，还能显著减少夹杂物、细化晶粒、改善组织结构、增强金属硬度和韧度等，其产品的机械性能要显著优于铸造产品。因此在武器、工具、艺术品制造领域，锻造是必不可少的工艺流程，可以制作性能优良、外形精巧的金属器物。

时至今日，古代金属器物普遍失去了原有的使用功能，只从外观来认识或鉴赏。铸造成型的金属器或具有精美的外形，或带有重要的铭文，或成为造像获得礼俗用途，具有较高的历史、艺术和文化价值，得到了考古学、历史学和艺术史学专家，以及社会大众的关注。锻造工艺赋予金属器的优良实用功能，无法通过视觉传达，难以发挥和展示，失去了用武之地，常常被忽视。实际上，锻造产品所兼具的韧性、硬度等良好实用性能正是金属器最终取代石器、陶器的原因所在，对历史发展、社会生产发挥了重大影响。这是考古学"三期说"将金属的使用提升到划分人类文化阶段这一高度的重要原因，锻造工艺也应当成为技术史研究所关注的重要领域。长期以来学界对中国古代铸造技术给予了很多关注和研究。相比之下，中国古代金属锻造技术的研究明显滞后。近十余年来，随着古代锻造金属不断被发现、金属科学分析新方法的普及、相关成果的积累，古代锻造工艺的重要性逐渐得到认识，亟待开展专题研究。

锻造属于塑性加工，即利用锻压机械对金属坯料施加压力，使其产生塑性变形，成为具有一定机械性能、一定形状和尺寸的锻件。

锻造加工有着悠久的历史背景。早在旧石器时代，人们就用打制的方式来制作石器。打制石块属于减材制造，不属于塑性加工，但为后来的金属锻造积累了一定的认识，存在工艺上的过渡性关联。随着自然铜、陨铁等金属的发现和利用，这种方法也自然而然地被应用到了金属加工工艺中。在新石器时代已开始将天然红铜槌成装饰品和小件用具。冶铜术发明之后，人们用共生矿冶铜，或者将铜与锡、铅、锌等金属做成铜合金，既能增强硬度，提升性能，又能降低熔点，方便制造。中国古代常用的铜合金是铜锡铅三元合金。锡青铜，特别是锡含量高于8%的高锡青铜，由于存在脆性的 δ 相，其塑性远不及红铜、黄铜和钢铁，在冷加工锻造过程中很容易开裂，只能进行轻微的锻造加工，对产品性能提升有限。相比之下，钢铁具有更加优异的性能，强度高、硬度大，在人类生产和生活中起着极为重要的作用。铁是自然界蕴藏量最为丰富的金属之一，其在地壳中的含量约为4.75%，除了以金属状态出现于铁陨石之外，绝大部分以含铁矿物的形式存在。冶铁术的发明和以铁为原料制造的工具、武器及生活器具的出现，使人类文明产生了划时代的进步。直到今天，钢铁仍然是现代工业最重要和应用最多的金属材料。

两汉时期是中国古代科学技术体系奠基和发展形成时期，也是古代钢铁技术从发展到成熟，形成完整的生铁及生铁制钢技术体系和铁器制造手工业体系的重要时期。铁器成为重要的生产资料和战略物资，在社会生产和生活中扮演了不可替代的角色，冶铁业成为影响国家命运和民族生存的支柱性产业。汉代锻造工艺即是生铁冶炼及制钢技术体系的重要构成（图0-1）。

西汉初年，割据岭南的南越国与汉廷交恶，吕后禁南越关市铁器，对南越实施铁器禁运，为此迫使南越武帝赵伦三次向汉廷上书请求解禁。汉武帝时期，为了加强对经济的控制、增强财政实力、集权统治，采取了一系列新政策措施，其中重要的措施之一是实行"盐铁官营"。史书记载，当时在全国设立49处铁官，专管铁器生产或铁器专卖事宜等；不产铁的县设小铁官，"销旧器铸新器"。铁器产业的繁盛也为朝廷与匈奴之间的战争取得最后胜利提供了强大的物质支持。东汉初期，汉和帝放开民营冶铁，在地方豪强共同推动下，中国古代的铁器工业已全面成熟，铁器普及到社会生活的各个领域，包括边远地区在内的全国各地基本实现了铁器化。

从战国时期开始，铁器及冶铁术向中国的边远地区以及周边国家和地区大规模传播，先是向东传播到朝鲜半岛以及日本列岛[1][2]。在西汉时期，又向西传播到西域等地，对西域、朝鲜半岛、日本列岛等地的社会发展发挥了极大的推动作用。

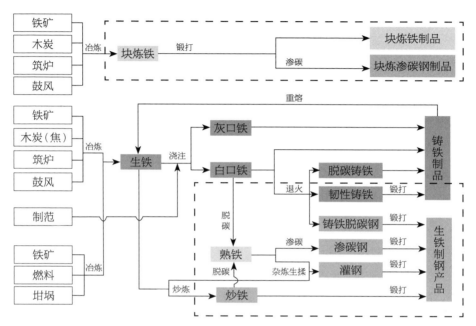

图 0-1　"生铁及生铁制钢技术体系"中锻造相关工艺示意图

　　对汉代铁器锻造开展研究是古代技术史领域非常具有代表性的一个选题。这对于认识铁器加工制造技术、冶铁业的形成和发展、铁器在社会历史发展中的地位和作用，对于探讨两汉时期社会的发展演变及其动因，以及政治和经济对钢铁技术与产业发展的影响具有重要的史学价值和理论价值。

---

① 陈建立, 韩汝玢. 汉晋中原及北方地区钢铁技术研究 [M]. 北京: 北京大学出版社, 2007.
② 王巍. 东亚地区古代铁器及冶铁术的传播与交流 [M]. 北京: 中国社会科学出版社, 1999.

第二节　前人工作

早在宋代，金石学家就已经开始了商周秦汉等古器物及铭刻资料的收集整理、著录和研究。

20 世纪 20 年代，章炳麟《铜器铁器变迁考》[①]和章鸿钊《中国铜器铁器时代沿革考》[②]揭开了中国古代铁器史学术研究的序幕。其后，其他文献历史学家、考古学家和冶金史学家或侧重于某一方面，或将考古发现与文献记载相结合，对古代的铁器和冶铁术进行了研究。

20 世纪 20—40 年代，随着中国现代考古学的诞生，战国秦汉时期铁器有了一些集中发现。例如，1927 年，辽宁旅顺貔子窝高丽寨发现战国晚期铁器[③]；1928 年，旅顺老铁山牧羊城址发现战国秦汉时期铁器[④]；1929 年，旅顺南山里刁家屯发现战国晚期铁器窖藏[⑤]；1930 年春，燕下都老姆台建筑基址发掘出战国铁锛、铁铤铜镞[⑥]；1931 年，旅顺营城子前牧城驿汉墓出土 2 件铁器残片[⑦]；1940 年，邯郸赵国故城发掘出铁凿和铁斧等[⑧]。与此同时，人们开始注意到先秦两汉铁器的文物价值以及铁器在古代社会发展中的作用，并根据文献记载加以研究。当时研究的重点是铁器的出现、早期发展和在社会生活中的应用，但对先秦两汉铁器的专门整理和研究尚未出现。

中华人民共和国成立后，考古学和历史学研究出现空前的繁荣。铁器和冶铁遗址逐渐得到重视，有了一批重要的考古发现。例如，1951 年，河南辉

---

① 章炳麟. 铜器铁器变迁考［J］. 华国月刊，1925，5（2）：1.

② 章鸿钊. 石雅：下编［M］. 北京：百花文艺出版社，2010：21.

③ 滨田耕作. 貔子窝：南满洲碧流河畔的先史时代遗跡［J］. 東亞考古學會，1929：60–61.

④ 原田淑人. 牧羊城：南满洲老铁山麓漢及漢以前遗跡［J］. 東亞考古學會，1931：1–10.

⑤ 滨田耕作. 南山裡：南满洲老铁山麓漢代磚墓·鉄器墓［J］. 東亞考古學會，1933：26–27.

⑥ 傅振伦. 燕下都发掘报告［M］. 国学季刊，1932，3（1）：175–182.

⑦ 森修. 营城子：前牧城驿附近的漢代壁画磚墓［J］. 東亞考古學會，1934：28.

⑧ 驹井和爱，等. 邯郸：战国时代赵都城址的发掘［J］. 東亞考古學會，1954：82，107.

县 5 座墓葬出土战国晚期铁器 175 件 [①]；1953 年，河北兴隆县寿王坟村出土战国晚期铁铸范 87 件 [②]；1955 年，辽宁辽阳三道壕汉代聚落遗址的发掘中，出土以生产工具和车马机具为主的西汉铁器 265 件 [③]；1958—1959 年间，对河南巩县（今巩义市）铁生沟汉代冶铁遗址进行了大面积揭露 [④]；1954 年，河南南阳瓦房庄汉代铸铁遗址被发现，并于 1959—1960 年间进行大规模发掘 [⑤]。冶金史研究者引入自然科学方法对古代铁器进行金相学观察，对当时的钢铁技术及铁器制造工艺有了初步认识，为后来现代科学技术在考古学中的大量应用奠定了基础。历史学者们在唯物史观的指导下重新编纂中国历史，关于中国古代史分期问题大论战中，铁器的大规模使用成为影响中国古代历史分期的重要因素，铁器在社会历史发展进程中的地位和作用受到了前所未有的重视。而 20 世纪 50 年代末全民"大炼钢铁"在全国波澜壮阔地展开，古代铁器和传统冶铁技术受到社会的广泛关注。

得益于考古学和历史学带来的契机，学者们对中国古代的冶铁技术及其成就进行了多维度的研究和系统性的总结，取得了很多重要成果。在国外，李约瑟（J. Needham）早在 20 世纪 50 年代就撰写了有关中国古代钢铁技术的专著 [⑥]；华道安（D. Wagner）长期研究中国古代钢铁技术史，2008 年，他的专著《中国科学技术史·钢铁冶金卷》由剑桥大学出版社正式出版，反映了国外学者对于中国古代钢铁技术史研究的最新进展 [⑦]。在国内，杨宽对历史文献中的相关史料进行了全面总结，阐述了中国古代冶铁技术的发展 [⑧]。20 世纪 70 年代中期开始，国内学者对出土的铁器文物进行系统的检测分析，取得了

---

① 中国科学院考古研究所. 辉县发掘报告 [M]. 北京：科学出版社，1956：69-109.

② 郑绍宗. 热河兴隆发现的战国生产工具铸范 [J]. 考古通讯，1956(1)：29.

③ 东北博物馆. 辽阳三道壕西汉村落遗址 [J]. 考古学报，1957(1)：119.

④ 河南省文化局文物工作队. 巩县铁生沟 [M]. 北京：文物出版社，1962.

⑤ 河南省文化局文物工作队. 南阳汉代铁工厂发掘简报 [J]. 文物，1960(1)：58.

⑥ NEEDHAM J. The Development of Iron and Steel Technology in China [M]. London：The Newcomen Society, 1958.

⑦ WAGNER D B. Science and Civilization in China：Vol. 5, Part 11 [M]. Ferrous Metallurgy. Cambridge UK：Cambridge University Press, 2008.

⑧ 杨宽. 中国古代冶铁技术发展史 [M]. 上海：上海人民出版社，1982.

系统性的新认识。北京科技大学冶金与材料史研究所、中国科学院自然科学史研究所等单位对古代钢铁技术发展史的研究认为，中国古代钢铁技术在采矿、原料加工、冶炼、铸造、制钢、热处理和锻造技术等各方面都取得了突出的成就，形成了自己的钢铁技术体系。中国科技史专家与文物考古专家合作，共检测了古代铁器样品数千件，考察新发现冶铁遗址数十处，发表检验和研究报告上百篇，综合性的成果集中表现在华觉明[①]、韩汝玢与柯俊[②]、何堂坤[③] 等人的专著中。多年来，中国学者重点关注中原地区冶铁技术的发展，李京华立足河南省丰富的古代冶铁遗址资源，参加了多处遗址的考古调查与挖掘，进行了相关研究[④][⑤]。陈建立[⑥][⑦]、孙淑云[⑧]与韩汝玢[⑨]等从铁器的金相学研究角度，探讨了古代冶铁技术及其社会影响。白云翔全面收集了先秦两汉铁器资料，作了细致的考古类型学及传播研究[⑩]。这些成果是本书的研究基础和重要参考资料。

　　古代铁器是如何被生产出来的，一直是冶金史研究关注的重点问题。除了研究铁器产品，冶铁遗址研究也是极其重要的内容。中国古代冶铁技术发达，遗留了丰富的冶铁遗址，已有 5 处被列为全国重点文物保护单位。自20 世纪 50 年代以来，对河南巩县铁生沟、郑州古荥汉代冶铁遗址的研究开启了中国古代冶铁炉的复原工作，并初步分清了冶铁竖炉（高炉）、炒钢炉、铸造熔炉等多种形式的冶铸炉型[⑪][⑫]。如刘云彩对中国古代高炉的起源和演变进

①　华觉明. 铜和铁造就的文明：中国古代金属技术［M］. 郑州：大象出版社，1999.

②　韩汝玢，柯俊. 中国科学技术史：矿冶卷［M］. 北京：科学出版社，2007.

③　何堂坤. 中国古代金属冶炼和加工工程技术史［M］. 太原：山西教育出版社，2009.

④　李京华. 中国古代铁器艺术［M］. 北京：燕山出版社，2006.

⑤　李京华. 中原古代冶金技术研究：第二集［M］. 郑州：中州古籍出版社，2003.

⑥　陈建立，韩汝玢. 汉晋中原及北方地区钢铁技术研究［M］. 北京：北京大学出版社，2007.

⑦　陈建立. 中国古代金属冶铸文明新探 ［M］. 北京：科学出版社，2014.

⑧　孙淑云，韩汝玢，李秀辉. 中国古代金属材料显微组织图谱：有色金属卷［M］. 北京：科学出版社，2010.

⑨　韩汝玢，孙淑云，李秀辉. 中国古代金属材料显微组织图谱：总论［M］. 北京：科学出版社，2015.

⑩　白云翔. 先秦两汉铁器的考古学研究［M］. 北京：科学出版社，2005.

⑪　《中国冶金史》编写组. 河南汉代冶铁技术初探［J］. 考古学报. 1978（1）：1-24.

⑫　赵青云，李京华，韩汝玢. 巩县铁生沟汉代冶铸遗址再探讨［J］. 考古学报，1985（2）：157-183.

行了研究，并对汉代、宋代、清代高炉炉型进行了复原[①]，认为中国古代冶铁高炉起源于冶铜炉，战国到西汉不仅高炉容积扩大，还出现了椭圆形高炉，东汉以后由于鼓风条件的限制，高炉容积缩小，至宋代已出现炉身内倾的筒形高炉。刘云彩后又对古荥冶铁竖炉的复原进行了修改，提出汉代高炉炉身已经内倾[②]。李京华对中国古代熔炉的起源和演变进行了探讨[③]，并对河南省鲁山望城岗冶铁遗址的汉代炼铁竖炉进行了复原，对遗址的平面布置、竖炉炉型、各设施相互关系及其功能，与郑州古荥炼炉进行了对比[④]。黄全胜、李延祥等近年在广西发现了制作块炼铁的碗式冶铁炉，填补了中国冶铁炉型的空白[⑤]。本书作者与导师潜伟教授考察了 30 余处古代冶铁竖炉，将其炉型归纳为"六型九式"，提出了各式竖炉的复原方案，引入计算流体力学方法分析炉型对炉内气流场、温度场的影响，并开展了古代冶铁模拟试验，综合探讨了炉型、鼓风、燃料等要素之间的关联，对古代冶铁技术有了更全面、更深入的认识[⑥]。

西方学者非常关注古代冶铁技术发展，冶铁遗址考古成为研究古代文明史的重要部分。英、美、法、德等国学者在对考古发掘的早期铁器进行科学检测的同时，对非洲、欧洲及亚洲的冶铁遗址也开展了大量的调查和发掘工作，为揭示钢铁技术的起源与传播及其对各地区文明进程的影响提供了较翔实的科学依据。R.F.Tylecote 系统总结了非洲和欧洲发现的古代竖炉的演变[⑦]，对印度冶铁炉也进行了较系统的研究[⑧]；D. Crossley 收集整理了 17—

① 刘云彩. 中国古代高炉的起源和演变［J］. 文物，1978（2）：18-27.

② 刘云彩. 古荥高炉复原的再研究［J］. 中原文物，1992（3）：117-119.

③ 李京华. 中原古代冶金技术研究［M］. 郑州：中州古籍出版社，1994：144-152.

④ 李京华. 中国第二座汉代特大炼铁竖炉的复原与研究［C］// 李京华文物考古论集. 郑州：中州古籍出版社，2006：133-139.

⑤ 黄全胜，李延祥. 广西贵港地区早期冶铁遗址初步考察［J］. 有色金属，2008（1）：137-142.

⑥ 黄兴、潜伟. 中国古代冶铁竖炉炉型研究［M］. 北京：科学出版社，2022.

⑦ TYLECOTE R F. A History of Metallurgy［M］. London：Metals Society，1976：40-104.

⑧ TYLECOTE R F. Early metallurgy in India［J］. The Metallurgist and Materials Technologist，1984（7）：345-346.

19 世纪世界各国遗存的数百座早期高炉的基本信息 [①]；C. Blick 等长期收集
各地关于早期高炉的信息资料，为进一步研究提供了帮助 [②]。西方学者一直
致力于通过炉渣等冶金遗物复原冶金炉内反应过程，例如，N. Bjorkenstam
以瑞典的早期竖炉为例，通过炉渣等冶炼遗物探讨了冶铁炉内的物理化学变
化 [③]；Th.Rehren 在总结冶金考古方法时也强调了冶金遗物研究的重要性，但
并未涉及对冶金遗址的复原仿真研究 [④]。G. R. Tabor 等利用计算流体力学对
斯里兰卡在 7—11 世纪依靠季风进行冶炼的古代冶铁炉内和周边的气流进行
了计算机模拟，并纠正原来的理论模型，开启了应用计算流体力学研究古代
火法技术的新篇章，值得关注 [⑤]。

　　除了以上专门研究，汉代物质文化史领域还有多部重要著作，如中国社
会科学院考古研究所编著的《中国考古学（秦汉卷）》[⑥]、白云翔著《秦汉考
古与秦汉文明研究》[⑦]、孙机著《汉代物质文化资料图说》[⑧] 等，主要涉及秦
汉考古基础性研究、社会生产生活和物质文化、理论和方法、秦汉时期中外
交流等。上述研究成果为本研究提供了丰富资料，也拓宽了本研究的思路。
李洋著《先秦两汉时期热锻薄壁青铜器研究》[⑨] 对先秦两汉时期的铜器锻造
工艺开展了系统研究和总结，为本研究提供了重要借鉴。

① CROSSLEY D. The survival of early blast furnaces: a world survey［J］. Journal of Historical Metallurgy Society, 1984, 18（2）: 112-131.

② BLICK C. Early blast furnace notes［J］. Journal of Historical Metallurgy Society, 1991, 25（1）: 47-55.

③ BJORKENSTAM N. Prehistoric and medieval iron production : reaction process in the production of iron ores in low shaft furnaces［J］. Journal of Historical Metallurgy Society, 1985, 19（2）: 186-192.

④ REHREN, T PERNICKA E. Coins, artefacts and isotopes: Archaeometallurgy and Archaeometry［J］. Archaeometry, 2008, 50（2）: 232-248.

⑤ TABOR G R, MOLINARI D, JULEFF G. Computational Simulation of Air Flower through a Srilandkan Wind-driven Furnace［J］. Journal of Archaeological Science, 2005, 32（5）: 753-766.

⑥ 中国社会科学院考古研究所编著. 中国考古学: 秦汉卷［M］. 北京: 中国社会科学出版社, 2010.

⑦ 白云翔. 秦汉考古与秦汉文明研究［M］. 北京: 文物出版社, 2019.

⑧ 孙机. 汉代物质文化资料图说［M］. 上海: 上海古籍出版社, 2011.

⑨ 李洋. 炉捶之间: 先秦两汉时期热锻薄壁青铜器研究［M］. 上海: 上海古籍出版社, 2017.

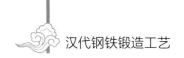
第三节 古代锻造工艺研究方法论之探讨

系统性地开展古代锻造研究需要对研究的方法论进行探讨，包括：研究汉代锻造要解决什么学术问题；依据哪些资料开展研究，如何收集、解读这些资料；锻造工艺包括哪些流程，如何进行科学认知；如何将物质史、知识史、社会史有机融合等。这需要在实际研究中逐步摸索、反思和总结，也需要通过交流和批评加以完善和提升。

一、视角、问题与思路

对锻造的定义不宜局限在成形工艺的范围内，这会弱化其与除杂、脱碳和提高硬度之间的整体联系，导致认识局限在器物的外形上，未能体现出锻造工艺的系统性、连贯性，难以对锻造工艺的历史进行更深入的探讨。

本研究从比较宽的视角来审视古代钢铁锻造。在钢铁制品的生产流程中，无论是生产块炼铁、块炼渗碳钢、生铁转变成钢，还是将钢再加工成器，锻打都是必不可少的。锻造不仅是形状的改变，也是对材料的深度加工。在实际生产中，加热坯料、渗碳脱碳、淬火退火、锬磨等，也都与锻造工艺密切关联，需要一起考察。

本研究也力图将文献与实证相结合，深度梳理和发掘古代文献中记载的锻造内容，探究汉代锻造工艺的知识源流和对文化的影响。我们将锻打的知识背景追溯到旧石器时期，梳理相关考古发现和研究，探讨石器打制与铁器锻造在知识形成、传承与演变等方面的关联。在青铜时代，红铜、青铜具有不同的塑性，依据考古发现和科学分析，我们梳理了锻造工艺的形成和发展过程。

古代文献中直接记载汉代铁器锻造的文字并不多，需要大量梳理已发表的考古资料和金相分析文献，及时引用考古新发现，将文字记载与考古发现相结合，综合探讨汉代锻造工艺。

二、锻造工艺基础理论

关于钢铁锻造工艺的理论与实践，在冶金史的前人研究中已有大量积累，如韩汝玢等《中国古代金属材料显微组织图谱》[①]、李京华《中国古代铁器艺术》[②]；传统铁匠有经验总结，如《农村锻工》（1977）[③]；大量的现代锻造工艺出版物，如《锻造工艺与模具设计》[④]《锻造成形工艺与模具》[⑤]《锻造技术问答》[⑥] 等中已经有了深入的介绍。本小节参考这些资料来进行综合梳理。

1. 锻造的分类、工序与特点

现代锻造有多种分类方法。按照所受作用力的来源分类，有自由锻造（又称开式锻造）、模型锻造（又称闭模式锻造）两类。自由锻造是将金属毛坯放置在铁砧上或简单的工具之间进行锻造，由锻造者手工控制金属形变方向，从而获得符合形状和尺寸要求的锻件。模型锻造有胎模锻和模锻两类，即先自由锻造出模型，或者直接将金属毛坯放置在模具中，由模具型腔来限制金属的变形。

按照金属变形时的温度分类，可分为热锻、温锻、冷锻。纯铁的再结晶温度为450℃，碳钢的再结晶温度要高于此，普遍采用800℃作为划分线，高于此温度为热锻；300℃～800℃称为温锻或半热锻；300℃以下属于冷锻。

冷锻大都在室温下加工，其产品形状和尺寸精度高、表面光洁、加工工序少。许多冷锻件可以直接用作成品，不再需要切削加工。但冷锻时，金属塑性低，易开裂，变形抗力大，加工费力。

热锻是在高于坯料金属的再结晶温度下加工，能改善锻件的塑性，减小金属的变形抗力，使之不易开裂，提高加工效率。但热锻工序多、锻件精度

---

① 韩汝玢，孙淑云，李秀辉. 中国古代金属材料显微组织图谱：总论 [M]. 北京：科学出版社，2015：42.

② 李京华. 中国古代铁器艺术 [M]. 北京：北京燕山出版社，2007.

③ 农村锻工编写组. 农村锻工 [M]. 北京：机械工业出版社，1977.

④ 闫洪. 锻造工艺与模具设计 [M]. 北京：机械工业出版社，2011.

⑤ 伍太宾，彭树杰. 锻造成形工艺与模具 [M]. 北京：北京大学出版社，2017.

⑥ 张海渠. 锻造技术问答 [M]. 北京：化学工业出版社，2009.

差、表面不光洁，容易产生氧化、脱碳和烧损。当金属有足够的塑性和变形量不大时，通常不采用热锻，而改用冷锻。工匠往往视实际要求来选择冷锻或热锻。

温锻的加热温度低于再结晶温度。温锻一定程度上兼顾了冷锻成形和热锻工艺的优点，避免了冷锻和热锻各自存在的缺点，适合变形程度大的中、高强度钢零件的成形。在温锻成形过程中，由于金属的塑性较好、变形抗力较低，而且变形过程中的回复和部分再结晶减弱了变形强化作用，因此金属坯料的变形程度可以很大。同时由于坯料的温度不高，其氧化、烧损较少，因此温锻件的尺寸精度和表面质量高。

锻造工艺的程序以锻件的塑性变形为核心，由一系列加工工序组成，可以分成以下三个阶段：

第一阶段，锻造变形之前的工艺主要是下料和加热。下料选材质合格、外形合适的坯料，通过称重的方式选择足量的铁料，并留有适当余量。加热工序是按照所要求的加热温度和加热速度与节拍，对坯料进行加热。

第二阶段，锻造变形工序是在锻砧等装置上锻打坯料，实现塑性变形，完成锻件内部和外在的基本要求，包括镦粗、拔长、展宽、压入、折叠、冲孔、扩孔、弯曲、扭转、挤压、锻接、夹钢、贴钢等。

第三阶段，锻造变形后的工序首先是冷却，然后继续加工，如切边冲孔、热处理、校正、铲磨、表面清理等。

锻造工艺具有如下一系列的功能及特点：

（1）提升性能。铸件经过热锻之后，原来的铸态疏松、空隙、微裂纹等被压实或焊合；原来的枝状结晶被打碎，使晶粒变细；同时改变原来的碳化物偏析和不均匀分布，使组织均匀。从而获得内部密实、均匀、细微、综合性能好、使用可靠的锻件。

（2）体积基本不变。金属在锻造时产生塑性流动，进而被制成所需形状的工件。在此过程中，除了有意切除的部分和很少量的氧化渣外，总体体积基本不变，只有位置的相互转移，转移的方向是向阻力最小的部分流动。

（3）工艺灵活。锻造有很大的灵活性，形状简单或复杂，质量微小或大型的金属件都可以通过锻造来实现。

（4）各向同性。工程上实际应用的金属材料一般为多晶体材料。金属材料晶粒尺寸都很小，如钢铁材料晶粒尺寸一般为 $10^{-3} \sim 10^{-1}$ 毫米，且多为各向异性。多晶体是由大量微小的晶粒构成，而各小晶体之间彼此方位不同，在某一方向上的性能只能表现出这些晶粒在各个方向上的平均性能，实际是"伪各向同性"。

2. 锻造中的力与塑性形变

锻造时，坯料所受到的力可分为两大类，即变形工具对它的外力和内部相互作用的内力。

在古代工艺条件下，外力由多重因素构成，涉及锻锤的轻重，锤手施力的大小，坯料受锤砧、锻模砧等不动部分的反作用力，以及坯料与锻锤和锻砧的摩擦力等。

金属坯料在外力作用下而变形，有弹性变形、塑性变形和破裂三种。金属产生塑性变形而不发生破坏的能力称为金属的塑性。变形抗力指金属对于促使产生塑性变形的外力的抵抗能力。材料的屈服强度越大，使材料开始产生塑性变形所需要的作用力也越大。金属的塑性越好，变形抗力越小，可锻性越好。金属塑性取决于金属的化学成分、组织结构及变形条件等因素。

塑性变形不仅改变了金属的外形和尺寸，也改变了金属的内部组织和结构，使其性能也随之发生变化。塑性变形也是改善金属材料性能的一种重要手段。

实用的金属材料大部分是多晶体，各晶粒间位向不同和晶界的存在，使得各个晶粒的塑性变形互相受到阻碍与制约。晶界附近滑移时位错运动受到的阻力较大，难以发生变形，具有较高的塑性变形抗力。金属晶粒越细小，晶界面积越大，每个晶粒周围具有不同取向的晶粒数目也越多，其塑性变形的抗力（即强度、硬度）就越高。用细化晶粒提高金属强度的方法称为细晶强化。细晶粒金属强度、硬度高，塑性、韧性好。同样的变形量，晶粒越细，变形分散在更多晶粒内进行，各个晶粒变形比较均匀；且因晶界的影响较大，晶粒内部与晶界附近的变形量差减小，晶粒内变形也会比较均匀。这样就减

少了应力集中，推迟了裂纹的形成与扩展，使金属在断裂之前可发生较大的塑性变形。断裂时需消耗较大的功，即韧性也较好。因此，锻造时通常以获得细小而均匀的晶粒组织为宜，使之具有较高的综合力学性能。

3. 金属加热温度与塑性变化

锻前加热可以提升坯料的塑性，降低抗力，获得良好的锻后组织和性能。在锻炉中，坯料的加热可分为两个阶段：加热温度低于600℃~700℃时，毛坯加热主要靠高温气体（火焰）的对流传热；加热温度达到700℃~800℃时，则以热辐射为主。高温阶段，辐射传热占90%左右。

加热过程中，表层碳和铁被炉气中的气体（O_2、CO_2、H_2O）脱碳、氧化，每加热一次，有1.5%~3.0%的坯料被消耗。锻打时，如果氧化皮被压入表面，将降低锻件的表面质量，造成锻件热处理不均匀。影响氧化的因素有鼓风量、加热温度、加热时间以及钢的含碳量等。对此，要尽量快速加热，不要过量鼓风，注意减少燃料中的水分等。在古代锻造工艺中，特别是百炼钢要反复折叠锻打，为了防止脱碳，还会多次对锻件做渗碳处理。

钢铁锻造有一个适宜的温度区间，即始锻温度与终锻温度之间的温度间隔。在这个温度区间内，钢具有较好的塑性，较低的形变抗力，锻造结束后，不易形成锻造应力，内部能形成细小的晶粒组织。否则，如果始锻温度过高，会造成过烧；终锻温度过高会造成内部晶粒继续生长，形成粗大晶粒，或析出第二相，影响力学性能；终锻温度过低，又会造成加工硬化，塑性降低，容易使坯料锻造开裂。锻造的始锻温度一般低于熔点200℃左右；终锻温度高于钢铁的再结晶温度50℃~100℃。锻接的始锻温度要比一般情况再高100℃，钢铁表面部分会熔化、冒泡。在这样的高温和温度区间内准确把握加热程度，对工匠的经验有着极高的要求。

碳素钢一般采用的热锻温度为800℃~1250℃（图0-2）。当钢的加热温度超过一定值，并保持较长时间，会造成奥氏体晶粒急剧长大，发生过热现象，冷却后晶粒依然会粗大。亚共析钢严重过热再冷却时，奥氏体晶粒分解为魏氏组织；过共析钢严重过热再冷却时，渗出的渗碳体会形成稳定的网状组织，导致钢的强度和冲击韧性降低。对此，需要严格控制加热温度，尽可能缩短高温下的保温时间。钢的加热温度过高，达到接近熔化的温度，奥氏体晶粒粗大，氧化性气体渗入晶界，晶间物质氧化，形成易熔共晶氧化物，晶间连接遭到破坏，发生过烧现象，锻造一击便碎。

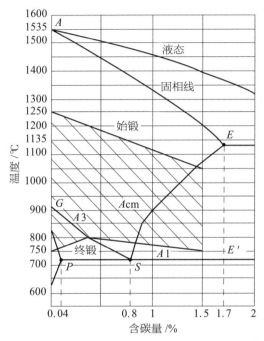

图 0-2　铁碳平衡相图中碳钢的锻造温度范围 [1]

对于铜合金而言，其塑性区间与钢铁有着显著区别。

古代铜合金中常见元素有锡、铅、锌、砷等，有时还会含有微量的铁、镍等。

对于铜锡二元合金。其熔点在 700 ℃～900 ℃ 之间，低于红铜熔点（1083 ℃），易于铸造，硬度则显著高于红铜。含锡 10% 的青铜，硬度为红铜的 4.7 倍，实用性更好。一般把含锡 8% 以上的铜锡合金视为人为合金化的真正青铜，是人类有意识合金化的最早产物。

① 伍太宾，彭树杰. 锻造成形工艺与模具［M］. 北京：北京大学出版社，2017：61.

对于铜锡铅三元合金。器物含铅量低于15%时，可以提高铸造流动性、铸件满型率和耐磨性。但铜铅合金中铅与铜互不相熔，铅以游离态凝固于铜基体间隙，会对基体产生不同程度分割破坏。有文献认为铅锡青铜含铅量小于10%较为理想[①]。所以在有意识地控制下，古代兵器与工具的铅含量普遍低于容器的铅含量。

现代研究发现铜锡二元合金在不同的配比和温度下，共存在八种相：α、β、γ、δ、ζ、ε、η、η'（图0-3）。这些相的塑性和生成方式有所不同，决定了青铜具有不同的塑性。这对青铜锻造工艺产生了决定性的影响。

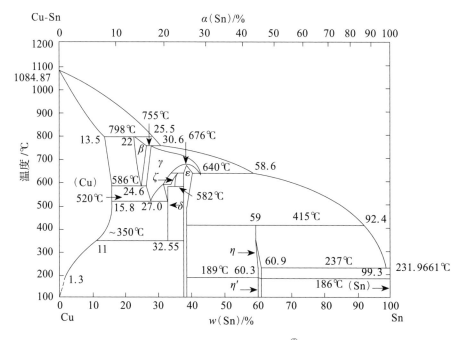

图0-3　铜锡二元相图[②]

① Thomas Chase W. 中国青铜技术研究回顾与展望[J]. 黄龙，编译. 文物保护与考古科学，1994，6（1）：46-52.

② 韩汝玢，孙淑云，李秀辉. 中国古代金属材料显微组织图谱：总论[M]. 北京：科学出版社，2015：42.

大量考古资料和金相分析表明，铜锡合金制品铸态的组织多是 α 固溶体和 (α+δ) 的共析体构成。冶金史研究者常以含锡量 17% 为界，将古代锡青铜器分为高锡和低锡两类。含锡小于 6% 时，铸态显微组织通常为单相 α 固溶体，并存在明显的树枝状偏析；大于 6% 时，有 (α+δ) 共析体析出，(α+δ) 量随锡含量增加而增多 [①]。(α+δ) 相具有较高的硬度，而且很脆，不能进行锻造。当加热至 520 ℃~586 ℃ 或 586 ℃~786 ℃ 时，青铜处于 (α+γ) 或 (α+β) 相区。在热状态下 γ 和 β 相具有较好的塑性，可以承受适当的热加工。淬火以后，β 相变成马氏体的针状组织 β′，γ 相也保留了下来。从而提高了青铜的强度和塑性，减少了高锡青铜的硬脆性，变得易于锻造，抗拉强度显著提升，延伸率也有一定的增加 [②③]。

R. Chadwick 曾用含锡量为 5%~30% 的青铜进行锻造实验，发现铜锡二元合金存在 2 个韧性可锻区间：第一个是含锡量低于 18% 的青铜在 200 ℃~300 ℃ 范围内，由 α 相组成；第二个是含锡 20%~30% 的青铜在 500 ℃~700 ℃ 范围内，由 γ 或 β 相组成 [④]。

现代金属学认为"金属或合金进行范性形变时的温度，可低于或高于再结晶温度。前种变形常称冷作、冷变形或冷加工；后者称热加工" [⑤]。而古代金属塑性加工类别较少，主要是锻打，完全靠工匠的个体知识，不同工匠之间、不同产品之间的差别都很大，加工量和加热温度随意性很强，因此通过产品的显微组织来判断加工工艺，需要对具体器物做具体分析。孙淑云等总

① 韩汝玢，孙淑云，李秀辉. 中国古代金属材料显微组织图谱：总论 [M]. 北京：科学出版社，2015：42.

② 第一机械工业部机械制造与工艺科学研究院材料研究所. 金相图谱：下 [M]. 北京：机械工业出版社，1959.

③ HANSON D, PELL-WALPOLE W T. Chill-Cast Tin Bronzes [M]. London：Edward Arnold &Co. 1951.

④ CHADWICK R. The effect of composition and constitution on the working and on some physical properties of the tin bronzes [J]. Journal of Institute of Metals, 1939：335.

⑤ 中国大百科全书总编辑委员会矿冶编辑委员会，中国大百科全书出版社编辑部. 中国大百科全书：矿冶 [M]. 北京：中国大百科全书出版社，1984.

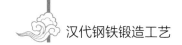

结了铜器冷加工、热加工的基本判断依据①。

　　锡青铜（尤其高锡青铜）冷加工变形量有限，不少锻件在热加工后显示有冷加工现象，可能是热加工时由于锻件降温快，在再结晶温度下还在锤打所致，不一定都是有意为之。对于大的锻件来说，不同部位加工过程和变形量可能不同，组织结构也会有差异。在实际中，很多铜器的显微组织的冷、热加工组织特征不够典型，有的器物样品组织同时存在冷加工和热加工特征。这与铜器的加工过程、材料成分等相关，需要具体分析。此外，铜器在使用或存放中可能发生过度使用或意外事故，需要对不同部位样品的显微组织进行分析。

　　这些现象在钢铁锻造中也普遍存在，需要结合具体器物、使用和存放环境做综合分析。

三、古代钢铁锻造工艺研究的若干问题探讨

　　古代铁器产品和传统锻造工艺是开展古代锻造研究的重要资料来源，但在研究中有些问题需要鉴别和讨论。

1. 古代锻造铁器的鉴别

　　研究古代铁器锻造工艺，首先要鉴别铁器是锻造的还是铸造的。一般情况下，生铁比较硬、脆，难以锻造加工，只能用铸造的方法实现整体成型。熟铁和钢的熔点显著高于生铁，古代难以铸造，只能采用锻打的方式来成形。

　　判断一件铁器是生铁、熟铁或是钢，是否经过锻造加工，最有力的证据是金相分析。对于生铁器，无论是灰口铁、白口铁还是球墨铸铁，块炼渗碳钢、铸铁脱碳钢、炒钢、百炼钢、灌钢等，都能通过金相分析加以区别。对于金相分析显示为生铁的器物，可以断定有铸造的过程。但中国古代常会将铸造的铁器，特别是一些生产工具、农具等，进行长时间退火，以降低表面含碳量，一定程度上改善了内部结构，称之为可锻铸铁，往往再加以锻造加工。

　　① 孙淑云、韩汝玢、李秀辉. 中国古代金属材料显微组织图谱：有色金属卷［M］. 北京：科学出版社，2010：13-14.

如果再进一步退火、锻打，外层脱碳成钢，即铸铁脱碳钢，而其芯部往往还是生铁。所以，局部金相显示为生铁的工具，如果经历了退火加工，就要考虑是否又经历了锻造，需要再结合其他部位金相照片来进一步分析判断。

在实际中，毕竟不可能对所有的铁器都进行金相分析。我们接触到一件铁器首先会观察它的外观。对于大型造像，如铁狮子、铁人、佛像，大型建筑构件，如铁柱、铁瓦当，礼器，如铁经幢、铁香炉、铁旗杆等，都是用生铁铸造的。在其表面会有显著的范缝、铸造铭文、铸造缺陷等，且表面光滑，除铸缝外，少有尖锐的边棱。大型铁器中锻造而成的较少，其中，最典型的是船用大铁锚。大铁锚的锻造加工工艺难度较大，需要多人密切配合，在明代《天工开物》中有相关图像和文献记载，也有不少出土或出水文物。

对于小型的锻造铁器如何鉴别，李京华曾经作过以下总结 [①]：

锻制铁器都需要反复加热、脱碳和锻打，直到成为人们需要的形状为止。然而锻制铁器的原材料，在古代却是多样的，如块炼铁料、脱碳铸铁料、炒钢原料、灌钢原料等。表面鉴定只能分辨锻制成型的器类，锻造方法和水平。不锈器的表面有锻痕，锈蚀器的表面是具有方向特征的层片状锈 [②]。

古代经过锻接的铁器有两类：一种是单一材质，但不能一次锻制成型，而必须两次或多次锻造铁器主体，最后将若干附件铁器，用热锻接法进行锻接成为整体，如斧、铲、凿、矛、锄等的柄銎和裤的锻接。多块铁块锻接的，如东汉或稍晚的庭燎——九连灯、铁三脚架等，在锻接处都有锻接的痕迹。另一种是复合材质，一般将高碳钢作刃与低碳钢器体锻接在一起。主要有贴钢和夹钢两类。

贴钢：多用于薄体刃具，如刀。由于刀体较薄，在古代没有办法劈开夹钢，只能在其一侧贴附一块薄钢片，利用热接法，将低碳钢的刀体和高碳钢的刃片锻在一起。它的特点是两边都有两种钢的接线和两种金属色泽，一面钢片窄，另一面钢片宽，磨光之后两种钢的颜色有别，很好辨别。贴钢这种

---

① 李京华. 中国古代铁器艺术［M］. 北京：北京燕山出版社，2007：4-5.
② 如本书作者在湖南省文物研究所调研期间所见多柄汉代铁剑，锻打加工造成的组织不均匀，以及层状锈蚀非常明显。

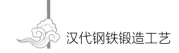

做法在东汉以后出现。

夹钢：常用于厚体刃具，如斧之类。将低碳钢的刃部劈开，高碳钢片夹入，热接为整体。它的特点是两面都有两种钢的接线。与贴钢的不同之处是两面的钢片宽窄大致相同。

古代贴钢和夹钢刃具若锻接得不严密，目测即可发现；若是锻接技术高而非常严密，表面再有铁锈，就不易被发现，需要进行局部磨砺，才可发现锻接处的单条细纹。同类材质锻接多使用低碳钢，在磨面上两者颜色相同，凭借目测不易鉴别，必须在窄角不易磨砺加工处细察，即能发现锻接的痕迹。作为生产工具的镰，生活用具的三角釜架等，一般不再加工，锻接的痕迹十分明显，一看便知。

除了李京华的以上总结，在很多情况下，我们得到的资料是铁器照片或者素描图，接触不到文物实物。这时候可以通过铁器的用途来辅助判断。一般情况下，汉代犁、镰、铲等土工农具铸造成型的较多，采用批量铸造，快速生产，成本较低；也有锻造而成的，可能是在小的作坊里打制，不需要较大的熔铁炉。铁刀、铁剑等兵器，以及各种生活刀具，不能铸造，都是锻造而成。

表面观察只能确定大类。为了进一步鉴别铁器经历了怎样的锻造加工，需要尽量利用金相检测分析等自然科学方法，对代表性器物开展有选择性的金相分析。如对芯、刃等各个部位的金相组织进行全面分析，探讨始锻与终锻温度、芯部与表面变形情况、热处理工艺等具体问题。开展模拟锻造实验，制作与古代文物金相组织相近的锻造产品，判断古代可能的锻造工艺流程等。实测古代文物的表面硬度（不可取样文物）、内部硬度（可取样文物），实测模拟实验得到锻造制品的抗压、抗拉、抗弯等性能，全面认识古代锻造工艺产品的性能。

2. 将传统工艺调查与研究古代锻造相结合

在传统社会中，铁匠是一个非常普遍的职业。在农村和城市中都有很多铁匠作坊，制作修理各种铁器。铁匠们所掌握的传统锻造知识、使用的工具及其日常工作等对我们开展古代锻造研究具有重要的资料价值和参考意义。

在前人文献中，已经屡有提及，保留了一些珍贵史料，如鲁道夫·P·霍梅尔20世纪20年代的调查资料 [①]。

本书作者曾到多地调研传统锻铁工艺，重点访谈了北京怀柔渤海镇铁匠张生师傅（图0-4）、山东钢城上北港村铁匠郝纪迎师傅等人（图0-5）。这两地都是传统的冶铁之乡。本书作者仔细考察了铁匠作坊，了解其工艺和生产活动，委托钢城郝纪迎师傅仿制了西汉南越王墓出土的环首削刀、汉代章丘东平陵故城出土的铁钳（DPL：0263）。对全部工序如下料、加热、锻打、戗磨等做了详细记录，亲手参与部分工序，得到很多一手资料，对锻铁过程中的技术问题有了明确和深入的认识，为开展铁器锻造研究提供了有益的帮助。

调研中本书作者也发现传统铁匠们使用的钢材是现代型材或一些机械部件，在锻造过程中使用了一些现代工具，应用了很多现代锻造知识和技术。这需要我们辩证地认识、利用和借鉴他们的传统工艺。

图0-4　北京怀柔渤海镇铁匠张生师傅

① 鲁道夫·P·霍梅尔. 手艺中国：中国手工业调查图录（1921—1930）[M]. 戴吾三，等译. 北京：北京理工大学出版社，2012：19-44.

图 0-5　钢城上北港村郝纪迎铁匠的锻铁作坊内景

　　改革开放之前出版的一些锻造工艺类书籍也吸收了很多传统锻造知识。例如，在 1977 年出版的《农村锻工》用图形描述了锻造各种农具时如何下料、加工、热处理等，其中专门用彩页展示了铁的颜色与温度的对应关系（见插页）。古代虽有寒、冷、凉、温、热、烫等温差性概念，但这不足以对温度进行精细度量。在金属冶炼和加工过程中，估测温度是必不可少的技能。古人通过观察火焰、铁器的颜色估测适宜开展哪些工序。在流传至今的传统冶铁和锻造工艺中，通过观察铁水的颜色来判断加热程度也被称为"火候""火色"或"水色"。有经验的工匠看火色的准确度可以控制在 50℃ 范围内。这为认识古代锻造工艺提供了有益的帮助。

颜色	火色	温度/℃
棕 红 色		650
暗 樱 桃 红 色		700
樱 桃 红 色		750
亮 樱 桃 红 色		800
红 色		850
亮 红 色		900
桔 黄 色		950
黄 色		1000
黄 白 色		1100
白 色		1200
辉 白 色		1300

铁的颜色与加热温度[①]

① 《农村锻工》编写组. 农村锻工［M］. 北京：机械工业出版社，1977：图 2-1.

第一章

由非塑性到塑性：从文物产品看锻造知识和工艺的发展

为了从知识的角度来分析锻造工艺的发展和形成，可以将视野拓展到全部用打制的方式制作器具的工艺范围，由此上溯到旧石器时代，在两百万年的时间里，人们积累了很多非塑性加工的经验和知识；上溯到青铜时代，人们不仅锻制红铜器具，在掌握了淬火改性工艺之后，锡青铜锻打技术也逐渐兴起；尽管锡青铜特别是高锡青铜的塑性较差，青铜锻打可视为半塑性加工，但为铁器锻造积累了大量宝贵经验，作了重要的铺垫。进入铁器时代，熟铁和钢具有优良的塑性，随着钢铁技术的演化和拓展，锻造工艺逐渐被广泛应用到了绝大多数加工环节，在汉代成为主要的铁器加工工艺。

在本章中，通过综述前人关于石器、青铜器和铁器文物制作工艺的相关研究，来揭示加工材料从非塑性、半塑性到塑性的转变过程中，锻造知识是如何积累，锻造工艺是如何形成的。

第一节　打制石器：非塑性压力加工

石器易于留存，各地发现了数量庞大的石器。旧石器时代具有代表性的早期石器是砍砸器、刮削器和尖状器，均由打击的方法制成。如中国境内已知最早的旧石器时代文化遗存之一、距今210万年的山西运城西侯度遗址出土了石核、石片、刮削器、砍砸器、三棱大尖状器等采用多种打击法制成的

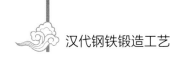
石器①。

制作石器首先要了解石料的性质，有目的地选择和采集石料。经过长期实践，人们逐渐掌握了不少石料的特性。制作石器通常选择容易打制、耐用的石料，包括砾石（鹅卵石）、岩石和矿物类的燧石、火石、石英岩等。这些材料有一定的韧性和脆性，容易打制，能产生合乎需要的石片。

打制石片一般是先选择一个有平面的大石料，或者在大石料上加工出一个平面即台面，再从台面的周边打下薄而长的石片。打击石片有直接打击和间接打击两种方法。

直接打击法是将两块石头直接接触来打制石片，分为石锤直接打击法、碰砧法、石锤摔击法等。这是比较原始的打制方法，运用的时间较长，在旧石器时代的绝大部分时间里都运用此种方法。山西西侯度遗址出土的石片使用锤击、砸击和碰砧三种方法，出现了体积较小的漏斗状石核和利用台面上脊棱为打击点的石片，表明打片技术已达到一定水平②③。

间接打击法是通过一定的媒介物打制石器，又可分为石锤间接打击法和压剥法两种。

石锤间接打击法是把石核放在石砧上，再用石锤砸击，打出的石片薄而窄长。距今约100万年的河北泥河湾遗址的小长梁④和东谷坨⑤遗址所出的旧石器，即采用锤击和砸击两种方法生产石片，有些锤击石片又长又薄，表现了较熟练的打片技术。这批石器包括多种类型的刮削器、锯齿刃器、凹缺器、尖状器和钻具等，尺寸都很小，加工技术已经达到较高的水平，与西侯度和

① ZHU Zhaoyu, Robin Dennell, Weiwen Huang, et. al. Hominin occupation of the Chinese Loess plateau since abont 2.1 million years age[J]. Nature.2018, 599(7715): 608−612.

② 王益人. 关于西侯度问题的思考[C]// 高星，石金鸣，冯兴无. 天道酬勤桃李香：贾兰坡院士百年诞辰纪念文集. 北京：科学出版社，2008：193−203.

③ 李炎贤. 关于西侯度的石制品的讨论[C]//Lee Yong−jo ed. Palaeolithic Men's Lives and Their Sites—Commemorating 40 years for Palaeolithic Studies. 韩国：学术文化社，2003：255−278.

④ 陈淳，沈辰，陈万勇，等. 河北阳原小长梁遗址1998年发掘报告[J]. 人类学学报，1999(3)：225−239.

⑤ 侯亚梅，卫奇，冯兴无，等. 泥河湾盆地东谷坨遗址再发掘[J]. 第四纪研究，1999(2)：139−147，193−194.

170万年前云南元谋人相比已显示出不少的进步[①②]。

压剥法出现于旧石器时代晚期，用木制或骨角制的短棒作为錾子，利用间接打击或压制技术从石核上剥离大小较为一致的细长石叶，适用于具有脆性和韧性的石料。细石叶可以镶嵌到骨角材料所开凿的凹槽中，并用黏合剂加固，制成复合工具，兼具有机材料韧性好与石质材料坚硬锋利两个方面的优点，轻便、便于维护、适用面广[③④⑤]。此法一直沿用到新石器时代，为原始人彻底定居化乃至进入新石器时代奠定了基础[⑥]。

石片、石核打下后再进行修整，制作成器。一般是用石锤在石核或石片的边缘上敲击而成，疤痕较短而深；也有用木、骨棒修整，疤痕浅而长。这类方法在旧石器时代应用的时间比较长。

在漫长的旧石器时期，选材和打制的知识基本形成之后，也在不断进步和细化。距今50万~40万年的北京周口龙骨山北京人遗址出土了一万七千多件石器，石器工艺已达到比较成熟的阶段。该地区原始人学会了利用性脆且量大的脉石英，可以因地制宜地利用身边的材料制作石器。其制作的刮削器有单直刃、单凸刃、单凹刃、两刃、复刃、盘状、圆端刃和平端刃等多种形状；还发现了大量的砸击石片、锤击石片和碰砧石片，砸击、锤击石锤，石钻，尖状器，砍砸器，球形石等半成品或制作工具。在北京人文化的后一阶段，还出现了雕刻石器和石锥等为其他地区同期文化所罕见的进步类型[⑦]。

旧石器中、晚期文化遗址几乎遍布北方各地，西南、华南及台湾地区也有发现。以下川文化为例，出土石器包括细小石器和粗大石器两类，以细小石器为主，原料多为燧石。细小石器的类型丰富，有锥状、半锥状、柱状、楔状和漏斗状等各种类型的典型的细石核，还有细石叶和各种刮削器、类状器、

① 陈淳，沈辰，陈万勇，等. 小长梁石工业研究[J]. 人类学学报，2002(1)：23-40.
② 卫奇. 东谷坨遗址石制品再研究[J]. 人类学学报，2014，33(3)：254-269.
③ 陈淳，张萌. 细石叶工业研究的回顾与再思考[J]. 人类学学报，2018，37(4)：577-589.
④ 陈胜前，叶灿阳. 细石叶工艺起源研究的理论反思[J]. 人类学学报，2019，38(4)：547-562.
⑤ 王幼平. 华北细石叶技术的出现与发展[J]. 人类学学报，2018，37(4)：565-576.
⑥ 仪明洁. 中国北方的细石叶技术与社会组织复杂化早期进程[J]. 考古，2019(9)：70-78，2.
⑦ 裴文中，张森水. 中国猿人石器研究[M]. 北京：科学出版社，1985：1-277.

雕刻器，以及琢背小刀、箭镞、锯、锥钻等。这些石器既有以间接打击法产生、由细石叶加工成的典型细石器，也有并非以细石器特殊工艺制造的一般小型石器。

旧石器中晚期的石器制造工艺有了较大的进步，如修理台面技术、细石器工艺，以及用间接打击法生产细石叶和使用压制法修理工具和武器等。石器类型多样化、专门化，出现了很多具有专门用途的工具或武器，这与发达的狩猎经济相适应。特别是细石器不仅宜于镶嵌成刀、锯、短剑，而且还是弓箭、标枪等新型投射武器的主要部件。生产力由此得到进一步的提高，社会经济开始了新的飞跃。

中国新石器时代是从距今1万年前后开始的，大约经历6000年。新石器时代以磨制石器为主要特征，但是打制石器、间接打制的细石器在相当长的时期和较广的范围内还大量存在。至距今4000年前后，中国开始进入青铜器时代，进入青铜时代，石器加工技术在建筑、生活等领域依然广泛应用。

第二节　青铜锻打：金属塑性加工之起源

人们最初得到天然金属后，也习惯性地进行锻打加工。金属与石器相比具有很好的延展性，可以进行塑性加工，且材料性能也会随之改变。锻造工艺由此而诞生。

一、早期红铜锻打工艺

人类最早使用的金属是地球上天然存在的纯金和自然铜。自然铜的利用始于公元前第七、八千纪。在现今伊朗西部艾利库什（Ali Kosh）地区发现了最早用自然铜片卷成的铜珠。到公元前第五千纪人类还在继续使用自然铜，在伊朗中部泰佩锡亚勒克（Tepe Sialk）发现有铜针，在克尔曼之南的叶海亚（Yahya）发现有自然铜制成的铜器。在中国境内，云南东川、湖北大冶铜绿山、湖南麻阳等古老铜矿均发现了自然铜。

自然铜被熔化后，与较为纯净的人工冶炼铜难以区别，可以识别的是未经熔化的自然铜。其产品均为锻打制成，硬度一般介于63～102 HV（维氏硬度）之间[①]。人工冶铜目前已知最早要到公元前第四千纪，标志着人类冶金术的诞生。自此，铜的使用量大大增加，锻造工艺的应用更加广泛，技术也获得显著发展。

中国在最初使用红铜时，就采用了锻造的方法进行加工。甘肃酒泉马厂文化（公元前2300—前2000年）遗址出土了一件红铜锥。其尖部金相组织系固溶体再结晶晶粒及孪晶组织，晶粒变形，孪晶界弯曲，表明此样品为红铜热锻，又经历了冷加工制成[②]。此后，在多地也发现了一些经过锻打的红铜制品。

红铜冷锻或铸后冷加工以修缮铸造瑕疵，是很常见的。例如，甘肃玉门火烧沟四坝文化（公元前1900—前1700年）铜斧（76YHM276∶1）肩部样品的金相组织显示其固溶体树枝状晶枝晶和硫化物夹杂拉长变形，铸造孔洞也发生拉长现象，说明此件铜斧铸造成型后，至少其肩部经历过冷加工[③]。河南偃师二里头遗址二期至五期的多件铜锥、铜刀、铜凿、铜簇、铜片都经历过铸后冷加工[④]。新疆吐鲁番市鄯善县洋海墓地（公元前第一千纪早期）出土的铜管（M67，实验编号XJ985）含少量锡，固溶体晶粒严重拉长变形成带状组织；硫化铜铁夹杂物变形明显，沿加工方向拉长排列，应是冷加工成形[⑤]。云南保山文物管理所藏隆阳汶出土的春秋时期铜戚，其刃部样品金相组织显示为铸造红铜，固溶体晶粒的晶内存在偏析，晶粒拉长变形，变形与

---

① TYLECOTE R F. 世界冶金发展史［M］. 华觉明，等编译. 北京：科学技术文献出版社，1985：3.
② 孙淑云，韩汝玢，李秀辉. 中国古代金属材料显微组织图谱：有色金属卷［M］. 北京：科学出版社，2010：17-18.
③ 孙淑云，潜伟，王辉. 火烧沟四坝文化铜器研究［J］. 文物，2003（8）：86-96.
④ 梁宏刚. 二里头遗址出土铜器的制作技术研究［D］. 北京科技大学博士学位论文，2004：45-47.
⑤ 凌勇，梅建军，李肖，等. 新疆吐鲁番地区出土金属器的科学分析［J］. 吐鲁番学研究，2008（1）：20-26.

刃部冷加工有关 ①。

红铜热锻产品，例如，甘肃酒泉干骨崖四坝文化小铜环（M50：填）样品金相组织为红铜热锻，铜 α 再结晶晶粒及孪晶，晶界分布有硫化物夹杂，此小铜环由热锻成形②。云南楚雄万家坝出土的春秋中期万家坝型铜鼓（M23：158），鼓身一个凸起部位的金相组织再结晶晶粒较细，显示硫化物夹杂拉长变形，呈长条状弯曲排列，显示加工量较大 ③。

纯铜质软不宜作为攻伐器，多作装饰件。随着合金技术的发展，到商周时期红铜的使用逐渐减少。

二、早期铜合金锻造产品及工艺特征

当前考古发现和科技考古研究揭示出了中国早期青铜技术的多个显著特征，如最早出现铜合金技术（锡青铜和锌黄铜），最早采用了淬火工艺，较早采用了锻造工艺等。从空间分布来看，"西北 – 关中 – 中原 – 长江中下游"一线的青铜技术发展程度最高，东北地区、西南地区呈两翼分布。从历史发展来看，青铜技术先是经历了早期相对漫长的积累阶段，铸造技术在商周春秋战国时期达到顶峰，锻造技术在秦汉时期才相对成熟。

目前已知的世界上最早的锡青铜制品分别发现于西亚两河流域和中国黄河流域。美索不达米亚乌尔（Ur）的罗亚尔墓葬（公元前 2800 年）发现的青铜斧含锡 8%～10%。中国甘肃东乡县林家一处马家窑文化遗址（公元前 3100—前 2650 年）的灰坑出土了含锡 8%～10% 的铜刀，同遗址房基中还出土有铜渣。

中国也很早就出现了锌黄铜。目前考古发现最早的黄铜器有 3 件。其中 1 件长条形铜笄即为锻造组织，发现于陕西渭南仰韶文化晚期遗址（约公元

① 巢云霞. 云南古哀牢地区出土青铜器的技术研究 [D]. 北京科技大学硕士学位论文, 2010: 46–47.

② 孙淑云, 韩汝玢, 李秀辉. 中国古代金属材料显微组织图谱: 有色金属卷 [M]. 北京: 科学出版社, 2010: 16.

③ 北京钢铁学院冶金史研究室, 广西壮族自治区博物馆, 云南省博物馆. 广西云南铜鼓合金成分及金属材质的研究 [C]// 中国铜鼓研究会编. 中国铜鼓研究会第二次学术讨论会论文集. 北京: 文物出版社, 1986: 104–131.

前3000年），含锌27%～32%[①]，另外2件为铸态组织[②]。山西运城周家庄陶寺文化早中期（公元前2500—前2100年）遗址出土铜镍锌三元合金铜片，基体呈铜锌镍α固溶体再结晶晶粒和孪晶；铅颗粒拉长变形，硫化物夹杂定向排列；铜片边缘部位有大量的滑移线和加工孪晶。以上研究结果显示，该铜片经历了整体热锻和局部冷加工，是在偏离平衡状态下制成的，含有锡、铅、硫、砷、铁等杂质元素，冶炼方法较原始[③]。

根据当前的考古发现，早期青铜锻造实例多数位于西北地区，以锡青铜为主，并出现了砷铜。

中国考古发现最早的青铜器——甘肃省东乡林家马家窑文化（公元前3100—前2650年）的锡青铜刀也经过了锻打加工[④]。刀的柄端和刃部表面金相显示具有α固溶体树枝状结晶和少量（α+δ）共析组织，在刃口边缘1～2毫米宽处可见树枝状晶取向排列，说明刃口经过轻微的冷锻或戗磨。

新疆罗布泊地区小河墓地出土有红铜、铜锡合金。其加工工艺以锻造为主，也有热锻后的冷加工。如铜片（XJ906）的组织显示晶粒严重变形，并沿加工方向拉长，且加工量很大[⑤]。

甘肃玉门火烧沟遗址发现了四坝文化（约公元前1900—前1400年）的以锡青铜为主的装饰品和工具。其中耳环多用锡青铜热锻成形；铜泡多为青铜合金，以铸造为主经加热锻打，少量为热锻成形；13件铜刀其材质有红铜、锡青铜和铜锡铅三元合金，7件铸造成型，6件热锻，有4件的刃部或刀背金相照片可见枝晶及长条状夹杂沿加工方向拉长变形；铜斧和铜锥各有1件，均

① 韩汝玢，柯俊. 中国科学技术史：矿冶卷［M］. 北京：科学出版社，2007：182.

② 西安半坡博物馆，陕西省考古研究所，临潼县博物馆. 姜寨：新石器时代遗址发掘报告［M］. 北京：文物出版社，1988：148.

③ 王建平，王力之. 山西周家庄遗址出土龙山时期铜片的初步研究［J］. 中国国家博物馆馆刊，2013（8）：145-154.

④ 甘肃省博物馆. 甘肃文物考古工作三十年［C］// 文物编辑委员会. 文物考古工作三十年：1949—1979. 北京：文物出版社，1979：141-142.

⑤ 梅建军，凌勇，陈坤龙，等. 新疆小河墓地出土部分金属器的初步分析［J］. 西域研究，2013（1）：39-49，141.

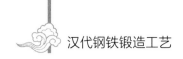

在铸造成型后进行过冷加工处理①。

河西走廊西部的骟马文化（公元前1500—前1000年）与火烧沟四坝文化类似，发现的铜器以红铜为主，同时存在锡青铜、砷铜、铅青铜等二元合金，铸造和热锻比例接近。永昌县西岗遗址发现的6件铜器中，包含铜锡铅砷合金3件、铜锡铅2件及铜锡铅砷锑1件，除1件铜刀为热锻外，其余均铸造成型②。

同时期，中原王朝控制和影响范围内的青铜锻造技术并不逊色，在某些方面甚至更胜一筹。

对河南荥阳小胡村殷墟二期晚段至三期墓地出土的12件铜器分析发现，其材质有纯铜、铜铅合金、铜锡合金、铜锡铅合金四种。4件礼容器为铸造成型；8件兵器工具中，刀M28∶1、戈M38∶1铸后刃部经历了热锻和冷加工，部分晶内存在滑移带，其余皆直接铸造成型③。刀M28∶1含铅3.5%，铜锡合金中含少量铅，对锻造后的性能影响究竟如何，目前有不同观点。

山西垣曲商城出土了商代早期削刀（YQ-01）。有文献认为这是目前世界上最早的淬火青铜器。该铜削刀锡含量达23%，组织中出现了弹性β'相，消除了脆性的δ相，高锡青铜淬火大大改善了高锡青铜的热加工性能，同时也使得青铜器呈现金黄色。大量的变形硫化物夹杂和少量的α相孪晶显示其受过热锻加工④。但鉴于缺乏相近时期的同类考古案例，这种淬火处理不排除是生产或使用中偶然所为。

国外最早的淬火实例是中欧地区哈尔希塔特遗址出土的（公元前1000多年）铁刀和箭镞⑤。春秋战国以来青铜的淬火较为多见，例如，春秋战国时期

① 陈坤龙，王璐，王颖琛，等. 甘肃玉门火烧沟四坝文化铜器的科学分析及相关问题[J]. 中原文物，2018(2)：121-128.

② 潜伟. 新疆哈密地区史前时期铜器及其与邻近地区文化的关系[M]. 北京：知识产权出版社，2006：35-39.

③ 王鑫光，梁法伟，唐静，等. 荥阳小胡村墓地出土部分铜器的科学分析[J]. 文物保护与考古科学，2018，30(1)：78-85.

④ 崔剑锋，吴小红，佟伟华，等. 山西垣曲商城出土部分铜器的科学研究[J]. 考古与文物，2009(6)：86-90.

⑤ NOVIKOV I. Theory of Heat Treatment of Metals[M]. Moscow: Mir Pub, 1978：1-5.

的吴国青铜剑 [①]，四川重庆小田溪墓葬出土的战国中晚期青铜剑 [②]，辽宁北票公元 5 世纪冯素弗墓出土的钵 [③]。对中国传统的铜锣等高锡青铜响器研究发现，其在空气中缓慢冷却后，又脆又硬，淬火后则变得有延展性可以锻打。这一性质与钢铁的淬火转性截然相反 [④]。目前已检测的青铜器中具有淬火马氏体组织的高锡青铜器所占比例很低，研究者认为这些器物的出现可能出于偶然，其目的也应与钢铁制品的淬火是为了强化铁制品不同。响铜器出现后，淬火成为响铜器热锻工艺的重要部分 [⑤]。北宋苏轼《物类相感·杂著》记有："锡铜相合，硬且脆，水淬之极硬。"明李时珍在《本草纲目》"金石·锡铜镜鼻"中记有："铜锡相和，用水浇之极硬。"

　　泰国在青铜时代和铁器时代也有不少青铜淬火的例子。在泰国班清曾出土过一件淬火的项链，最初被认为是公元前 3000 年左右的器物，而现在多数考古学家则认为其不会早过公元前 1500 年。此外，古罗马时代，曾用这种技术生产铜镜。

三、西周至战国青铜锻造产品及工艺特征

　　进入西周以后，锻造成形的青铜器数量明显增加。这一时期人们已经掌握了丰富的铜合金知识。

　　陕西周原孔头沟遗址西周时期宋家墓地出土了 56 件铜器，分为锡青铜和铅锡青铜，其中锡青铜所占比例较大，器物铅含量均偏低，多件薄壁器物为热锻成形。热锻器物铅含量水平整体低于铸造器物，其基体中夹杂物含量较少，铁、硫含量低于铸造器物，也低于附近孔头沟铸铜遗址中发现的铜块。

　　① 贾莹, 苏荣誉. 吴国青铜兵器金相学考察与研究[M]// 中国文物研究所. 文物科技研究: 第二辑. 北京: 科学出版社, 2004: 21-51.

　　② 姚智辉. 晚期巴蜀青铜器技术研究及兵器斑纹工艺探讨[M]. 北京: 科学出版社, 2006: 35-36, 90-91.

　　③ 韩汝玢. 北票冯素弗墓出土金属器的鉴定与研究[J]. 辽宁博物馆馆刊, 辽海出版社, 2010: 7-19.

　　④ GOODWAY M. Quenched High-Tin bronzes from phillipines[J]. Archaeomaterials, 1987(2): 1-27.

　　⑤ 韩汝玢, 孙淑云, 李秀辉. 中国古代金属材料显微组织图谱: 总论[M]. 北京: 科学出版社, 2015: 46.

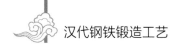

研究者认为这些铜器的原料可能经过有意识的火法精炼，并在配置合金时不加入铅，适宜锻打①。

安徽省南陵县是长江下游地区最早而且规模最大的冶铜中心之一，其古代矿冶遗址可上溯至西周晚期。有研究发现只有容器存在铜铅二元合金和铜锡铅三元合金，但热锻淬火的容器却不含铅，含锡量恰好位于适合该工艺操作并具有良好性能的区间。兵器、工具、车马饰均为铜锡二元合金。薄壁越式鼎腹部样品具有热锻淬火马氏体组织，同样的金属结构还见于峡江地区战国中晚期青铜剑、江都大桥镇南朝青铜器窖藏出土的多件青铜容器。镇江地区出土的吴国青铜戈则具有铸造淬火组织，其工艺与前述遗址器物稍有差别②。

以上考古发现和科学分析表明，两周时期，在广大区域内的工匠们不仅继承了商代高锡青铜淬火技术，而且对于合金成分配比与性能的关系有明确的认识，对需要进行锻造操作的青铜器，选用不含铅的铜锡合金。

进入春秋战国时期之后，关中、中原地区的青铜锻造技术依旧发达。同时，楚地的青铜冶铸技术获得显著提升，形成了迥异于中原的艺术风格。

陕西临潼新丰秦墓出土的29件战国晚期至秦代青铜器，经科学分析显示，铜壶、铜鼎、铜钫、铜釜、铜容器为铸造铜器，材质以高合金量的铜锡三元合金为主，而锻造铜器则为低铅青铜；铜钵、铜盆（口沿、腹部、底部）、铜壶和铜鼎的铜垫片为热锻而成，材质为铜锡二元合金或低合金量的铜锡铅三元合金，明显不同于器物基体③。

山西中霍春秋晚期墓地出土的青铜器经科学分析，发现其制造过程含有铸造、热锻和热锻后冷加工多种工艺。热锻器物有两件，为铜鉴和铜片；热锻后冷加工器物3件，器形为盘、匜。热锻和热锻后冷加工工艺均施在器壁

① 刘思然，陈建立，种建荣，等.周原孔头沟遗址宋家墓地铜器的科学分析与研究[J].南方文物，2017(2)：86-93.

② 贾莹，刘平生，黄允兰.安徽南陵出土部分青铜器研究[J].文物保护与考古科学，2012(1)：16-25.

③ 邵安定，宋俊荣，孙伟刚，等.陕西临潼新丰秦墓出土青铜器的初步科学分析研究[J].文博，2017(2)：77-84.

较薄的盘、匜等器物上。热锻使得器物成分均匀，组织发生再结晶变化，致密度增加；冷加工使得器物整体厚度减薄、均匀，材质加工硬化。这批器物，尤其是锻造铜鉴，反映了春秋晚期青铜工艺的较高水平[①]。

湖北省荆门市境内战国中期晚段的左冢楚墓群出土青铜器多为铜、锡、铅三元合金，且容器的锡含量低于兵器和工具，而铅含量则相反；多为铸造组织，热锻成形的器物有4件，其中3件为盘，1件为匜残片。铜盘的金相分析显示为等轴晶和孪晶组织，晶界有$(\alpha+\delta)$相。匜残片的金相组织也为等轴晶和孪晶，晶界有$(\alpha+\delta)$相，但其局部有细小滑移线，表明其经过热加工，然后又在局部进行了冷加工。此批青铜器合金成分比较合理、制作工艺比较先进[②]。

湖北、安徽等沿江地区出土了不少青铜时代晚期到秦汉时期的青铜容器，成形方式均采用了热锻技术。它们具有器壁薄、重量较轻、强度大、韧性好的特点，且有不少是铅含量在5%左右的铅锡青铜[③]。有研究者认为铜锡合金中加入适量的铅能延长热锻时间，并降低冷加工缺陷的概率。同时，被挤压到缩松、气孔等铸造缺陷中的熔融状态的铅颗粒，也起到一定的压合和焊接作用，且细化的铅颗粒也不会对合金组织造成明显的割裂而使铜器易碎及强度降低[④]。

重庆余家坝战国中晚期遗址出土了一批青铜兵器和工具，其中剑、削、斧、钺、戈含8%～20% Sn 元素，具有良好的机械强度。剑首、脊，削柄，斧銎，钺銎，戈援、胡、内等部位经过了铸造热处理、热锻处理，可以减少或者消除 δ 相，或者形成小晶粒，有效地提高青铜合金的塑性，已经具备了较高

① 张登毅，李延祥，郭银堂. 山西定襄中霍墓地出土铜器的初步科学分析[J]. 文物保护与考古科学，2016，28（1）：7-17.

② 罗武干，秦颍，黄凤春，等. 湖北荆门左塚楚墓群出土金属器研究[J]. 江汉考古，2006（4）：73-81.

③ 秦颍，李世彩，晏德付，等. 湖北及安徽出土东周至秦汉时期热锻青铜容器的科学分析[J]. 文物，2015（7）：89-96.

④ 秦颍，李世彩，晏德付，等. 湖北及安徽出土东周至秦汉时期热锻青铜容器的科学分析[J]. 文物，2015（7）：89-96.

的加工水平[①]。

与中原地区相比,东北、西南地区的青铜冶炼和锻造技艺存在明显差距。

李延祥等认为辽西地区夏家店上层文化(公元前8—前3世纪)使用铜锡砷铅共生矿在不同条件下直接冶炼,有对铜器成分与加工工艺关系的初步认识,但未能实现对铜器合金成分控制,远低于同时期中原地区的技术水平。例如,西辽河北源铜刀材质较为复杂,有红铜、锡青铜、砷青铜、砷锡青铜、铅锡青铜、铅砷青铜和铜锡铅砷四元合金;加工工艺包括铸造、铸后冷加工、铸后受热、热锻、热锻及冷加工、局部热锻冷加工等[②]。关东车遗址青铜器成分与前者相似,采用的加工方式有铸造和热锻成形两种,其中两件耳环采用的是热锻成形工艺[③]。

贵州红营盘春秋晚期到战国早中期遗址(一说战国至西汉早期的)青铜技术已相对成熟。铜器以锡青铜为主,约含锡5%~10%,铜锡配比稳定、合理。装饰品的锡含量高于兵器,可能与审美有关。制作工艺以热锻及冷加工为主,兼有铸造、铸后冷加工、铸后热锻及冷加工、热锻、热锻及冷加工,热锻量普遍较大。剑、镞、刀等体积相对大的器物为铸造成型,刃部热锻。指环、管饰等体积相对小的器物为锻制成形[④]。

对滇西古哀牢地区战国铜剑的科学分析表明,当时的制造工艺已有热锻后冷加工和铸后冷加工等,有3把剑的刃部经过热锻和冷加工,有铸后冷加工的剑外面包铁以增强兵器杀伤力。研究者认为这些铜剑采用了不同的制作工艺,可能反映了器物时代的早晚,也可能反映了这两类剑为不同民族的工匠制作[⑤]。

---

① 杨小刚,邹后曦,金普军,等.开县余家坝遗址出土青铜兵器与工具金相学研究[J].文博,2013(2):80-83,87.

② 李延祥,杨菊.夏家店上层文化铜刀的科学分析[J].中国文物科学研究,2014(2):57-63.

③ 李延祥,杨菊,朱永刚.克什克腾旗关东车遗址出土铜器成分与金相组织研究[J].中原文物,2013(6):98-106.

④ 赵凤杰,李晓岑,张合荣.贵州红营盘墓地铜器技术研究[J].中原文物,2012(3):99-104.

⑤ 巢云霞,李晓岑,王黎锐.古哀牢地区出土青铜剑的科学分析[J].大理学院学报,2011,10(4):30-35.

四川盐源地区出土 8 件战国至西汉时期的铜钺，经鉴定有红铜、锡青铜、铅锡青铜三种类型，以锡青铜为主，合金元素含量较低，合金配比不理想；制作工艺采用了铸造及热锻，以铸造为主，热锻技术不成熟。研究者认为盐源地区铜钺的形制同时受到巴蜀文化及滇文化的影响，个别铜钺带有地方特色[①]。

四、汉代青铜锻造产品及工艺特征

春秋战国起，中国逐渐进入铁器时代。青铜兵器、农具、工具被铁器取代，相关的文化礼仪也发生重大改变。"旧时王谢堂前燕，飞入寻常百姓家"，青铜器更多的是被用作日常生活用具，如盘、盆、锅、洗、匜、鉴、盒、甀、釜、缶、斗等。此时期青铜器的精美程度与商周时期相比逊色许多。但作为日用品，也对青铜器提出了新的要求，如轻薄、耐用等实用性能。由此热锻技术成为铜器制作加工的主要工艺手段，如广州南越王墓出土的铜盆、铜铏[②]。热锻器物相对于铸造来说，能够细化晶粒使得组织更加均匀，抗蚀性能会有显著提高。

两汉时期铁制工具、农具、武器很快代替了同类青铜制品，但青铜容器在人们生活中仍占据较为重要的地位。相比于商周时期，两汉时期青铜铸造业发生了根本性的变化：青铜器功能主要表现为实用性，与三代"重神"有重大转变；经营管理模式发生了重大变化。西汉中晚期至东汉早期青铜冶铸业主要由官府控制，到东汉中晚期私营方式主导地位确立，完全世俗化、商品化[③]。

延庆西屯汉代墓铜器以铜锡铅三元合金为主，多数铜器为铸造而成，局部采用热锻、热锻后冷加工等方式进行修整。例如，铜盆（IM151∶1）和铜铣

---

① 王文君，李晓岑，覃椿筱，刘弘. 四川盐源地区出土青铜钺的科学分析［J］. 广西民族大学学报（自然科学版），2013，19（2）∶26−29，36.

② 孙淑云. 西汉南越王墓出土铜器、银器及铅器鉴定报告［M］//广州市文物管理委员会，中国社会科学院考古研究所，广东省博物馆. 西汉南越王墓. 北京∶文物出版社，1991∶397−410.

③ 杜逎松. 中国青铜器发展史［M］. 北京∶紫禁城出版社，1995∶91.

（IM 353：5）边缘的金相组织显示分别进行过热锻和热锻后冷加工[①]。

安徽天长市三角圩西汉墓出土的3件青铜容器，铜釜、铜洗和铜匜，经科学检测发现其中一件为锡青铜，两件为铅锡青铜，含锡6%左右，比较均匀，含铅量差别较大，另外还含有少量的Fe和Ni等元素，均为热锻而成。铜釜晶内显示有滑移线，可能为热锻后又经过冷加工[②]。

山西中霍春秋晚期墓青铜器、陕西临潼新丰秦墓战国晚期至秦代青铜器、安徽天长市三角圩西汉墓日用青铜器均为薄壁青铜器。其冷却速度应该很快，但组织结构粗大且均匀，这表明其热加工有充足的时间。实现这一点，在工艺上有多种可能性，如使用热锤、垫砧，或者在局部快速锻打，然后迅速重新加热。

铜和铅不互熔，铅通常以软夹杂形式存在于金属基体中，不会由于热加工或冷加工和退火而引起再结晶，它们或者被打成碎小块，或变形拉长。一般认为这会破坏金属基体的连续性，锻打时容易被击碎。不少研究者认为用锻造方式成形的青铜器不宜含铅[③④]。但前述河南荥阳小胡村殷墟二期晚段至三期墓，湖北省荆门战国中期左冢楚墓群，湖北、安徽等沿江青铜时代晚期到秦汉时期墓发现的薄壁青铜容器，都含有少量铅（5%以下）。这已经是一个普遍现象，与陕西周原孔头沟遗址、安徽省南陵县西周晚期遗址所代表的铜锡二元合金锻造工艺完全不同。对此，有文章提出疑问，铅一般在溶液凝固的最后阶段才填充于基体孔隙中，是否因此起到延缓再结晶的过程，同时增加青铜的韧性的作用[⑤]。

---

① 杨菊，李延祥. 北京延庆西屯墓地出土汉代铜器的科学分析[J]. 中国文物科学研究，2012（3）：76-80.

② 晏德付，秦颖，陈茜，等. 天长西汉墓出土部分金属器的研究[J]. 有色金属（冶炼部分），2011（9）：56-61.

③ 何堂坤，刘绍明. 南阳汉代铜舟科学分析[J]. 中原文物，2010（4）：92.

④ CHASE W T. 中国青铜技术研究回顾与展望[J]. 黄龙，译. 文物保护与考古科学，1994，6（1）：16-19.

⑤ 晏德付，秦颖，陈茜，等. 天长西汉墓出土部分金属器的研究[J]. 有色金属（冶炼部分），2011（9）：56-61.

以上问题在没有文献或实验证据的时候尚难以回答，但可以确信的是，古代工匠们已经实现和掌握了这些知识。知识是由人发现或创造的，工匠们必然会继续发挥其才智，自然而然地尝试将从青铜锻造技术上积累起来的知识应用到钢铁锻造领域。我们对古代人探索石器打制、青铜锻造知识的过程进行考察与总结，即意在为分析和理解钢铁锻造知识如何产生提供重要参考和启发。

第三节　钢铁锻造：金属塑性加工之兴起

古代用铁始于陨铁；冶铁术发明后，冶铁和制钢技术存在块炼铁和生铁两个体系。锻造工艺在这些铁器的加工制作中都发挥了重要作用。

中国在商代中期（公元前 1400 年）开始利用陨铁制造武器，采用加热锻造工艺。出土于 1972 年河北藁城和 1977 年北京市平谷县的商代铁刃铜钺，其年代在公元前 14 世纪前后[1][2]，铁刃是用陨铁加热整体锻造成形，再与青铜钺铸成一体[3]。铁刃铜钺的出土表明在公元前 14 世纪前后人们已经认识了铁，了解了铁的热加工性能，并认识到铁与青铜在性质上存在差别。

居住在小亚细亚的赫梯人最早发明了块炼法冶铁技术。之后，块炼法传播到了欧洲、北非等地，一直沿用到公元 13 世纪及稍后时期。中国最初也使用块炼法制铁。在甘肃省甘南藏族自治州临潭县陈旗乡磨沟村约公元前 1400 年的齐家文化地层中发现了人工冶铁制品[4]。这是目前发现最早的人工冶铁锻造产品。新疆地区最晚在公元前 1000 年前后已出现人工冶铁制品。已知中原地区最早的人工冶铁制品发现于公元前 9 世纪至公元前 8 世纪的三

---

① 河北省博物馆，文物管理处. 河北藁城台西村的商代遗址[J]. 考古，1973（5）：266-275.

② 张先得，张先禄. 北京平谷刘家河商代铜钺铁刃的分析鉴定[J]. 文物，1992（7）：66-71.

③ 李众. 关于藁城商代铜钺铁刃的分析[J]. 考古学报，1976（2）：17-34.

④ 陈建立，毛瑞林，王辉，等. 甘肃临潭磨沟寺洼文化墓葬出土铁器与中国冶铁技术起源[J]. 文物，2012（8）：45-53，2.

门峡上村岭虢国墓地[①]，是6件铁刃铜器。其中，铜内铁援戈（M2009∶703）、铜銎铁锛（M2009∶720）、铜柄铁削（M2009∶732）是利用陨铁制作刃部，再与铜部锻接而成；玉柄铁剑（M2001∶393）、铜骹铁叶矛（M2009∶730）的铁质部分是用块炼渗碳钢热锻而成；铜内铁援戈（M2001∶526）的铁质部分是用块炼铁热锻而成[②]。

块炼铁冶炼属于低温固态还原法，是在碗式炉或较低矮的竖炉内，用木柴或木炭作燃料和还原剂，在较低的冶炼温度下（约1000℃）使氧化铁还原成疏松的海绵铁。渣与铁混在一起，需要经过反复的加热锻打将渣挤出去，锻打次数越多，产品中的夹杂物就越少，产品的性能越好。块炼铁含碳量很低，接近纯铁，质地较软，熔点较高，除渣之后，还要进行冷加工锻打，提高产品的硬度。所以加工块炼铁和陨铁，无论是冷加工还是热加工，主要工序都是锻打。

块炼铁在反复加热锻打过程中，因与炭火接触，碳渗入铁中，使之增碳变硬，形成渗碳钢。渗碳钢多用来制作兵器或工具，其性能可接近或超过青铜。块炼铁锻打成片后进行固体表面渗碳，使两面形成高碳层，其中夹着低碳层，经过对折锻合，再用若干片叠搭锻打成器，内部就形成了含碳高低不同的分层组织，如河北易县燕下都遗址出土的铁剑[③]。这样的块炼渗碳制钢增加了锻打次数，质量明显提高，可视作百炼钢的前身。

生铁冶炼属于高温液态还原法。它是在高大的竖炉内，用木炭、木柴或煤炭作燃料和还原剂，在1400℃高温下将氧化铁还原，并增碳使其熔点降低成为液态生铁，再从炉中放出，铸成锭块或浇铸成器。生铁又硬又脆，无法锻造，需要经过退火处理或者炼成钢才具有实用性。生铁可经脱碳热处理获得钢，也可将生铁炒成熟铁再和生铁合炼成钢，然后锻打加工，制成最

---

① 河南省文物考古研究所，三门峡市文物工作队. 三门峡虢国墓：第一卷［M］. 北京：文物出版社，1999：127.

② 韩汝玢，等. 虢国墓出土铁刃铜器的鉴定与研究［M］//河南省文物考古研究所，三门峡市文物工作队. 三门峡虢国墓：第一卷. 北京：文物出版社，1999：559-573.

③ 北京钢铁学院压力加工专业. 易县燕下都44号墓葬铁器金相考察初步报告［J］. 考古，1975（4）：241-243.

终的产品。

中原地区出现块炼铁技术不久，就发明了生铁冶铸技术。1984—1986年间，山西曲沃县天马－曲村晋文化遗址的春秋时期地层堆积中出土铁器3件。其中两件铁器残片，经鉴定是过共晶白口铁，其年代分别为春秋早期偏晚阶段和春秋中期偏晚阶段，约公元前8世纪末和公元前7世纪[①]。这是迄今所知中国最早的铸铁残片。

竖炉生产的初级产品为白口铁，其中的碳以化合态（碳化铁）存在，使铁极为脆硬。为了将生铁加工制作成高质量的钢铁制品，逐渐发展出一系列的生铁制钢技术，包括铸铁韧化、铸铁脱碳钢、炒钢、灌钢、百炼钢、擦生等。在这套技术体系中，锻造工艺占据了重要位置。一是古代尚且达不到铸钢所需的温度，只能采用锻造的方式加工成形；二是经过锻打可有效除去钢中的杂质和孔隙，使得钢组织更为均匀。这些相关技术在汉代得到了全面发展。

在持续的高温和氧化气氛下使碳氧化并向外迁移，或者在中性气氛下，使碳以石墨的形式析出，就能使白口铁变性成为有良好韧性和强度的白心或黑心的可锻铸铁，不再脆硬易折，表面还可以施以锻打进一步提升硬度。早在战国时期，在生铁冶铸术发明后不久，河南洛阳、南阳，河南辉县，湖南长沙，河北石家庄，河北易县，湖北黄石等就出现了这类铁器，尤以农具为多。这一技术推动我国在战国就开始进入铁器时代。

铸铁脱碳成钢是将板状、条状铸铁件在氧化气氛中高温脱碳以得到钢的金属组织，该处理过程不析出或很少析出石墨。此热处理工艺和白心可锻铸铁的柔化处理相似。主要区别在于得到的钢材须经过反复锻打，以消除缩孔、缩松等铸造缺陷，使金属组织更为致密，从而获得优质的成形钢件。此外，还有加工对象是型材而非成型铸件，以及脱碳和组织改变的程度更高等差别。迄今所知最早的铸造板材、条材的陶范出自河南登封阳城战国早期遗址[②]，

① 北京大学考古学系商周组，山西省考古研究所. 天马－曲村（1980—1989）[M]. 北京: 科学出版社，2000: 59, 1178-1180.

② 中国历史博物馆考古调查组，河南省博物馆登封工作站，河南省登封县文物保管所. 河南登封阳城遗址的调查与铸铁遗址的试掘[J]. 文物，1977(12): 52-65.

经鉴定该遗址所出的 10 件铸铁件，有 8 件经脱碳处理成为熟铁和低、中碳钢。汉代河南南阳、古荥以及山东平陵故城所出成批板材、条材，郑州东史马出土的铁剪，以及渑池窖藏出土的板材和钢质农具与工具都属于此类材质，表明铸铁脱碳成钢这项发明从公元前 5 世纪到公元 6 世纪一直发挥着重大作用 [1]。

炒钢也称炒铁，是以生铁片、块为原料，在炉中加热至半熔融状，经翻炒，铁中的碳被氧化，温度随之升高，硅、锰等成分经氧化生成夹杂物。随着碳分的降低、铁料的熔点升高，成为固态的熟铁，再反复施以锻打、挤渣便可成材。炒炼时如控制得当，能得到低、中碳钢或高碳钢。炒钢是划时代的重大发明，它可以在半熔融状态下，快速、大量脱碳制钢，打通了生铁冶炼到制钢的效率瓶颈，为社会提供了大量价廉易得的钢原料。这对于中国从早期铁器时代到完全的铁器时代的转变，具有关键的意义。

战国末期已经出现了炒钢制品 [2]，最早的炒钢炉发现于河南巩县铁生沟汉代冶铸遗址 [3]。近年来，在北京延庆水泉沟辽代冶铁遗址、成都蒲江县铁溪村宋代冶铁遗址又发现了多处炒钢炉遗迹。据大约东汉时成书的《太平经》记载："有急乃后使工师击冶石，求其中铁，烧冶之使成水，及后使良工万锻之，乃成莫邪。"这是有关炒钢的最早记载。汉朝以后的文献如晋隋间著作《夏侯阳称经》，明代《大明会典》《武备志》《武编》《涌幢小品》《天工开物》《神器谱》以及清代《广东新语》等古籍都有生铁炒制或炼制熟铁的记载。足见这一发明自公元初起，历经两千年的发展、衍变，派生出多种形式，影响至为深远。

百炼钢是古代高品质钢的代表。西晋刘琨"何意百炼钢，化为绕指柔"是脍炙人口的诗句，"千锤百炼""百炼成钢"成为人们的习语，百炼钢也理所当然地被视为钢中之最。百炼钢工艺的特征就是反复折叠锻打。炒钢发明

① 韩汝玢，柯俊. 中国科学技术史：矿冶卷［M］. 北京：科学出版社，2007：609-613.

② 刘亚雄，陈坤龙，梅建军，等. 陕西临潼新丰秦墓出土铁器的科学分析及相关问题［J］. 考古，2019（7）：108-116.

③ 河南省文化局文物工作队. 巩县铁生沟［M］. 北京：文物出版社，1962：11-13.

后，百炼钢以它为原料，杂质更少，锻打的火次和折叠的层次增多，刀剑的工艺和质量又有长足的发展。清代严可均《全上古三代秦汉三国六朝文》载东汉末年陈琳《武军赋》谓："铠则东胡阙巩，百练精钢。"曹操《内诫令》有"百辟利器"。北宋《太平御览》卷第三百五十六之"刀下"引《典论》记载曹丕"造百辟宝刀三"[①]。"刀下"又引南朝陶弘景《刀剑录》曰："蜀主刘备令蒲元造刀五千口，皆连环，及刃口刻七十二涑。"[②]《晋书·赫连勃勃载记》记将作大匠"造百炼钢刀"。

罗振玉《贞松堂吉金图》卷下著录了四川广汉郡工官作于永元十六年（公元104年）的卅涑刀。1974年，山东苍山出土的环首刀有错金铭文"永初六年（作者注：公元112年）五月丙午造卅涑大刀吉羊宜子孙。"检测分析表明，此刀由炒铁反复折叠锻打而成，刃口有马氏体，曾经淬火处理[③]。江苏徐州铜山出土有建初二年（公元77年）蜀郡工官所造五十涑刀，日本熊本县出土有5世纪前期的八十涑刀。石上神宫藏有来自百济的作于4世纪后期的百炼七支刀。

"百炼"是概数，形容炼数之多、锻制之精。百炼钢技术在东汉已很成熟，从东汉中期到南北朝，涑数逐步增加。《梦溪笔谈》《本草纲目》《天工开物》《海国图志》都有记载。《册府元龟》所载五代荆南的"九炼钢"，也属于此类。

灌钢是将生铁与熟铁（多为炒炼所得）熔合、锻打而成的。东汉末王粲《刀铭》称"灌辟以数"，说明生、熟铁合炼成钢的技术已具雏形。西晋张协《七命》称："销逾羊头，镆越锻成，乃炼乃铄，万辟千灌。"锻打是制作灌钢必不可少的步骤，也是最费力费时的主要步骤。这种工艺最晚在明代有演化。明代傅浚《铁冶志》、唐顺之《武编》记载将生铁和熟铁共同加热，待生铁将熔时，置熟铁上"擦而入之"再行锻打。明代《天工开物》和《物理小识》亦有类似记载，亦即清代至近代仍盛行于苏、皖、鄂、湘、川、闽等地的"抹钢"

① 李昉，等. 太平御览［M］. 北京：中华书局据上海涵芬楼影印宋本复制重印，1960：1592.

② 李昉，等. 太平御览［M］. 北京：中华书局据上海涵芬楼影印宋本复制重印，1960：1591.

③ 李众. 中国封建社会前期钢铁冶炼技术发展的探讨［J］. 考古学报，1975（2）：1-22.

和"苏钢"。有些地区存在的擦生或生铁淋口，也是同类工艺。

至迟在公元 3 世纪，中国开始应用夹钢、贴钢工艺。其制造工艺是在小农具和兵器刃口部分锻焊（夹在中间或贴在表面）上一块含碳较高、硬度较高的钢，使刃口锋利耐久，而基体是由含碳较低的钢制成的，两者在固态下锻接在一起。巩县铁生沟遗址出土的 4 号铁镢很可能是中国最早的贴钢产品[①]。

打制石器是人类进入旧石器时代的标志性特征，是人类的基本能力和普遍行为的体现，并且在长期的实践中，逐渐形成了专业化的知识和工艺。这种用施加外力制作工具的方式从石器时代被延续到了青铜时代和铁器时代。在此过程中，材料的性能沿着"非塑性—半塑性—塑性"的路线逐渐过渡，相应的知识和工艺也随之而演化和发展。

虽然打制石器、锻打青铜和锻造钢铁之间在知识和工艺的具体内容上有很大的差异，但他们都是由劳动者创造出来的，劳动者在长期的实践中，可以不断总结经验，也会不断尝试探索，实现创新，只要有机会就会推动技术向更高层次发展，材料之间的差异对劳动者创新的阻碍作用只是暂时的门槛。

进入铁器时代，钢铁锻造工艺逐渐走上了中国历史的舞台，经过春秋战国时代的长期酝酿，到了汉代，终于形成了知识丰富、工艺先进的知识体系，跻身为铁器制作工艺的主角之一，成为制造兵器、优质工具等高品质铁器的主要工艺，是一种更为先进的生产力，代表了钢铁技术的发展方向。

---

① 赵青云，李京华，韩汝玢，等.巩县铁生沟汉代冶铁遗址再探讨[J].考古学报，1985(2)：157-183.

第二章

由"段"至"锻"：从文字记载看古人认知之演变

由非塑性加工到塑性加工的发展过程中，古人对锻造工艺的认识、概念的判断和规律的总结也经历了相应的变化。这一变化深刻影响了文字的演化和用法。当代人用"锻"来指代用压力加工产生塑性形变，这是经过一系列演化的结果。"锻"字最早出现于小篆，属于形声字。在小篆出现之前，"锻"写作"段"①。依据目前的资料，"段"最早见于金文。研究"段"和"锻"字的形成、使用及演变不仅可以印证考古发现，还能进一步探究古人对锻造工艺的认知及认知的演变，多角度呈现锻造工艺的人文背景，发掘锻造工艺的历史价值。

第一节　"段"字之起源：打制石器

"段"在金文中写作 ②。经检索，在甲骨文、古籀文汇编中尚未确认有

---

① 在汉代及以后版本的先秦文献中有时将"段"写作"锻"，然先秦文献在成书时当写作"段"，在本章中统一写回"段"。正如宋人王观国所言："盖古之《周礼》，传者非一本，郑氏用锻字，必别本《周礼》，而今世所传《周礼》作段字，……且攻金之工，当用锻字耳。锻、段通用，乃一义也。"（见：王观国. 学林［M］. 北京：中华书局，1988：176.）

② 钟林. 金文解析大字典［M］. 西安：三秦出版社，2017：381，383.

这个字，如《甲骨文字典》①《古籀汇编》②《石鼓文》③。但段字的各构件在甲骨文中已出现。

其左部 ，上面是「（读 hǎn）字，一般解释为山崖。这个字在甲骨文、金文和现代汉语都有。下方的"="（两短横）是小石片。其右部 是"殳"。"殳"在甲骨文中写作 ；可以拆解为 （圆头长柄的打击工具，在青铜时代，殳发展出多种形制）和 （右手，意为手持）④。当前多认为段的本意是手持工具，从山崖上打下小石片。

「在甲骨文中写作 （《乙》4691，一期），与"石"为同一个字⑤。甲骨文"石"至少有四种写法⑥： （《乙》3212，一期）、 （《前》8、6、1，一期）、 （《乙》4693，一期）、 （《乙》4693、4925、5405，一期）。它们都和「有相同之处，所以从字形演变的角度来看，不排除金文段字中的「本意是石。则段的含义可进一步解释为用工具从带有台面的大石块上打下小石片。

如前文所述，在漫长的石器时期，人们一直通过打制石片的方式来制作工具。其要点是先选择带有平台的大石料或者在石料上加工出一个平面即台面，从台面的周边打下薄而长的石片。打制石片是石器时代最重要的活动之一。进入青铜时代，有了文字之后，石片打制技艺依然长期存在。打制石片具有很强的专业性和普遍性，理应有一个专门的字来指代这项活动。从字形来看，最可能的字就是"段"。此外，从字音来讲，"段"读作 duàn，与打击石块发出的声音很相似。

甲骨文中目前发现了四千多个字，已辨识出来的有一千七百多个字，尽管"段"字在甲骨文中尚未辨识出来，但正如李学勤先生所言："甲骨文里

① 徐中舒主编. 甲骨文字典：第三版［M］. 成都：四川辞书出版社，2014.
② 徐文镜. 古籀汇编［M］. 上海：上海书店出版社，1998.
③ 华夏万卷. 石鼓文原拓本吴昌硕临本［M］. 长沙：湖南美术出版社，2018.
④ 徐中舒主编. 甲骨文字典：第三版［M］. 成都：四川辞书出版社，2014：279-280.
⑤ 徐中舒主编. 甲骨文字典：第三版［M］. 成都：四川辞书出版社，2014：1031.
⑥ 徐中舒主编. 甲骨文字典：第三版［M］. 成都：四川辞书出版社，2014：1033.

面有四千多个不同的字已经很了不起了，而这四千多个字还不是当时文字的全部。甲骨文是商王和贵族用于占卜的，内容不可能包括当时生活和文化现象的各个方面，因此它不可能把所有的字都包括在内，今天我们任何方面的一本书也不可能把所有的字都包括在内，除了字典，所以当时的字一定要在五千个以上。"① 所以"段"字在商代是否已经出现，有很大的探索空间。

段字本意的文化印记可见于《庄子》"列御寇"，其中记载：

> 庄子曰：河上有家贫，恃纬萧而食者，其子没于渊，得千金之珠。其父谓其子曰："取石来锻之！夫千金之珠，必在九重之渊而骊龙颔下，子能得珠者，必遭其睡也。使骊龙而寤，子尚奚微之有哉！"②

今本《庄子》中上述引文中都写作"锻"。"锻"字始于小篆。《庄子》其书从战国中晚期逐步流传、糅杂、附益，至西汉大致成形。而篇名之"列御寇"即列子（约公元前 450 —前 375 年），生活于战国早中期，其时代尚无"锻"字。而且"锻"是锻打金属之意，属于塑性加工，与上述语境不合。所以先秦本《庄子》在当时的语境下，都应当写作"段"，今本之"锻"当为秦代以后的人改用。

宝珠属于无机非金属材质，机械性能类似石料，没有塑性，用力砸击必然会破碎。这段话的含义也是要砸碎不祥之珠。此处"段"仍用来描述对类似于石质材料的非塑性加工，这是对"段"的打制石器最初含义的传承和延续。

综上，将"段"字的起源追溯为用来描述打制石片和制作石器工具，与其字形、字义、字音，以及技术内容和社会背景都是相符合的。这应该就是"段"字最初始的含义，也是古人对打制石片的认知，用现代语言来描述，就是采用压力破碎的方式进行非塑性加工。

---

① 李学勤演讲录：辉煌的中华早期文明［N］．光明日报，2007-03-08.

② 庄子［M］．四部备要·子部：第五十三册．北京：中华书局据上海中华书局 1939 年版影印，据明世德堂本校刊，1989：126.

第二节 "段"字含义之沿用：破碎青铜

段的初始含义有两个层次：一是加工方式，即敲击、椎打；二是加工结果，即断裂或破碎。基于第一层含义，后来也用段指代敲击、椎打非石质材料；但段的结果不一定是断裂或破碎，这样段的含义也就逐渐转变。基于第二层含义，段也具有了片段、分段的含义，可以用作量词，后面再谈。

青铜塑性不佳，强力之下常会破碎，与石质材料相近。"段"字也自然而然地被用来描述破碎青铜器的过程。在西周早期至中期的多件青铜器上有"段金"和"𫊁"字样的铭文。结合段字的初始含义，可以这样来解释：即将旧器打碎，铸造新器；"𫊁"是人名或族名，是这些青铜器名义上的制作者。

此类青铜器有以下4件：

（1）𫊁作祖壬鼎，时代为西周早期或中期，洛阳附近出土，容庚旧藏，目前保存于中国社会科学院考古研究所，内底铸有铭文9字（图2-1）[①]：

𫊁乍（作）[②]祖壬宝尊彝，段（锻）金。

图2-1 𫊁作祖壬鼎内底铭文[③]

---

① 中国社会科学院考古研究所. 殷周金文集成[M]. 北京：中华书局，2007：1205.
② 括号内文字为本书引用参考文献的现代著者加注。
③ 中国社会科学院考古研究所. 殷周金文集成[M]. 北京：中华书局，2007：1205.

（2）段金龋簋（甲），西周中期前段，传出土于洛阳，为刘体智旧藏。内底铸铭文6字（图2-2）[①]：

段（锻）金龋乍（作）旅簋[②]。

图2-2 段金龋簋（甲）内底金文[③]

（3）段金龋簋（乙），西周中期前段，传出土于洛阳，容庚旧藏。现为丹麦哥本哈根某私人藏[④]，一说丹麦哥本哈根国家博物馆藏。通高13厘米，内底铸有铭文6字（图2-3）[⑤]：

段（锻）金龋乍（作）旅簋[⑥]。

[①] 中国社会科学院考古研究所. 殷周金文集成［M］. 北京：中华书局, 2007：1900.

[②] 有的文献中，"簋"被释作段。见：吴镇烽. 商周青铜器铭文暨图像集成：第九册［M］. 上海：上海古籍出版社, 2012：128.

[③] 中国社会科学院考古研究所. 殷周金文集成［M］. 北京：中华书局, 2007：1900.

[④] 中国社会科学院考古研究所. 殷周金文集成［M］. 北京：中华书局, 2007：1901.

[⑤] 吴镇烽. 商周青铜器铭文暨图像集成：第九册［M］. 上海：上海古籍出版社, 2012：129.

[⑥] 有的文献中，"簋"被释作段。见：吴镇烽. 商周青铜器铭文暨图像集成：第九册［M］. 上海：上海古籍出版社, 2012：129.

图 2-3　段金蝎簋及内底金文[①]

（4）段金蝎尊，西周中期前段，出土于洛阳，刘体智、容庚旧藏，现藏于台北故宫博物院。内底铸有铭文6字（图2-4）[②]：

段（锻）金蝎乍（作）旅彝。

图 2-4　段金蝎尊及内底金文[③]

当青铜含锡量大于5%～7%时，$(\alpha+\delta)$共析体析出，且随锡含量增加而增多，而该相硬度较高，且脆，如同石料，如果不淬火无法进行塑性加工[④]。在铭文编纂者看来，打碎旧器就称为段。在这里，段的对象虽然由石料变成

---

① 吴镇烽. 商周青铜器铭文暨图像集成：第九册［M］. 上海：上海古籍出版社，2012：129.

② 中国社会科学院考古研究所. 殷周金文集成［M］. 北京：中华书局，2007：3630.

③ 吴镇烽. 商周青铜器铭文暨图像集成：第二十一册［M］. 上海：上海古籍出版社，2012：78.

④ 韩汝玢，孙淑云，李秀辉. 中国古代金属材料显微组织图谱［M］. 北京：科学出版社，2015：42.

了金属，但其作用效果和含义并未改变。本书引用的文献的现代著者将铜器铭文中的段注作锻，反而改变了此处段之含义。

第三节 "段"字含义之转变：锻打青铜

锡含量高于5%或7%的青铜在520℃~586℃或586℃~786℃时，处于$(\alpha+\gamma)$或$(\alpha+\beta)$相区。γ和β相具有较好的塑性，可以承受适当的热加工。淬火以后，β相变成马氏体的针状组织β'，γ相也保留了下来，变得易于锻造[①②]。青铜锻打可以视为半塑性加工，促成了段字含义及人们对此认知的转变。

《尚书·周书·费誓》记载：

> 备乃弓矢，锻（段）乃戈矛，砺乃锋刃，无敢不善。

《尚书》版本有"今文""古文""清华简"之别，又经累世传抄，对其内容真伪、考证观点，众说纷纭。就"费誓"而言，该篇是鲁公讨伐淮夷时在费地的誓辞。该历史事件发生的时间有两类、四种观点。第一类：系鲁国第一代国君伯禽[③]所作，曾运乾、周秉钧认为是公元前1056年[④]；《尚书序》《史记·鲁周公世家》认为是周成王元年，即公元前1042年[⑤]；杨朝明认为是周成王十三年，即公元前1030年[⑥]。第二类：余永梁等认为是春秋中期鲁国第十八任君主鲁僖公于僖公十六年十二月（即公元前644年）

---

① 第一机械工业部机械制造与工艺科学研究院材料研究所. 金相图谱：下［M］. 北京：机械工业出版社，1959.

② HANSON D, PELL-WALPOLE W T. Chill-Cast Tin Bronzes［M］. London: Edward Arnold &Co. 1951.

③ 伯禽系周文王之孙，周公旦长子。旦受封鲁国，在镐京辅佐周成王，派伯禽代其受封鲁国。伯禽在位四十六年去世。

④ 周秉钧. 白话尚书［M］. 长沙：岳麓书社，1990：245.

⑤ 司马迁. 史记［M］. 北京：中华书局，1959：1524.

⑥ 杨朝明.《费誓》时地管见［J］. 齐鲁学刊，2001（2）：38-41.

所作①②。

如今所见"费誓"篇中的"锻乃戈矛"写作"锻",但其成篇时间无论是哪一种,"锻"字都未出现,故当写作"段"。"段乃戈矛"显然不是将戈、矛砸碎,而是进行锻打加工,以减少夹杂物、细化晶粒,增强金属硬度和韧度等。这与前面所述的"段石""段金"截然不同。西周至春秋时期军队大规模装备的戈、矛都是用锡青铜制成。唐代孔颖达编纂的《五经正义》中把"费誓"中的"段"释为"锻铁",部分现代学者也曾持此观点③。铁质戈矛在西周至春秋时期虽已出现,但数量不多,都是陪葬品,如三门峡上村岭虢国墓地公元前9—前8世纪6件铁刃铜器④,山东济南长清6号邿国国君墓铁援铜内戈(M6:GS12)⑤,其时代为春秋早期偏晚⑥(公元前700年上下)。在当时比较少见和珍贵,军队大规模装备的戈当为青铜铸造,将"费誓"中的"段"释为"锻铁"与原文语境不合。

结合现代冶金考古研究,西周时期已经普遍掌握了锡青铜淬火锻打技术。《尚书》"费誓"篇讲"锻乃戈矛"在当时的军械修备工作中是普遍之事。

战国晚期兵器铭文显示,制作青铜兵器的流程中已经有了"段工帀(师)"这一专业岗位,还有相邦(监造)、冶炼执剂(冶炼和合金配比)等合作者。

此类青铜兵器有以下3件:

(1)十八年平国君铍,加拿大安大略博物馆藏,由英国人 Lord Kitchener 捐献,原流于印度。两面均有铭文(图2-5)⑦。

---

① 余永梁.《粊誓》的时代考[M]//顾颉刚. 古史辨:第二册. 上海:上海古籍出版社,1982:75-81.

② 屈万里. 尚书今注今译[M]. 台北:台湾商务印书馆,1969.

③ 黄展岳. 关于中国开始冶铁和使用铁器的问题[J]. 文物. 1976(8):62-70.

④ 河南省文物考古研究所编. 三门峡虢国墓地:第一卷[M]. 北京:文物出版社,1999:127

⑤ 崔大庸,任相宏. 山东长清县仙人台周代墓地[J]. 考古,1998(9):11-25,97-101.

⑥ 任相宏. 山东长清县仙人台周代墓地及相关问题初探[J]. 考古,1998(9):26-35.

⑦ 黄盛璋. 关于加拿大多伦多市安大略博物馆所藏三晋兵器及其相关问题[J]. 考古,1991(1):57-63.

面：

　　十八年相邦平国君、邦右，伐器段工币（师）吴疧、冶瘝挞齐

背：

　　大攻尹赵解

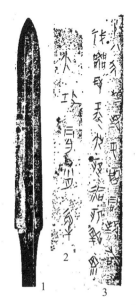

图 2-5　十八年平国君铍 [①]

　　（2）守相武襄君铍（赵武襄君剑、相邦建信君铍），战国晚期东古城（T15）出土，河北省文物考古研究所藏，通长33.6厘米，扁平脊，斜收扁平茎，后端有一小穿，两面开刃。脊部刻铭文约20字（图2-6）[②]：

　　□□年，守相武襄君，（？）年，相帮建邺（信）君，邦右库綝，段工币（师）吴疧（瘝），咘（冶）瘝敤（执）齐。

　　① 黄盛璋. 关于加拿大多伦多市安大略博物馆所藏三晋兵器及其相关问题［J］. 考古, 1991（1）: 57-63.
　　② 吴镇烽. 商周青铜器铭文暨图像集成：第九册［M］. 上海：上海古籍出版社, 2012: 456.

图 2-6 守相武襄君铍 [1]

（3）相邦建信君铍（相邦建郚君铍），战国晚期赵，现存济南市博物馆，残长 22.9 厘米，铍身平直，无脊，两侧开刃，前段残断，柄扁平，前宽后窄，上有一小孔。铍身铸铭文 20 字（其中合文 1）。

李学勤辨识为 [2]：

> 元年相邦建信君邦右库嗇段 [3] 工师吴疧（瘠）冶詔（冶）瘠敔执剂。

在《商周青铜器铭文暨图像集成》中辨识为： [4]

> 元（？）年，相帮建郚（信）君，邦右库繺，段工帀（师）吴疧（瘠），詔（冶）瘠敔（执）齐。

两种辨识基本相同。

锻工这一专业岗位的出现意义重大，是知识专业化的结果。锻工积累了很多铸造和锻打青铜的知识，包括其中很重要的内容是看"火候"，即通过火

---

① 吴镇烽. 商周青铜器铭文暨图像集成：第九册［M］. 上海：上海古籍出版社，2012：456.

② 张学海. 海岱考古：第 1 辑［M］. 济南：山东大学出版社，1989：324.

③ 嗇、段二字为商承祚补释。

④ 吴镇烽. 商周青铜器铭文暨图像集成：第九册［M］. 上海：上海古籍出版社，2012：405.

焰颜色判断该进行哪一步的工艺。

《考工记》中记载 [①]：

> 凡铸金之状，金与锡，黑浊之气竭，黄白次之；黄白之气竭，青
> 白次之；青白之气竭，青次之，然后可铸也。

一般认为"黑白""黄白""青白""青"四种气分别是碳氢杂质、氧化
物、铜燃烧形成的焰色。据此可以判断合金中的杂质是否烧尽，以保证铸
件的品质。

《韩非子》"卷十九·显学第五十"记载了青铜剑锻造过程中，通过观察
铜合金的颜色来判断含锡量及是否适合锻打 [②]：

> 夫视锻（段，本书作者注）锡而察青黄，区冶不能以必剑。

注者曰：

> 《周礼》司桓氏职文云："凡金多锡则刃白。"《考工记》："六
> 齐，视锡之品数以为上下。"故治剑必锻以锡，然色之青黄仍不能
> 决其剑之利钝。

以上文献和分析充分表明了，西周以后"段"字也具有了塑性加工的含
义，超出了破碎范畴，尽管在当时的文字中尚未进一步建立塑性和非塑性加
工的对应词汇，但是在他们的认识里和实践中都已经能分得很清楚，而且已
经达到了较高的技术水准。

---

① 戴震，陈殿.考工记图［M］.长沙：湖南科学技术出版社，2014：124.
② 王先慎.韩非子集解［M］.北京：中华书局，1998：460.

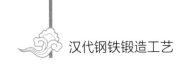

第四节 "段"字的其他含义及使用

一、锻造之工具

先秦文献中,"段"也被用来指代锻造的工具。

《诗·大雅·公刘》曰:

> 笃公刘,于豳斯馆。涉渭为乱,取厉取段,止基乃理。

公刘系周人的先祖,约早商人。对"厉"和"段"的含义,古人多有注释。西汉鲁国毛亨和赵国毛苌所辑和注的古文《毛诗》曰:"段,段石也。"郑玄《笺》:"锻石所以为锻质也,厚乎公刘,于幽地作此宫室,乃使渡渭水为舟,绝流而南,取锻厉斧斤之石。"小篆中也造"碫"字,沿用此含义。《说文·石部》:"碫,厉石也。"《广雅·释器》"碫,厉也"。这段文字中的"厉"和"段"都作为工具名词,即用来磨砺和锻造的石块。杨宽甚至认为《公刘》篇中"段"的对象是块炼铁[①]。但目前的考古发现显示,在早商时期还没有块炼铁。

二、加工皮革或肉类

先秦文献中,段也可指用击打的方式加工其他较软的物品。如"段履""段皮甲""段肉脯"等。

《墨子》"经说下"讲"段履"[②]:

> 段、椎、锥俱事于履,可用也。成绘屦过椎,与成椎过绘屦同,

---

① 杨宽. 中国古代冶铁技术的发明和发展[M]. 上海:上海人民出版社,1956:20.

② 墨子[M]. 方勇译注. 北京:中华书局,2015年3月第二版:364.

过件也。

《周礼》"卷三十九·冬官考工记第六""段皮甲"①：

> 函人为甲，犀甲七属，兕甲六属，合甲五属。犀甲寿百年，兕甲寿二百年，合甲寿三百年。凡为甲，必先为容，然后制革。权其上旅与其下旅，而重若一，以其长为之围。凡甲，锻不挚则不坚，已敝则挠。
>
> 郑司农②云："锻，锻革也。挚谓质也。锻革大孰，则革敝无强，曲挠也。"玄谓挚之言致。
>
> ［疏］注"郑司"至"言致"。释曰：先郑以"挚"为"质"，后郑不从者，质即革之别名，非生孰之称，故后郑为"致"，致谓孰之至极。

《周礼》之"冬官"在汉代缺失，西汉初年河间献王刘德以先秦《考工记》补入。将皮张制作成甲，需要鞣制。"段甲"即通过椎打的方式来鞣制皮革，除去脂肪、非胶原纤维等，使其真皮层胶原纤维适度松散、固定和强化，使得皮革不会腐烂，易于穿着，再进行剪裁和修正。

在当今内蒙古自治区鄂温克族鞣制皮革传统工艺中，熟制靴底、靴帮的皮子时，将皮子去掉毛后，按用途裁剪成大小块，放在木板上，椎打约3小时。将椎打好的皮子放在小箱子用马粪稍加掩盖，用皮子时，现用现取③。靴底、靴帮的皮子比较硬，耐磨、抗扎，使用要求与皮甲相似。其加工方式与"函人为甲"之法也相似。

《天官》"冢宰第一（上）·腊人"④：

> 腊人掌乾肉，凡田兽之脯腊膴胖之事。

---

① 十三经注疏整理委员会整理. 周礼注疏［M］. 北京：北京大学出版社，2000：1299.

② 郑司农，即郑众（？—83年），字仲师，河南开封人。东汉经学家。后世习称先郑（以区别于汉末经学家郑玄）或郑司农（以区别于宦官郑众）。

③ 周嘉华，李劲松，关晓武，等. 农畜矿产品加工［M］. 郑州：大象出版社，2015：321.

④ 孙诒让. 周礼正义［M］. 北京：中华书局，2013：125.

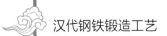

汉郑玄注：

> 薄析曰脯，捶之而施姜桂曰锻脩。

腊人负责制作腊肉，在加工肉干时，也会施以椎打以便咀嚼；顺便加入姜、桂等佐料以提味。

三、片段

如前所述，段有两层初始含义，第一是加工方式，即敲击、椎打，第二是加工结果，即断裂或破碎。在小篆中，人们以"锻"延续了第一含义；仍在"段"中保留第二层含义，并演化出片段、阶段等抽象意义，具有了形容词或量词的功能。顺着这种含义，又造了"缎"，如《急就篇》："履舄鞜裣绒缎纵"；但有时候仍写作段，如张衡《四愁诗》："美人赠我锦绣段。"

四、姓名

"段"也用作人名。西周中期的青铜器"段簋"又称"毕段簋"（图2-7）。通高13.6厘米、口径21.2厘米、重3.25千克。为西周中后期（懿王世）食器。原藏汉阳叶氏、吴县潘氏，上海博物馆藏（李荫轩、邱辉先生捐赠）。簋内底铸铭文57字（图2-8）[①]。

图2-7 段簋

---

① 中国社会科学院考古研究所. 殷周金文集成［M］. 北京：中华书局，2007：2406.

图2-8 段簋上的铭文 [1]

唯王十又四祀，十又一月丁卯，王真毕，烝。戊辰，曾（赠）。王蔑段历，念毕中（仲）孙子，令（命）龚?（划）馈大则于段，敢对扬王休，用乍（作）簋，孙孙子子万年用享祀。孙子?（目又）引。

其大意是：周王（懿王，西周第七位君主姬囏，约公元前937—前892年）十四年十一月丁卯，王在毕地（周文王第十五子姬高之封地，在咸阳、西安之北）举行祭祀。戊辰，举行馈赠礼。王勉励段，怜爱毕仲（高之次子）的孙子（即段）。命令赐段以大则（三百里以下的封地）。段赞扬王的美德，制作此簋，子子孙孙万年用之享祀。

在这里"段"是人名，即毕仲之孙，周文王之四世孙 [2]。

段后来也成为普通人的姓氏。咸阳作坊遗址区出土三枚陶垫，编号1613、1614、1615，上面有印文"咸郦里段"四字，阴文（图2-9~图2-11）[3]。陶垫是一种制陶工具，用来在陶坯上捺印。在咸郦里的段姓工匠用此来给自己的产品做标志。

① 中国社会科学院考古研究所. 殷周金文集成［M］. 北京：中华书局，2007：2406.

② 黄鹤. 段簋"孙子牵引"补释［J］. 中国文字研究，2013（2）：101-103.

③ 袁仲一，刘钰. 秦陶文新编：上编［M］. 北京：文物出版社，2009：115.

图2-9　咸阳作坊遗址区出土陶垫1613[1]　图2-10　咸阳作坊遗址区出土陶垫1614[2]

图2-11　咸阳作坊遗址区出土陶垫1615[3]

五、"段"之通假

有的先秦文献中，"段"也通"叚""断"等。

《孙子》"（兵）势第五"云[4]：

---

① 袁仲一，刘钰. 秦陶文新编：下编［M］. 北京：文物出版社，2009：323.

② 袁仲一，刘钰. 秦陶文新编：下编［M］. 北京：文物出版社，2009：323.

③ 袁仲一，刘钰. 秦陶文新编：下编［M］. 北京：文物出版社，2009：323.

④ 孙子［M］. 四部备要：第五十二册. 北京：中华书局据上海中华书局1939年版影印，据平津馆本校刊，1989：60.

孙子曰：凡治众如治寡，分数是也；斗众如斗寡，形名是也；三军之众，可使（必）〔毕〕受敌而无败者，奇正是也；兵之所加，如以碫投卵者，虚实是也。

《孙子十家注》按[1]：

"碫"当为"碫"，从段；唐以后多"煅"音者，以字之讹而作音也。至王晳又以冶铁之"锻"当之，更谬。

在一些先秦文献中，"段"和"断"通用。
《管子校注》"卷第八·小匡第二十"记载[2]：

今夫工，羣萃而州处，相良材，审其四时，辨其功苦，权节其用，论比计制，断器尚完利。相语以事，相示以功，相陈以巧，相高以知事。旦昔从事于此，以教其子弟。少而习焉，其心安焉，不见异物而迁焉。是故其父兄之教，不肃而成。其子弟之学，不劳而能。夫是，故工之子常为工。

注者曰：

翔凤案：公羊庄二十四年传"断修云乎"，释文："'断'本作'腶'。"朱骏声谓"段"之借。"腶修"，即谷梁庄二十四年之"锻"。"断"同"锻"，与"尚完利"合看，知"断器"为军也。

---

① 曹操. 孙子十家注［M］. 上海：上海书店出版社, 1986：68.
② 黎翔凤. 管子校注［M］. 梁运华, 整理. 北京：中华书局. 2004：401–402, 409.

第五节 "锻"字之发明

一、"锻"之发明

到了战国后期，随着人们对金属材料塑性的认识逐渐深入，锻造工艺逐渐复杂，锻造产品日渐丰富和普及，有必要从文字角度将金属锻打、石器打制，与金属铸造加以区别。

秦始皇统一六国之后，命李斯创制小篆，将金字和段字合并，造鍛字，专指锻打金属。后又将石字和段字合并，造碫字，专指石材的非塑性加工；将月字和段字合并，造腶字，用于指代捶打肉干。

李斯《仓颉篇》：

> 锻，椎也。

西汉元帝（公元前48—前33年）时，黄门令史游编纂《急就篇》[①]：

> 锻铸铅锡镫锭鐎。

颜师古注曰：

> 凡金铁之属，椎打而成器者，谓之锻。销冶而成者，谓之铸。

《仓颉篇》和《急就篇》是儿童启蒙读本，可见锻造活动已经渗入日常生活，成为妇孺皆知的事情。

而东汉中期，许慎的《说文解字》（著于公元100—121年）解释为：

---

① 史游. 急就篇［M］. 长沙：岳麓书社，1989：160.

> 段，椎物也，从殳，耑省声①。
>
> 锻，小冶也。从金，段声②。

这从一个侧面反映出经历了西汉和东汉初年，人们已然认识到锻造不仅仅是简单的通过椎打以改变器形，还可以提升金属器的性能，相当于又进行了一次小规模的冶炼。与"段"字最初的破碎石块之含义已经大相径庭。

二、"锻"之同义字

先秦文献中也会用"揣"字代替"段"。

春秋时期《道德经》"上篇·第九章"云③：

> 揣而锐之，不可长保。

三国时期的王弼注云：

> 既揣末令尖，又锐之令利，势必摧衄，故不可长保也。

这里的"揣"即锻打加工之意，后人多将释作"捶"。

清代孙诒让撰之《札迻》又引多家注解：

其一，释为"治"。河上公注云："揣，治也。先揣之，后必弃捐。"释文云："揣，初委反，又丁果反，志瑞反。"顾云："治也。"

其二，释为"敠"。傅奕校本"揣"作"敠"，注云："敠音揣，量也。"毕氏考异云："说文无'敠'字，或为'揣'字古文欤？"

其三，释为"捶"。案："敠"即"揣"之或体，见集韵四纸。集韵三十四果又以"敠"为或"捶"字，二字古本通也。然以注义推之，此"揣"字盖当读为"捶"。王云："既揣末令尖，又锐之令利。"即谓捶锻钩针，使之尖锐。

---

① 汤可敬，译注. 说文解字：五［M］. 北京：中华书局，2018：637.

② 汤可敬，译注. 说文解字：五［M］. 北京：中华书局，2018：3009-3010.

③ 老子［M］. 四部备要：第五十三册. 北京：中华书局据上海中华书局 1939 年版影印，据华亭张氏本校刊，1989：5.

河上公本"梲"作"锐"。淮南子道应训云："大马之捶钩者。"高注云："捶，锻击也。"说文手部云："揣，量也，一曰捶之。"盖揣与"捶"声转字通也。集韵六脂："揣，冶击也。"①

综合比较，"治"有处理、加工之意，而"捶"更直接明了，两者基本相量。"量"则相去较远，放在整体语境中，不如前两者到位、恰当。

用"捶"作为"锻"，见《庄子》：

"内篇·第三卷·大宗师第六"②：

> 意而子曰："夫无庄之失其美，据梁之失其力，黄帝之亡其知，皆在炉捶之间耳。庸讵知夫造物者之不息我黥而补我劓，使我乘成以随先生邪？"

"外篇·卷七·知北游第二十二"③：

> 大马之捶钩者，年八十矣，而不失豪芒。大马曰："子巧与！有道与？"曰："臣有守也。臣之年二十而好捶钩，于物无视也，非钩无察也。是用之者，假不用者也以长得其用，而况乎无不用者乎！物孰不资焉！"

西晋郭象注云：

> 玷捶钩之轻重，而无豪芒之差也。

又注：

> 捶者，玷捶钩之轻重，而不失豪芒也。或说云：江东三魏之闲人

---

① 孙诒让. 札迻［M］. 北京：中华书局，1989：125-126.

② 庄子［M］. 四部备要·子部：第五十三册. 北京：中华书局据上海中华书局1939年版影印，据明世德堂本校刊，1989：35.

③ 庄子［M］. 四部备要·子部：第五十三册. 北京：中华书局据上海中华书局1939年版影印，据明世德堂本校刊，1989：35.

皆谓锻为捶，音字亦同，郭失之。今不从此说也。

清人孙诒让撰《札迻》案云^①：

> 《淮南子》道应训亦有此文，"大马"作"大司马"，未知孰是。许注云："捶，锻击也。……"训"捶"为"锻"者，自是汉儒古训，揆之文义，实为允协。郭"司马"易为"玷捶"，不可从。

由上可知，汉儒将"捶"训为锻，且一度认为"江东三魏"之方言谓锻为捶。可见在先秦两汉之时，"捶"是一种对锻比较通俗的代称。

先秦两汉乃至南朝时期，"椎""搥"是"锻"的通俗说法。

"椎"本意同"锤"，是名词，如曹植《宝刀赋》^②：

> 乌获奋椎，欧冶是营。

"椎"也常用作动词，同锻。如秦之《仓颉篇》：

> 锻，椎也。

南朝宋范晔著《后汉书》"卷四十五·袁张韩周列传第三十五·韩棱"记载^③：

> 肃宗尝赐诸尚书剑，唯此三人特以宝剑，自手署其名曰："韩棱楚龙渊，郅寿蜀汉文，陈宠济南椎成"。

注曰：

> 《汉官仪》椎成作"锻成"。

---

① 孙诒让. 札迻［M］. 北京：中华书局，1989：157.
② 龚克昌，周广璜，苏瑞隆. 全三国赋评注［M］. 济南：齐鲁书社，2013：438-441.
③ 范晔. 后汉书［M］. 北京：中华书局，1965：918.

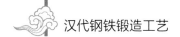

相同的内容也见于《东观汉记》"肃宗孝章皇帝"①，也作"锻"：

> 章帝赐尚书剑各一，手署姓名，韩稜楚龙泉，郅寿蜀汉文，陈宠
> 济南锻成。一室两刃，其余皆平剑。其时论者以为稜渊深有谋，故得
> 龙泉。寿明达有文章，故得文剑。宠敦朴，有善于内，不见于外，故
> 得锻成剑，皆因名而表意。

《韩非子》《仓颉篇》为秦代著作，《魏略》为曹魏官修史书，《东观汉记》
的编著自汉明帝至汉献帝时期，《汉官仪》成书于东汉末年，《后汉书》创作
于公元432—445年，距离东汉末约210年。可见自先秦至南朝宋，这六七百
年之内，都可称"锻"为"椎"。

至迟到了元代"锻"已有"打"之俗称，与今日相同。如《敬斋古今黈》
"卷之二"记载②：

> 捶即锻也。犹今世俗所谓打也。今人凡有修治者。悉谓之打。
> 此其理甚易晓。

"煅"的出现时间比较晚，是"锻"的楷书异体字。"煅"用"火"（加热）
代替"金"，强调锻造工艺中有加热的程序，用于热锻。今有"煅烧"一词，
然而在汉代人陆贾编著的《新语校注》"前言·道基第一"中引东汉《风俗通
义》③写作"锻烧"：

> 众口铄金。俗说：有美金于此，众人咸共诋訾，言其不纯，卖金
> 者欲其必售，固取锻烧以见真。此为众口铄金。

宋代《东轩笔录》"卷十"记录北宋名臣张咏的故事④：

① 刘珍. 东观汉记校注 [M]. 吴树平，注. 北京：中华书局，2008：78.
② 李治. 敬斋古今黈 [M]. 刘德权，点校. 北京：中华书局，1995：24.
③ 王利器. 新语校注 [M]. 北京：中华书局，2012：16.
④ 魏泰. 东轩笔录 [M]. 北京：中华书局，1983：110.

张咏知益州，……有术士上谒，自言能煅汞为白金。张曰："若能一火煅百两乎?"术士曰："能之。"张即市汞百两俾煅，一火而成，不耗铢两。张咏曰："若之术至矣，然此物不可用于私家。"立命工锻为一大香炉，凿其腹曰："充大慈寺殿上公用。"寻送寺中。

在这里，既有"煅"字又有"锻"字。"煅"是通过加热将汞冶炼为白金，而"锻"则为锻造。所以在宋人看来，此两者是有别的。

文字反映了人们对客观事物或现象的主观认知，这种认知伴随着活动而产生，但形成文字需要较长时间的积累，这一积累过程正是大家取得共识的过程，是事物或现象被广泛接受和知晓的阶段。一旦形成文字，这种共识就固化了下来，并更快速、更长久地传播成为通识。

秦汉时期后造字、解字，既是出于生产实践的需求，也是对锻造知识进一步的定义和厘清。这些充分反映了当时人们对锻造尤其是钢铁锻造工艺的认知。

第三章

汉代冶铁遗址及铁器的考古发现

第一节　汉代冶铁遗址

古代锻造既可以集中在大型铁场中，也有小型的个体铁匠铺，还可以流动开展，灵活进行。目前的考古发现主要反映了大型冶铁或铸铁场中的锻造情况，一定程度上体现了汉代锻造工艺的最高水平。锻造场所的面积、布局等要素既体现了规模和产能，从中也可以看出工作流程。

汇总已发表的考古发掘报告、发掘简报，结合本书作者参与的田野调查，迄今已发现汉代的冶铁和制铁工场遗址有 50 余处，分布于北起辽宁、南到湖南，东起山东、西至新疆的广阔地域内。这些工场除少数是战国延续至汉代的遗址外，多数始建于两汉时期。其中有不少经历了大规模考古发掘和研究。在这些冶铁遗址中经常发现锻造的遗迹，或者有明显的锻铁炉遗存，或者有锻造铁器或锻造工具等。

一、巩县铁生沟汉代冶铁遗址

巩县铁生沟汉代冶铁遗址是中国首次大规模发掘的古代冶铁制铁工场遗址，位于河南省巩义市夹津口镇铁生沟村南部台地上（N: 34°36′49″，E: 113°02′17″）。遗址东西长约 180 米、南北宽约 120 米，面积约 21600 平方米。遗址四面有低山丘陵，盛产铁矿，并有丰富的森林和煤矿等燃料资源。遗址北依山坡，南侧有坞罗河流经。1958 年该遗址被发现，1958—1959 年间进行了两次大规模发掘，发掘面积 2000 平方米，1980 年又对部分遗址进行了重新发掘。该遗址有多篇发掘报告和研究论文发表[1][2][3][4]。

2010 年 8 月，本书作者曾考察该遗址[5]。当初大部分发掘区域已经回填，只在 16 号炉址上搭建了一座小房子，将炉址和一块积铁陈列于内。根据发掘报告及研究论文等资料，该遗址发掘清理出的遗迹有：炼炉 8 座，锻铁炉 1 座，炒钢炉 1 座，脱碳退火炉 1 座，烘范窑 11 座，多用途长方形排窑 5 座，废铁坑 8 个，配料池 1 个，房基 4 座。根据地层堆积及出土遗物，可知铁生沟冶铁遗址的年代为西汉中期至东汉初期，是河南郡铁官所辖的第 3 号铁工场，以生铁冶炼为主、兼及铁器铸造和锻造加工。

该遗址出土铁器及铁料 200 件，陶器 233 件，熔炉耐火材料 39 块，铁范 1 件，浇口铁 3 件，少量泥范，鼓风管 8 件，以及各种耐火材料残块和建筑材料等 1000 多件。出土铁器中包括铁竖銎镢 11 件、铲 26 件以及锤、凿、锛、双齿镢、锄、犁铧、刀等生产工具 92 件，钩、钉、釜等生活用具 32 件，剑和镞各 1 件，以及其他铁器。

据 1985 年发表的文献[6]记载，选择 73 件铁器进行了初步金相分析，鉴定为炒钢锻造制作而成的铁器有 14 件，有铁板、铁锄、残铁锄柄、铁钉、残铁环、残铁刀、铁钉、铁条、一字铁锤、锥形铁器、残铁器、残铁工具等，占总检测件数的 19.2%。其中经过锻打处理的还有铸铁脱碳钢制品 14 件，有残铁器、残铁铧、残铁锄、铁铲、一字锤、铁剑残锻、弩机扳机、残六角锄、双齿镢、铁铲、铁条等，占总检测件数的 19.2%。另有可锻铸铁和脱碳铸铁 18 件，占总检测件数的 24.6%。即整体锻造成形、经过锻打和可以锻打的铁器件数占总检测

①　赵国璧. 河南巩县铁生沟汉代冶铁遗址的发掘 [J]. 考古，1960（5）：13–16，5.

②　河南省文化局文物工作队. 巩县铁生沟 [M]. 北京：文物出版社，1962.

③　中国冶金史编写组，河南省博物馆. 关于"河三"遗址的铁器分析 [J]. 河南文博通讯，1980（4）：33–42.

④　赵青云，李京华，韩汝玢，等. 巩县铁生沟汉代冶铸遗址再探讨 [J]. 考古学报，1985（2）：157–183.

⑤　考察组成员有潜伟、李延祥、陈建立、黄兴、洪启燕、秦臻、王启立。

⑥　赵青云，李京华，韩汝玢，等. 巩县铁生沟汉代冶铸遗址再探讨 [J]. 考古学报，1985（2）：157–183.

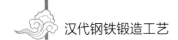

数的 63%。其他铁器为共晶白口铁、亚共晶白口铁、过共晶白口铁、灰口铁、麻口铁等。

考古发现和科学检测分析显示铁生沟制造铁器生产程序有两种：其一，用生铁直接铸造成型之后，都会经过热处理，转变为可锻铸铁、脱碳铸铁或铸铁脱碳钢，进行或可以进行锻造加工；其二，将生铁炒炼成钢，然后锻打成形。上述两种生产程序均涉及锻打工艺。

该遗址的考古发现充分反映了锻造技术在铁器生产中的重要性，是研究汉代锻造工艺的重要案例。

二、郑州古荥镇汉代"河一"冶铁遗址

该遗址位于河南省郑州市西北 20 余千米的古荥镇，是汉代"河一"铁官作坊所在地，规模巨大，保留了丰富的冶铁遗迹。初步钻探，遗址南北长 400、东西宽 300 米，面积约 12 万平方米。1965 年和 1966 年曾对该遗址做过调查和试掘，1975 年郑州市博物馆对其进行了正式发掘[①]，后建立了专门的博物馆予以展示。本书作者曾在 2010 年 8 月考察了该遗址[②]。

发掘简报记载，该遗址发掘清理出炼铁炉 2 座（仅剩炉缸），炉前坑 1 处，坑内堆积的大型积铁块 9 块，矿石堆 1 处，多用途窑 13 座，以及水井、水池、四角柱坑、船形坑等，出土大量炉渣、耐火砖、鼓风管残块、饼形燃料块、铸造各种铁范用的陶模以及铁器 318 件，铁器包括铲 112 件、锸 18 件、竖銎件 21 件、锛 39 件以及凿、犁铧、铧冠、双齿镢、钉、棘轮、矛和其他铁器，同时还发现铜钱币、日用陶器及砖瓦等。根据出土遗物判断遗址年代为西汉中晚期至东汉时期，是河南郡铁官所辖的第 1 号铁工场，其产品主要是生铁铸造的农具和工具、铁范以及梯形铁板。

此前关于该遗址的研究重点关注冶铁炉炉址复原，以及对炉内超大积铁

---

① 郑州市博物馆. 郑州古荥镇汉代冶铁遗址发掘简报 [J]. 文物, 1978 (2): 28-43.
② 考察组成员有潜伟、李延祥、陈建立、黄兴、洪启燕、秦臻、王启立。

块的检测分析，如提出了椭圆直筒型[①]、椭圆内收型[②]炉型复原方案，以及冶炼场所及鼓风设施[③]的复原方案。黄兴等结合炼铁学原理和铁瘤枝丫的成分分析，提出竖炉复原的高度应该有所增加，并绘制了新的炉体复原图[④]；根据复原，1号冶炼炉的容积为38立方米，是目前所知古代最大的炼铁炉；并对炉内运行状况做了数值模拟。刘云彩等从物料平衡的角度计算该炉日产量0.5～1吨，表明公元2世纪前后中国的生铁冶炼和加工工艺就已经大致达到了西方17世纪的水平[⑤]。此外，发掘报告中讲到了熔铁炉，未提到发现锻铁炉。

郑州古荥镇汉代冶铁遗址发掘简报明确讲到出土锻造铁器有：凿，共12件，有铸有锻，判断为锻造的依据是背部有明显的接缝；钉、钩、灯盘等80余件多数为锻造；一些长19厘米、宽7～10厘米、厚0.4厘米的梯形铁板，金相分析为铸铁脱碳钢；其他铁犁铧、铁铲、铁锄、铁锛、铁镢、双齿镢、铁锤等形式大多和巩县铁生沟的铁器相同，或判断为铸造，或未标注[⑥]。我们可以推测，该遗址生产的铁质工具采用了铸造－铸铁脱碳的工序。

三、南阳瓦房庄汉代冶铁作坊遗址

该遗址位于河南省南阳市北关瓦房庄西北，始于西汉初年止于东汉晚期，是汉代"阳一"铁官所在地。遗址面积2.8万平方米。发现于1954年，1959—1960年进行了两次大规模发掘，发掘面积4864平方米（其中包括铸铜遗址900平方米）。发掘清理出的汉代冶炼遗存分为西汉和东汉两个时期[⑦][⑧]。

① 河南省博物馆，石景山钢铁公司炼铁厂，《中国冶金史》编写组. 河南汉代冶铁技术初探［J］. 考古学报，1978（1）：1-24.

② 刘云彩. 古荥高炉复原的再研究［J］. 中原文物，1992（3）：121-123.

③ 李京华. 中国汉代"河一"炼铁炉与鼓风机械复原再探讨. 李京华文物考古论集［C］// 郑州：中州古籍出版社，2006：124-132.

④ 黄兴，潜伟. 中国古代冶铁竖炉炉型研究［M］. 北京：科技出版社，2022：131-133，169-179.

⑤ 《中国冶金史》编写组. 从古荥遗址看汉代生铁冶炼技术［J］. 文物，1978（2）：44-47.

⑥ 郑州市博物馆. 郑州古荥镇汉代冶铁遗址发掘简报［J］. 文物，1978（2）：28-43.

⑦ 河南省文化局文物工作队. 南阳汉代铁工厂发掘简报［J］. 文物，1960（1）：58.

⑧ 河南省文物研究所. 南阳北关瓦房庄汉代冶铁遗址发掘报告［J］. 华夏考古，1991（1）：1-110.

西汉时期的遗存有铸铁炉炉址4座，水井9眼，水池3座，勺形坑1座，以及废旧铁料、耐火砖、炉渣、铸范和鼓风管残块等。出土铁器83件，包括犁铧冠2件、凹口锸10件、竖銎镢7件、铲3件、锛8件、空首斧27件以及车马机具、兵器和日用器具等。冶炼遗迹有炒钢炉1座（L19），椭圆形，与栾川县山区小炒钢炉、河南巩县铁生沟的炒钢炉，以及近年来在北京延庆水泉沟辽代冶铁遗址、四川成都蒲江县铁溪村宋代冶铁遗址发现的炒钢炉大致相同。

东汉地层遗存有8座锻铁炉，自东向西直线排列，首尾相距39米。锻铁炉附近地面平坦，其他遗物较少。熔铁炉炉基5座及其相关遗物，水井2眼，烧土槽4个及各种坑穴。这表明了本遗址除大量铸造铁器外还兼营炒钢、锻制铁器。从炉子的布局与锻制铁器数量之多来看，锻造业已发展到相当的规模和较高的水平。

四、鹤壁鹿楼冶铁遗址

该遗址位于河南省鹤壁市鹿楼乡。在这里曾发掘出13座炼铁竖炉、炉壁残块、鼓风管残块和大量陶铸范等冶铸遗物，以及空首斧、锛、铲、竖銎镢、铧冠、镰刀等铁器，其年代为战国至西汉[1][2]。在西汉地层中发现的整体锻造成形的铁器有镰6件，刀1件，削2件，锥1件，钩2件。2012年2月本书作者曾考察该遗址[3]。

五、桑植朱家台铸铁作坊遗址

该遗址位于湖南省张家界市桑植县县城西侧，澄水西岸一个面积约2平方千米，当地称之为朱家台的台地上。1992—1995年间，先后在朱家台的朱家大田和菜园田发掘清理2处铸铁遗址，两地点南北相距约150米。

发掘报告[4]显示，菜园田遗址发掘面积约150平方米，清理出炉基墩台

① 鹤壁市文物工作队. 鹤壁鹿楼冶铁遗址［M］. 郑州：中州古籍出版社，1994.
② 河南省文化局文物工作队. 河南鹤壁市汉代冶铁遗址［J］. 考古，1963（10）：550–552，7–8.
③ 考察组成员有潜伟、陈建立、黄兴。
④ 张家界市文物工作队. 湖南桑植朱家台汉代铁器铸造作坊遗址发掘报告［J］. 考古学报，2003（3）：401–426.

2处、圆筒形熔铁炉1座以及水井、水池和灰坑等遗迹，出土有铁坩埚2件，泥质斧范和镢范，凹口锸、锻銎镢、竖銎镢、销、斧、直口铀、刀、锤、矛、剑、铣等铁器64件，以及砖瓦和日用陶器等。朱家大田遗址发掘面积700平方米，清理出炉基墩台2处以及水井、水塘、石板路等遗迹，出土铁坩埚2件，泥质镢范和石质刀范，铁器31件，包括凹口锸、竖銎镢、锻銎镢、斧、锛、刀、铲、矛、削刀等铁器，以及日用陶器等。

朱家台遗址中出土了一批"C"形銎铁器，包括铸銎和锻銎两类。其共同点都是"C"形镢口，不封闭銎体，但制造的方法迥然不同。铸銎铁器仍是浇铸法，即以合范一扇的銎部正面或背面留槽口，范芯的一面对应成形凸出，然后浇铸，成器为"C"形竖銎。锻銎铁器则用锻锤法，即采用锻打折合成形技法制成竖銎。遗址未发现锻铁炉遗迹，具体的锻锤方法也无法判断。发掘报告参考白云翔的观点，认为是用坯料锻锤成平板，然后弯折两端成銎。

折柄铁器的代表是朱家大田遗址出土的鸭嘴形镢。据观察，柄部的制作方法是先将板面一端锻打成条状，并将顶端锻锤尖利，然后在颈部弯折成楔形柄。

发掘报告从两类"C"形銎和折柄铁器分析，似乎存在着两个发展阶段，即A类要早，是由完全封闭型銎铁器向非封闭型銎铁器过渡的萌芽阶段。B类（包括折柄）要晚，是由铸銎铁器发展成锻銎铁器并定型的阶段。它们的出现，标志着铁器制造工艺技术在汉代发生了重大变革。

根据出土遗物分析，两遗址的年代相同，约在西汉晚期至东汉前期，同属于一个熔化铁料铸造铁器的铁工场。今朱家台一带原为汉代武陵郡充县县治所在，推测朱家台铸铁遗址可能是充县所属的铁工场。朱家台铸铁遗址的铸造设备、技术以及产品都具有独特的风格，对于汉代江南地区铁器铸造工艺和铁器生产的研究具有重要价值。

六、章丘东平陵城铸造作坊遗址

东平陵城遗址位于山东省济南市章丘区龙山镇阎家村北，城址平面呈正方形，城墙边长约2000米，城内面积约400万平方米。城内现主要为农田，地表以上保存有城墙，其中东墙、西墙和南墙的东部保存较好，最高可达5米。

该城始建于战国时期，汉代为济南国都、济南郡首府，是北方地区的手工业重镇，设置有工官、铁官。铸造区分布于中西部，面积约 8 万平方米，是城内面积最大的手工业遗址。

1975 年，山东省文物考古研究所等单位对该遗址进行了调查、采集，征集到一批陶器、铁器、铜器、石器及砖瓦等。其中，铁器有铧冠、犁、铲、锄、锸、镢等农具，斧、锛、锯、锤、凿、夯锤、钳、钻、镈、削、刀等工具，钺、戟、剑、铍、刀、矛、镞、钩镶等兵器，釜、鼎、勺、灯、夹子等日用品，以及曹、釭、镇、齿轮、烙马印、链、权等，还发现铁范，包括铧冠范、锤范、铲范等。发现的锤范内面铸有"大山二"三字，表明此锤范由泰山郡第二号冶铁作坊铸成，运到此地铸造铁锤[1]。2009 年、2012 年，山东省文物考古研究所、北京大学考古文博学院、济南市考古研究所两度发掘该遗址。铸造区域发掘面积 934 平方米，发现两处不同时期的铸造作坊，共发现圆形熔铁炉炉址 10 座，锻铁炉炉址 1 座，以及烘范窑、储泥池、取土坑、灰坑等遗迹；出土大量铁器，其中有锄、镢、铧冠、犁、凹口锸、三尺镢、铲等农具，削刀、夯具、锤、弯体刀、锥、镘、夯等工具，钉、钩、齿轮、环、链条、三齿状器、方形器等构件，大量长条形铁板材、铁条材，以及铸范、炉壁残块、鼓风管、熔铁块等，该遗址仅发现一小块赤铁矿，未发现冶炼渣，不具备冶铁功能。发现数件带"大四"字样的铸范，表明这里是泰山郡第四号冶铸作坊。该铸造作坊生产的器类单一，专业化程度高，当为汉代东平陵城铁官之所在[2][3]。

七、湖南桑植官田铸铁作坊遗址与蔡家坪铸铁作坊遗址[4]

官田遗址位于湖南省桑植县政府东北方向，澧水河支流郁水河河滩上，

---

① 山东省文物考古研究所. 山东章丘市汉东平陵故城遗址调查 [M] // 考古学集刊：第 11 集. 北京：中国大百科全书出版社，1997：154-186.

② 张溯，赵化成，郑同修，等. 济南市章丘区东平陵城遗址铸造区 2009 年发掘简报 [J]. 考古，2019（11）：49-66.

③ 张溯，韦正，杨哲峰，等. 济南市章丘区东平陵城遗址铸造区 2012 年发掘简报 [J]. 考古，2020（12）：41-52.

④ 湖南省文物考古研究院发掘领队莫林恒先生邀请本书作者参与研究，并为本书提供相关资料。

与朱家台遗址隔城相对，两者直线距离7千米，主体遗存时代为东汉至两晋时期。该遗址于2015年、2020—2022年经过两次发掘，共清理灰坑251个、灰沟124条、房址17座。其中有2座锻铁炉，多处圆形熔铁炉，部分石砌方形地穴灰坑，可能用于退火脱碳；还有藏铁坑、储料坑等。灰沟数量较多，且部分呈方形或长方形围沟状。房址以圆形窝棚式柱洞房址为主，部分为方形基槽式房屋和圆形浅地穴式房屋，系封闭式作坊和半开放式作坊。出土大量铁器，类型有锸、斧、凿等生产工具，以及刀、环权、带钩、釜等生活用具，剑等兵器，大部分为中原铁器形制。还出土大量条铁，经分析为铸铁脱碳钢。铁器的材质包括白口铁、灰口铁、铸铁脱碳钢、熟铁以及疑似炒钢等。官田遗址是南方地区已发现汉晋时期规模最大的铸铁遗址，主要开展铁器铸造、脱碳制钢、锻造加工，并兼营铸铜。其加工炉和铁器产品既有中原传统，又有北方特色。

蔡家坪遗址位于桑植县陈家河镇蔡家坪村，澧水河上游河滩上，与县城相距20千米。2022年10月至2023年2月，湖南省文物考古研究所对该遗址开展发掘，揭露面积2000平方米，清理灰沟11条，灰坑37处，其中H25、H31、H32、H35、H37为锻铁炉；另外出土铁斧、铁条、铁钩、铁块等铁器，以及铜器、陶瓷器、石器、琉璃、陶范等。从器形判断，遗址年代为东汉至两晋。

朱家台、官田和蔡家坪这三处遗址相距不远，年代衔接，组成了一个铸铁遗址群，其时代从西汉晚期延续到了两晋时期，是当时南方铁器加工制作的重要基地，反映了汉晋时期铁器化大潮由中原向南方传播的历史过程。

八、其他汉代冶铁遗址

目前还发现了很多其他的汉代冶铁遗址，其中有不少锻铁产品，共同反映了汉代冶铁业盛况。

山东滕县（今滕州市）薛城冶铁遗址。1964年在山东滕县薛城城址的调查中，在城址中部的皇殿岗村东发现一处西汉时期的冶铁遗址，其范围东西约170米、南北约300米，采集到铁矿石、铁渣、铁块以及铲、犁铧陶范残片等遗物，其中铲形范型腔的銎部一侧阴刻有反文篆书"山阳二"字样。此外，这里

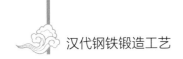

发现有东汉时期带有"钜野二"字样的陶模和陶范①。

陕西韩城芝川镇汉代冶铁遗址。1983 年前后，在陕西韩城县芝川镇汉代冶铁遗址的调查中采集到竖銎镢范、镰刀范、铲范、凿范、削刀范、齿轮范等陶铸范 55 件，年代为西汉②。

河南鲁山望城岗汉代冶铁遗址。1976 年调查③，2000 年发掘④，发掘清理出一处长方形炉基，上面先后建了三个炉址，以及陶窑、房基、给水设施等遗迹，发现有鼓风管残块、犁铧铸模、镢范和锄范等，并且有的陶铸模上刻有"阳一""河口"等字样，年代为西汉中期至东汉初年。

山西西夏禹王城汉代铸铁遗址。在该遗址发现了大量犁铧、铲、钉、曹、釜、盆等的陶铸范，以及铁渣、炉壁残块、建筑材料和铁直口锸等遗物，其年代为西汉中晚期⑤。

江苏徐州利国驿汉代冶铁遗址。发现有两处采矿遗迹，发掘清理出立方体形炼铁炉 1 座，炉内有铁颗粒、炉渣、炉壁残块等，还出土圆柱形铁锤、铁三齿钯等。其年代为东汉时期⑥。

四川蒲江古石山冶铁遗址。2006—2007 年成都文物考古研究所和蒲江县文物管理所对蒲江县境内西来镇铁牛村遗址、古石山遗址和寿安镇许鞋匾遗址 3 处冶铁遗址做了试掘⑦。在古石山遗址发现冶铁竖炉残迹 1 座（N: 30°19′59″，E: 103°34′25″）。炉址周围还出土铁矿、铁渣、木炭、炉砖、陶片、红烧土等遗物。从地层出土物看，周围出土物时代早至汉代，晚至宋代；发掘简报认为炉型与汉代中原炉型接近，可能属于汉代。

① 李步青. 山东滕县发现铁范[J]. 考古，1960（7）：72.

② 陕西省考古研究所华仓考古队. 韩城芝川镇汉代冶铁遗址调查简报[J]. 考古与文物，1983（4）：27-29.

③ 河南省文物研究所，中国冶金史研究室. 河南省五县古代铁矿冶遗址调查[J]. 华夏考古，1992（1）：44-62.

④ 刘海旺，赵志文. 河南鲁山望城岗汉代冶铁遗址一号炉发掘简报[J]. 华夏考古，2002（1）：3-11.

⑤ 山西省考古研究所. 山西夏县禹王城汉代铸铁遗址试掘简报[J]. 考古，1994（8）：685.

⑥ 南京博物馆. 利国驿古代炼铁炉的调查及清理[J]. 文物，1960（4）：46-47.

⑦ 成都文物考古研究所，邛崃市文物保护管理所. 邛崃市平乐镇冶铁遗址调查与试掘简报[J]. 四川文物，2008（1）：16-24.

江苏泗洪赵庄汉代冶铁遗址。20 世纪 60 年代，在河渠旁发现半个冶铁竖炉残迹，如"鸭蛋中剖状"，还发现了炼渣、铁矿石、汉瓦、汉绳纹罐[①]。2012年 12 月，本书作者考察该遗址[②]。当地村民介绍 20 世纪 50 至 60 年代在河沟边确实有一个冶铁炉。但河沟已经被填平做耕地，土崖地上部分不足 1 米。冶铁炉已不存，可能完全损坏，也可能被掩埋。我们在周围采集到一些炉壁和疑似冶铁渣。

河南泌阳下河湾汉代冶铁遗址。该遗址位于马谷田镇下河湾村东（N: 32°37′22″，E: 113°32′30″）。2004 年河南省文物考古研究所在此调查发现了大量炉体残迹、炉基座、炉基支柱、耐火砖、鼓风管残片、炼渣、铁板材、铁器残片及陶质和石质工具等[③]。2010 年 8 月，本书作者参与考察该遗址[④]，发现在田地间散布有大量炼铁渣、炉壁和木炭块，没有发现冶铁炉遗迹，已经被回填。

河南林州铁炉沟汉代冶铁遗址。该遗址曾发现冶炼点 10 处，9 座冶铁炉，沿河分布，靠山面坡，粘土筑的炉推测属于汉代，鹅卵石筑的炉被认为属于唐代，炉型较小[⑤]。2011 年 2 月，本书作者考察了该遗址，在河沟两侧没有发现冶铁炉遗迹，只在公路东边发现了一些冶铁渣。

河北兴隆副将沟汉代冶铁遗址。该遗址位于副将沟村东南山谷南侧台地上（117°49′35.99″E，40°38′51.04″N）。兴隆县文物保护管理所的考古工作者在此开展发掘，本书作者于 2017 年 8 月到此考察[⑥]。遗址现存汉代冶铁炉 1 座，夯土夯筑，尚存炉缸，炉门朝西；其炉底接近长方形，出渣口位于长边上，炉缸上部横截面接近椭圆形。周边出土了一些鼓风管残块、大量炉渣、少量板瓦等。从残块估测鼓风管内径约 15 厘米，部分鼓风管残块有烧流痕迹，

① 尹焕章，赵青芳.淮阴地区考古调查［J］.考古，1963（1）：1-8.

② 考察组成员有黄兴、刘海峰。

③ 河南省文物考古研究所.河南泌阳下河湾冶铁遗址调查报告［J］.华夏考古，2009（4）：16-28.

④ 考察组成员有潜伟、李延祥、陈建立、黄兴、洪启燕、秦臻、王启立。

⑤ 河南省文物研究所，中国冶金史研究室.河南省五县古代铁矿冶遗址调查［J］.华夏考古，1992（1）：44-62.

⑥ 考察组成员有陈建立、黄兴，还有兴隆县文物保护管理所的工作人员。

粘有黑色铁渣。沿山谷向东约700米处南侧台地上,有另一处红烧土和炉壁散布。副将沟是古代一处重要的铁器生产中心,村中部北山坡曾出土战国时期的铁范,今保存在中国国家博物馆,是目前已发现的最早铁范。

第二节　汉代铁器的考古发现

一、城址与聚落中发现的铁器

经过考古工作者正式发掘的且有发掘报告的汉代城址和聚落遗址数量不多,主要有汉长安城遗址,以及少数诸侯国都城、郡县治城和聚落遗址等。在这些城址和聚落遗址的发掘中,均发现了数量不等的锻造铁器以及相关的冶铁遗存,对于考察锻造铁器在社会生活中的实际应用具有重要意义。

1956年以来,在汉长安城遗址发现了大量铁器。1975—1977年在武库第1号和第7号遗址的发掘中,出土了大量铁兵器,其中见于报告的有铁剑3件、短剑1件、短刀10件、矛10件、戟6件、镞1000多件以及大量铠甲片。同时出土的锻制及经过局部锻打加工工具还有铁锛、凿等铁器[1]。1980—1989年在未央宫遗址的发掘中,出土铁器868件[2],其中可以初步判断为锻制及经过局部锻打加工的铁器有铁剑6件、矛2件、戟2件、镞203件、甲片247件、斧3件、锛7件、锸3件、削刀8件、刀2件、錾2件、锉1件、钻头1件、刀具6件等,共约500件,占总发现数量的58%。1997—2000年桂宫遗址的发掘,发现有铁斧、刀等生产工具,剑、矛、长刀、镞、铠甲片等兵器武备,钉等车器,

① 中国社会科学院考古研究所汉城工作队. 汉长安城武库遗址发掘的初步收获[J]. 考古,1978(4):261-269.

② 中国社会科学院考古研究所. 汉长安城未央宫:1980—1989年考古发掘报告[M]. 北京:中国大百科全书出版社,1996.

厨刀、小刀、锥、圆帽钉、直角钉等日用器具及杂品等计 40 件以上 [1][2][3][4]。其中可以初步判断为锻制及经过局部锻打加工的铁器，也占到多数。1992 年在汉长安城西北的西市——今六村堡乡相家巷村南发掘一处铸铁遗址，面积 138.8 平方米，清理出烘范窑一组 3 座、废料堆积坑 5 个和熔铁炉基址 1 处，出土铁器以车马器和日用器具为主 [5]。汉长安城作为西汉都城，该处遗址出土的铁器种类多、数量大，都是兵器、工具和日用器具，多数经过锻造加工，表明城市中锻造铁器使用量较大。

辽阳三道壕聚落遗址位于辽宁省辽阳市北郊的三道壕村，1955 年对该遗址进行了发掘，发掘面积 1 万多平方米，出土铁器 265 件，年代为西汉时期 [6]。发掘出土的器物主要是各种土作农耕器具，木作加工器具以及车马机具等。初步推测，其中经过锻造过程的铁器有：镰刀与铚刀 34 件、锛 3 件、斧 1 件、凿 2 件、曲刃凿 1 件、曲刃刀 2 件、钻头 2 件、刀 47 件等 [7]，共约 90 件，约占出土铁器总量的三分之一。这体现出西汉时期聚落中锻造铁器也占有一定的比例，比城市中略少。三道壕遗址是汉代聚落遗址发掘中首次发现大量铁器，以农具为主，兵器较少。

武夷山城村汉城城址位于福建省武夷山市兴田镇城村西南的丘陵上。该遗址发现于 1958 年，在 1959 年的首次发掘中，出土铁器 156 件，其中 71 件保存较好，能辨别器形。初步推测其中经锻制加工的铁器有：工具类，铁斧 5 件、铁锯 1 件；兵器类，铁矛 2 件、铁刀 2 件、锥形物 5 件、刺兵 5 件、铁镞

① 中国社会科学院考古研究所,日本奈良国立文化财研究所中日联合考古队.汉长安城桂宫二号建筑遗址发掘简报[J].考古,1999(1):1.

② 中国社会科学院考古研究所,日本奈良国立文化财研究所中日联合考古队.汉长安城桂宫二号建筑遗址B区发掘简报[J].考古,2000(1):1.

③ 中国社会科学院考古研究所,日本奈良国立文化财研究所中日联合考古队.汉长安城桂宫三号建筑遗址发掘简报[J].考古,2001(1):74.

④ 中国社会科学院考古研究所,日本奈良国立文化财研究所中日联合考古队.汉长安城桂宫四号建筑遗址发掘简报[J].考古,2002(1):3.

⑤ 中国社会科学院考古研究所汉城工作队.1992年汉长安城冶铸遗址发掘简报[J].考古,1995(9):792.

⑥ 东北博物馆.辽阳三道壕西汉村落遗址[J].考古学报,1957(1):119-126.

⑦ 黄展岳.近年出土的战国两汉铁器[J].考古学报,1957(3):93-108.

4件；生活用具，铁钩1件、铁钉7件、铁链1件；此外还有犁、铁锄等铸造铁器多件①。保存较好的铁器中，锻造铁器的件数是33件，约占71件的46%。1980—1996年间考古人员对该遗址进行了系统的勘探和重点发掘，发现了可能与铁器制造有关的遗迹。出土铁凹口锸、竖銎镢、五齿锁、犁铧、镰刀等土作农耕器具约20件，铁空首斧、锛、凿、凿形器、锤、锯、削刀、錾等木作加工器具40余件，铁剑、矛、戟、戟短刀、铁、甲片等兵器武备30余件，三足架、备、尖状器等日用器具，以及齿轮、建筑构件和各种杂用器具等，共计300余件②③④⑤。其中，可推测采用锻造或经过锻制加工的铁器件数150件，占总发现件数的50%。城村汉城始建于汉高祖五年（公元前202年）之后，毁弃于汉武帝元封元年（公元前110年）⑥。该城址显示了在福建沿海一带的汉人聚集地不仅普遍使用铁器，而且经过锻造加工的铁器比例与长安数据相差不大。

除上述发现外，汉代铁器还广泛发现于其他城址和聚落遗址，如1990—1992年在敦煌汉代悬泉置遗址的发掘中，出土了犁、铧、锸、削刀、镰刀、锛、铲、刀等铁器计230余件，年代为西汉中期至东汉中期⑦，是河西走廊地区汉代铁器的一次重要的发现。1990—1996年在广西兴安县秦城遗址发现大量铁器，能分辨器形的有刀、斧、锄、凿、矛、镞、铁圈等，以及大量建筑构件。虽然名为秦城，但出土的铁器年代为西汉中期至东汉，是岭南地区秦汉城址中铁器最集中的一次发现⑧。此类发现甚多，反映出汉代时期各地铁器的特征及其使用状况。

① 福建省文物管理委员会. 福建崇安城村汉城遗址试掘［J］. 考古, 1960(10)：1-9, 52.

② 福建省博物馆. 崇安城村汉城探掘简报［J］. 文物, 1985(11)：37-47.

③ 杨琮. 崇安汉城北岗一号建筑遗址［J］. 考古学报, 1990(3)：339-369, 399-406.

④ 福建省博物馆, 厦门大学人类学系. 崇安汉城北岗二号建筑遗址［J］. 文物, 1992(8)：20-34.

⑤ 福建博物院, 福建闽越王城博物馆. 武夷山城村汉城遗址发掘报告(1980—1996)［M］. 福州: 福建人民出版社, 2004：301-340.

⑥ 杨琮. 闽越国文化［M］. 福州: 福建人民出版社, 1998：287-303.

⑦ 甘肃省文物考古研究所. 甘肃敦煌汉代悬泉置遗址发掘简报［J］. 文物, 2000(5)：4-20.

⑧ 广西壮族自治区文物工作队, 兴安县博物馆. 广西兴安县秦城遗址七里圩王城城址的勘探与发掘［J］. 考古, 1998(11)：34-47.

二、窖藏的铁器

铁器窖藏是古人存储铁器的一种重要方式，此类遗迹年代自汉晋延续到宋元。汉代铁器窖藏出土铁器种类多，数量大。其中，有些是铁工场的窖藏，如渑池窖藏、镇平尧庄窖藏等；有些属于城邑和聚落中的窖藏，如修水横山窖藏、禹县朱坡村窖藏等。参考已发表或已出版的文献择要简述如下：

渑池窖藏，1974 年发现于河南渑池县火车站南侧。窖藏坑为圆形袋状竖穴，底径 1.68 米，深 2.6 米。出土铁器共计 4195 件，包括铁铸范 152 件、砧 11 件、锤 20 件、六角钉 445 件、圆形钉 32 件、犁铧 48 件、犁镜 99 件、犁冠 1101 件、空首斧 401 件、横銎斧 33 件和其他生产工具、兵器和日用器具以及铁料等。窖藏的年代应是北魏时期，但铁器中包括大量汉代遗物。据调查钻探，窖藏南侧为一铸铁遗址[①]。铁器中有白口铸铁、灰口铸铁、麻口铸铁、韧性铸铁、铸铁脱碳钢乃至球墨铸铁[②]。这批铁器的冶金学研究解决了中国古代钢铁技术发展中的若干重要问题[③]。

河南镇平尧庄窖藏，1975 年发现于河南镇平县尧庄村。在一个大陶瓮内盛有锤范 61 件、锤 6 件、六角钉 9 件、圆形钉 3 件、齿轮 3 件和铁权 1 件等铁器计 83 件，并用一件铁錾封盖，其年代为东汉中后期。发掘报告根据该地点位于汉代安国城东南约 250 米处，以及出土铁器多残破或有铸造的瑕疵等，推测这一窖藏是附近的铁工场为用作原材料而收集的废旧铁器[④]。

莱芜亓省庄窖藏，1972 年发现于山东莱芜亓省庄。出土铧冠范、铲范、耙范、镰刀范和空首斧范等铁铸范 22 件，以及铧冠等铁器，其年代为西汉前期。经鉴定，铁范有白口铸铁、灰口铸铁和麻口铸铁。亓省庄窖藏铁范是年代最早的一批汉代窖藏铁器，也是首次发现的西汉窖藏铁范，有助于对汉代铁范和西

---

① 渑池县文化馆，河南省博物馆. 渑池县发现的古代窖藏铁器[J]. 文物，1976（8）：45-51.

② 北京钢铁学院金属材料系中心化验室. 河南渑池窖藏铁器检验报告[J]. 文物，1976（8）：52-58.

③ 李众. 从渑池铁器看我国古代冶金技术的成就[J]. 文物，1976（8）：59-61.

④ 河南省文物研究所，镇平县文化馆. 河南镇平出土的汉代窖藏铁范和铁器[J]. 考古，1982（3）：243-251.

汉前期铁器生产的研究[①]。

修水横山窖藏，1964年发现于修水县古市镇陇上村南横山的山冈上。共出土铁器27件，包括铁铲、六角锄、直刃凹口锸、尖刃凹口锸、斧等生产工具，軎、圆管等车马机具，釜、锅、钩等日用器具，其中有的铲和凹口锸的銎部有"淮一"铭文。铁器出土时整齐地盛放在一件大铁釜内，铁釜底部还放有小铜釜1件和大布黄千铜钱币24枚，其年代为新莽时期[②]。

禹县朱坡村窖藏，1964年发现于河南禹县（今禹州市）朱坡村，出土有铁炉、铁锻、铜釜、铜钱、铜印等，年代为东汉晚期。铁器放置在一窖穴中，窖穴周围用砖砌筑，应当是专门建造的存放物品之处[③]。

河南荥阳官庄汉代窖藏，发现于2017年至2018年，发现铁器窖藏坑3个、砖砌窖穴3座，坑内和汉代地层、灰坑中发现铁犁2件、犁壁3件、铁釜1件、大型铁熏炉支架1件、铁戟1件、铲形刀1件、铁铲4件、六角钉1件、铁凿1件、铁钩2件、铁削1件、铁锥4件、铁叉1件、铁蒺藜2件、铁带扣1件、铁环1件、不明双刃工具1件、半铁环1件、小刻刀1件、平刃雕刀1件、铁钉多件。窖修建的年代为东汉中晚期，铁器制作年代可上溯至西汉中期[④]。

山东乳山大浩村窖藏，1993年发现，年代为东汉末年或稍晚，大部分完整，锈蚀较轻。可辨认的铁器42件，其中铸制铁器有：三角形犁铧5件、犁镜2件、I式铲1件、车辖1件、臿1件、长方形铁器1件。锻制铁器有：镰6件、斧9件、镬3件、锛1件、II式铲1件、刀4件、凿1件、S形器1件、锄勾1件、马镫2件、锨2件[⑤]。

山东沂水何家庄子窖藏，1984年发现，发现15件铁器，属于东汉时期，保存完成，锈蚀较轻，有釜1件、鼎3件、镰3件、锸2件、铧3件、铧冠2件[⑥]。

除上述铁器窖藏外，还有一些汉代铁器的集中发现。如1975年陕西长武

① 山东省博物馆. 山东省莱芜县西汉农具铁范[J]. 文物, 1977(7): 68-73.
② 薛尧, 程应麟. 江西修水出土战国青铜乐器和汉代铁器[J]. 考古, 1965(6): 265-267.
③ 孙传贤. 河南禹县出土一批汉代文物[J]. 考古, 1965(12): 654.
④ 郜向平, 丁思聪, 赵昊, 等. 河南荥阳官庄汉代窖藏[J]. 中国国家博物馆馆刊, 2020(4): 55-67.
⑤ 姜书振. 山东乳山市大浩口村出土汉代铁器[J]. 考古, 1997(8): 91-93.
⑥ 山东沂水县发现汉代铁器窖藏[J]. 考古, 1988(6): 576, 546.

县丁家机站发现铁器 87 件，主要是各种土作农耕器具和车马机具，包括锤、凿、冲牙、锯条、正齿轮、棘轮、铲、横銎镢、六角锄、铧冠、镰刀、锄板、环首刀、权、六角缸、弩机、戟、车辖、畚、铃和环等，年代为新莽时期[①]。1984 年陕西渭南田市镇出土铁器 73 件，以土作农耕器具和车马机具为主，也有少量木作加工器具和日用器具，有犁铧、铧冠、耧铧、犁壁、六角钰、锄板、削刀、铲、锛、竖銎镢、横銎镢、砍刀、锯条、棘轮、三足盘和锁等，年代为西汉[②]。1984 年郑州布刘胡垌窖藏出土铁器 103 件，主要为日用器具、土作农耕器具和车马机具等，如釜、钵、灯台、熏炉、凿、削刀、斧、镢、铲、直口锸、齿轮、锯条、畚和纺轮等，年代为东汉末年[③]。

　　汉代铁器窖藏，往往将不同时期的铁器存放在一起，就铁器的断代来说有一定难度，但窖藏的铁器种类繁多，对于了解当时的铁器类型及其结构颇为有益。

三、帝王陵墓中发现的铁器

　　目前，考古发掘的汉墓葬数以万计。在帝王、官吏和平民墓葬中都普遍发现了铁器。并且铁器的出土数量和种类在各种遗迹中往往也是最多的，尤其是规模大、随葬品丰富的帝王陵墓。在墓葬中也经常发现锻铁工具，可能是在修建墓葬过程中制作铁质建筑构件及修理工具所用。本小节列举几处在重要汉墓中发现锻造铁器及锻铁工具的情况。

1. 汉景帝阳陵陵园及其附属设施

　　汉景帝刘启（公元前 188—前 141 年）和孝景王皇后（？—公元前 126 年）的陵园，位于陕西咸阳渭城区正阳镇张家湾村北的黄土源上，是渭北咸阳原上 9 座西汉帝陵中位置最靠东的一座。1972 年在汉景帝阳陵陵园西北约 1.5 千米处的狼沟村发现了阳陵刑徒墓地，此后又经多次考古调查和勘测，1990 年起开始对陵园遗址、陪葬墓园、丛葬坑等进行大规模考古调查、勘探和发掘，取得

① 刘庆柱. 陕西长武出土汉代铁器[J]. 考古与文物, 1982(1): 32.
② 郭德发. 渭南市田市镇出土汉代铁器[J]. 考古与文物, 1986(3): 111.
③ 郑州市文物工作队. 郑州市郊区刘胡垌发现窖藏铜铁器[J]. 中原文物, 1986(4): 39-41.

了一系列重大收获。

汉景帝阳陵历次考古调查和发掘出土的遗物中，都包含有种类和数量不等的铁器。阳陵刑徒墓地发现有不同形制的铁颈钳、脚镣等锻造铁器[①]。汉景帝阳陵南区丛葬坑的发掘中，第6、8、16、17号坑出土有铁戟42件、矛16件、剑82件、直口锸88件、镑70件、凿82件、手锯2件和削刀2件，计382件[②]；第20~23号坑出土铁器计461件，包括铁镞159件、戟93件、剑58件、直口锸11件、铧冠1件、锛57件、凿61件、手锯3件、钩10件、鼎2件、釜5件以及舟形器1件等[③]。

其中，全部兵器和绝大多数生产工具为模型明器，但"制作精良，各部件齐全如真"。阳陵各种铁器，尤其是大量铁制模型明器的出土，对于铁制明器以及西汉早期铁器类型及其使用状况的研究具有重要意义。

2. 汉杜陵陵园及其附属设施

该陵园系汉宣帝刘询（公元前91—前49年）和孝宣王皇后（？—公元前16年）的陵园，位于今陕西西安三兆村南。1982—1985年对汉宣帝陵和孝宣王皇后陵的陵墓、陵园、寝园及杜陵的陵庙、陵邑、陪葬坑和陪葬墓进行考古勘探，并对其中部分遗址和陪葬坑进行了发掘。

汉宣帝陵陵园东门遗址出土铁器6件，包括铁钉、镰刀、环首扞、刀、刀形器和直口锸等。汉宣帝陵寝园遗址出土铁器96件，包括各种建筑构件、釜1件、环首扞2件、铲2件、犁铧、铧冠、凹口锸、锄、镰刀、锛、凿、刀3件、削刀4件、剑、矛、镞2件、甲片53片、钎、马镳和钱币等。孝宣王皇后陵寝园遗址出土铁器8件，包括钉、钩、墩等。杜陵1号陪葬坑出土铁器21种计84件，包括鼎形器、斧、锛、凿17件、剪刀、剑5件、矛3件、戟17件、环9件、环首扞、车较、带扣、方策、箍、马衔和马镳等[④]。

① 秦中行. 汉阳陵附近钳徒墓的发现[J]. 文物, 1972(7): 51.

② 陕西省考古研究所汉陵考古队. 汉景帝阳陵南区丛葬坑发掘第一号简报[J]. 文物, 1992(4): 1-13.

③ 陕西省考古研究所汉陵考古队. 汉景帝阳陵南区丛葬坑发掘第二号简报[J]. 文物, 1994(6): 4-23.

④ 中国社会科学院考古研究所. 汉杜陵陵园遗址[M]. 北京: 科学出版社, 1993.

杜陵作为西汉宣帝陵，始建于元康元年（公元前65年），考古发掘出土的遗物中未发现东汉遗物。因此，汉杜陵陵园遗址出土的铁器时代明确。在这批出土铁器中，铁质马具如车较、带扣、方策、箍、马衔和马镳等均为锻制，这为研究交通工具类锻造铁器提供了重要资料。

3. 永城西汉梁王陵园及其附属设施

西汉梁王陵园位于河南永城东北部的芒砀山。从汉初梁孝王开始到西汉末年的100多年间，梁国的八代九王皆葬于芒砀山群的各个山头，形成了庞大的王陵墓群。这是中国目前发掘的唯一一处保存完整的汉代诸侯王寝园建筑遗址。寝园始建于景帝前元七年（公元前150年），废弃年代应该是在西汉末年梁国被废以后。寝园从建筑到废弃大约历时150余年，其间经过了多次修葺。1984—1999年间，先后进行了多次调查、清理和发掘，出土铁器尤以工具、农具为多。

1991年发掘的保安山2号墓1号陪葬坑出土铁剑3件、戟2件、矛4件、灯4件、釜、锸、镇4件、U形器4件、钩6件、钉、环12件以及铁铤铜镞16件等铁器计59件。墓主人为梁孝王刘武之妻李王后，葬于公元前123年前后。柿园汉墓墓主人可能是卒于公元前136年的梁共王，或者是梁孝王嫔妃墓，墓中出土铁车軎4件、车铜6件、车椅饰11件、T形器、钉形器、马衔31件、马镳27件、环、戟15件、铍38件、剑28件、铁铤铜镞等铁器共计169件[①]。

发掘报告记载，1992—1994年间发掘的梁孝王寝园遗址出土铁器63件以上，包括铁凹口锸6件、镰刀2件、空首斧3件、镐4件、鍪13件、凿4件、锯片、刀7件、砧、带钩、建筑构件、铁材、铣和铁铤铜镞等。保安山2号墓墓室出土铁铤铜镞2枚和成束的铁剑残段，填土和塞石缝隙中出土铁锤、空首斧3件、镐、錾2件、凹口锸2件等铁器计9件[②]。

芒砀山西汉梁王陵园的锻造器物如车马器具等具有帝王陵墓的共同特征。梁孝王寝园遗址出土的铁砧、铁材表明铁匠们在修建陵园现场锻造加工了铁

---

① 河南省商丘市文物管理委员会. 芒砀山西汉梁王墓地［M］. 北京：文物出版社，2001：58-205.
② 河南省文物考古研究所. 永城西汉梁国王陵与寝园［M］. 郑州：郑州古籍出版社，1996：74，199.

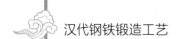
器，很可能是制作或修配陪葬的锻造铁器，如车马器等；也可能是陵园建设者的修理制作工具，都表现出锻造加工方便灵活的特点。

4. 满城汉墓

满城汉墓位于河北保定满城区陵山之上，发掘于 1968 年 [①]。

满城 1 号墓为西汉中山靖王刘胜墓。刘胜葬于汉武帝元鼎四年（公元前 113 年）或稍后。墓中出土铁器 27 种计 499 件，主要有暖炉 5 件、剑 6 件、短剑 5 件、长刀、削刀 29 件、戟 2 件、矛、长柄矛、杖、弓敝 20 件、镞 371 件、铠甲 1 领、竖銎镢 15 件、空首斧、锛、凿 16 件、锉、锯条 3 件、锤 1 件以及车马机具等，另有铁铤铜镞 70 件。其中三足圆形暖炉是目前已知中国年代最早的大型锻造铁质器皿。

满城 2 号墓为刘胜之妻窦绾墓，年代略晚于 1 号墓。墓中出土铁器 21 种计 107 件，主要有方形暖炉、灯、权、尺、削刀 49 件、墩、錾、锯条、锤、犁铧、铲 7 件、竖銎镢 2 件、二齿镢、三齿镢、铸范 36 件、匕形器 3 件、支架 2 件和砧子 2 件等，另有铁铤铜镞 18 件。

2 号墓出土铁器的种类与 1 号墓明显有别，多数是生产工具和铸范，少量为生活器具，而兵器少见。其中权、犁铧和砧等出土于封门和墓道填土中，铲、镢、锤和少数铸范为封门外堆积中所出，生产工具都是实用器，绝大部分是开凿墓穴时所遗留。

满城汉墓是汉代诸侯王墓中首次发现大量铁器的汉墓，并且在该墓出土的 30 余件铁器中，经过金相分析等冶金学鉴定，首次发现了汉代的铸铁固体脱碳钢和灰口铁铸件，以及具有"百炼钢"雏形的钢剑，这对汉代铁器和钢铁技术的研究具有重要价值。

5. 临淄西汉齐王墓

随葬器物坑位于山东淄博临淄区大武乡窝托村南，1978—1980 年对封土

---

① 中国社会科学院考古研究所，河北省文物管理处. 满城汉墓发掘报告：上［M］. 北京：文物出版社，1980：217.

墓室周围的 5 个随葬器物坑进行了发掘[①]。主墓室为带南、北两条墓道的"中"字形竖穴墓，推测墓主人为西汉齐哀王刘襄，葬于汉文帝元年（公元前 179 年）或稍后。

发掘报告记载，随葬器物坑分布于北墓道的西侧和南墓道的东、西两侧，属于该墓的外藏椁。经发掘的 5 个器物坑中除 2 号坑未发现铁器外，其余 4 个坑共出土铁器近 20 种计 410 件，包括铁甲胄、殳 2 件、戟 141 件、矛 6 件、铍 20 件、杆形器 180 件等兵器武备 350 件，竖銎镢、凹口锸、六角锄、环首削刀 3 件等生产工具 6 件，曹 8 件、钉 8 件、车垫 4 件、车饰 19 件、马衔 2 件、销 3 件等车马器 44 件，环 2 件和卜字形器 4 件等杂用器具 6 件，日用器具有炉 1 件。其中，兵器出土于 3 号坑和 5 号坑，车马器出土于 4 号坑，竖銎镢和凹口锸出土于填土之中，甲胄经清理复原出铠甲 2 领和胄 1 顶[②]。

这批铁器以兵器和车马器的种类多、数量大为特色，尤其是西汉铁戟和铍也是第一次大量出土，西汉铁胄属于首次发现，这对西汉初年铁兵器和车马器的研究具有重要意义。

6. 广州西汉南越王墓

该墓位于广州越秀区象岗山上，发掘于 1983 年。该墓墓主为西汉南越国第二代王赵眜，葬于汉武帝元朔末元狩初年（约公元前 122 年）。该墓的 7 个墓室中均有铁器出土，共出土铁器 40 余种计 246 件，主要有凹口锸 4 件、竖銎镢 2 件、铲 2 件、锛 4 件、板斧、凿 2 件、扞、锥 5 件、鱼钩 2 件、刮刨 2 件、镰刀、弯刀、劈刀 4 件、匕形刀、刮刀 18 件、削刀 52 件、刻刀 15 件、锤 2 件、锉 9 件、杵、剑 15 件、矛 7 件、戟 2 件、铍、铠甲、鼎、三足架 9 件、叉 2 件、镊子 7 件、串扞 16 件以及其他日用器具等，另有铁针约 500 枚。其中有 54 件工具出土于西耳室的一个工具箱（南越王墓 C145）内，该墓室的另一组工具共计 27 件是用丝绢成束包裹后装在编织物中埋入的。经金相鉴定的 9 件铁器中，

① 山东省淄博市博物馆. 西汉齐王墓随葬器物坑［J］. 考古学报，1985（2）：223.

② 山东省淄博市博物馆，临淄区文管所，中国社会科学院考古研究所技术室. 西汉齐王铁甲胄的复原［J］. 考古，1987（11）：1032−1046.

除 1 件鼎为铸铁件外，其余 8 件均为锻铁件[①]。

南越王墓的铁器是满城汉墓和西汉齐王墓之后西汉诸侯王墓中铁器的又一次集中发现，也是岭南地区到目前为止发现汉代铁器数量和种类最多的一处。南越国是一个独立的地方政权，该墓出土铁器种类繁多，形制多样，具有浓厚的岭南地域特色，并且绝大多数为锻铁件。这为西汉前期边远地区铁器应用以及铁器制作技术的研究提供了重要的实物资料。

各地发现的上述铁器是汉代埋葬设施中具有代表性的重要发现，反映出埋葬设施中铁器种类之多、数量之大，类似的发现还有很多。同时，埋葬设施出土铁器年代一般比较明确，对于铁器的年代学研究具有重要的参考意义。

四、官吏和平民墓葬中的铁器

1. 洛阳烧沟汉墓

该墓地位于河南洛阳烧沟村，1952—1953 年中国科学院考古研究所等单位在此发掘清理了 225 座墓。墓葬的年代从西汉中期延续至东汉晚期。墓中出土铁器 306 件，包括铧冠 2 件、六角锄 1 件、横銎镢 1 件、铲 10 件、锛 6 件、镰刀 3 件、锤 2 件、剪刀 7 件、横銎斧 3 件、长剑 25 件、中长剑 8 件、环首长刀 18 件、削刀 98 件、矛 5 件、炉 3 件、釜 5 件、灯 2 件、带钩 3 件、镊子 13 件、钯锔钉 57 件、环 6 件、扣形器 5 件、泡钉 2 件、镜 8 件、钱币 1 枚以及残铁器等。烧沟汉墓的铁器，不仅是汉代墓葬中铁器的第一次集中出土，也是汉代铁器的首次大量发现，其数量之大，种类之多样，都是空前的，并且年代明确，从而成为汉代铁器类型学研究的一批重要资料[②]。

2. 西安北郊汉墓

1991—1992 年间在西安市北郊龙首原北坡的范南村、枣园村和方新村等三个墓地发掘清理了西汉早期（公元前 206—前 118 年）墓葬 42 座。发掘报

---

① 广州市文物管理委员会，中国社会科学院考古研究所，广东省博物馆. 西汉南越王墓[M]. 北京：文物出版社，1991.

② 洛阳区考古发掘队. 洛阳烧沟汉墓[M]. 北京：科学出版社，1959：188-199.

告显示，其中24座墓出土铁器计43件以上，包括釜1件、灯9件、臼4件、杵2件、带钩1件、刀7件、凿1件、锥3件、犁铧冠1件、剑4件、铩1件以及铁条多件等[①]。1988—2003年间，在西安市北郊龙首原北坡的范南村、枣园村和方新村以及龙首原以北的尤家庄、张家堡一带的12个地点发掘清理了汉代墓葬134座，其年代为西汉中期至东汉初年。出土铁器66件，包括铁长剑19件、长刀1件、削刀15件、灯5件、盆15件、臼杵2套以及铲、锛、权、顶针等[②]。

出土铁器中，铁灯和铁臼较为多见（铁灯14件出自14座墓、铁臼6件出自6座墓），成为这一带汉墓出土铁器的一个突出特点。

3. 榆树老河深墓地

该墓地位于吉林榆树市老河深村南的冈地上。1980—1981年对该墓地进行了两次考古发掘[③]。

在中层地层发掘汉代鲜卑墓葬129座，其年代为西汉末至东汉初。出土铁器共计540余件，其中，生产工具214件，包括竖銎镢4件、空首斧23件、削刀13件、直口锸8件、凿4件、小刀97件、锥65件；装身具175件，包括带扣94件、环78件，以及包金铁带扣3件；车马具47件，包括车軎3件、马镳12件、马衔30件和当卢2件；兵器223件，包括长剑17件（其中7件为铜柄铁剑）、短剑1件、刀36件（包括长刀、短刀和削刀）、矛11件、镞138件、箭囊17件，以及胄3件和铠甲片（出自8座墓，复原1件）等；另有用途不明的铁器及残铁器百余件。

出土铁器中有25件取样鉴定，发现其材质有白口铁、铸铁脱碳钢、炒钢等，并且铁器局部采用了淬火处理、贴钢等工艺。老河深墓地铁器的发现，既是东北地区汉代铁器最集中的一次发现，也是鲜卑墓葬中铁器出土最多的一处。出土的铁器不仅数量多、种类多，其中既有中原系统铁器，又有具有本地特色的铁制品，而且有不少器形为首次发现，如当卢、箭囊等。老河深墓地铁

---

① 西安市文物保护考古所. 西安龙首原汉墓［M］. 西安：西北大学出版社, 1999：15-205.

② 西安市文物保护考古所, 郑州大学考古专业. 长安汉墓［M］. 西安：陕西人民出版社, 2004.

③ 吉林省文物考古研究所. 榆树老河深［M］. 北京：文物出版社, 1987.

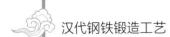

器的发现，对于边远地区铁器化进程的研究、中原系统铁器传播的研究以及鲜卑族铁器制作和使用状况的研究，都具有重要意义。

4. 资兴两汉墓

1978—1980年间，在湖南资兴县（今资兴市）旧市和木银桥两地发掘西汉墓葬256座。出土铁釜4件、三足架5件、削刀6件、凹口锸8件、锛2件、凿1件、剑6件、刀202件、环首刀145件、矛47件、钯钉等铁器计435件，以及铁半两钱8枚，其中铁刀类型多，数量多达353件[①]。1978年，在资兴旧市、厚玉和木银桥三地发掘东汉墓葬107座，在其中93座墓出土铁器428件，包括各种刀、剑、矛、空首斧、凹口锸、钻、釜、釜架、盆、权、钩、带钩、环、棺钉等20余种，以及穿带铁轴的陶纺轮96件，其中各种类型的刀多达266件，铁柄矛、铁轴陶纺轮等为其他地区所少见[②]。资兴两汉墓大量铁器的出土，不仅反映出当时湘南地区丘陵山地居民铁器的特点及使用状况，而且有助于对两汉时期南方铁器使用和发展演变的深入考察。

5. 广州汉墓

1953—1960年间，在广州市区及其近郊发掘清理两汉时期墓葬409座，分为西汉前期、中期、后期和东汉前期、后期，共五期。出土铁器共计226件。其中西汉前期：釜2件、剑7件、矛13件、戟3件、空首斧2件、镰刀1件、凹口锸5件、凿3件、刮刀5件、削刀29件、带钩1件、慑子5件等，共计156件。西汉中期：环首刀1件、削刀2件、镊子1件、凹口锸3件等，共计10件。西汉后期：削刀4件、勾形器1件等，共计5件。东汉前期：凹口锸1件、削刀2件、镊子3件、剑2件，共计8件。东汉后期：削刀17件、镊子1件、剑2件、刀11件等，共计49件[③]。这批铁器的出土，对于考察秦汉时期岭南地区的铁器及其应用具有重要价值。

① 湖南省博物馆，湖南省文物考古研究所. 湖南资兴西汉墓［J］. 考古学报，1995（4）：453-521.
② 傅举有. 湖南资兴东汉墓［J］. 考古学报，1984（1）：53-120，147-156.
③ 广州市文物管理委员会，广州市博物馆编. 广州汉墓：上册［M］. 北京：文物出版社，1981.

6. 平乐银山岭汉墓

平乐银山岭汉墓位于广西平乐县燕水村五岭山脉都庞岭南侧的银山岭上。1974 年对该墓地进行发掘，共发掘汉墓 155 座，其中西汉前期墓 123 座，西汉后期墓 20 座，东汉前期墓 12 座[①②③]。

这批汉墓中有 120 座墓出土铁器，共计 17 种 249 件。另有铁足铜鼎 2 件、铜环首铁削刀 1 件、铁蜒铜铣 8 件等，均为铜铁复合制品。出土铁器以木作加工器具和土作农耕器具为主，兵器和日用器具都较少，共计有铁鼎 2 件、釜 3 件、三足架 5 件、矛 3 件、凹口锸 103 件、空首斧 13 件、锛 6 件、凿 6 件、镰刀 1 件、刮刀 64 件、削刀 12 件、刀 21 件、剑 1 件以及其他铁器等。

平乐银山岭地处古代沟通五岭山南北的重要通道——湘桂走廊的东侧，西汉早期墓出土铁器的器物类型和形态特征都与湘鄂地区战国晚期和秦末汉初的铁器相近，应当是在秦平岭南之后从中原地区带来的。从西汉后期开始，铁器中出现了具有地方特色的釜和三足架等，应当是在当地加工制作的。

7. 江川李家山墓地

江川李家山墓地位于云南省江川区李家山。1972 年在该地发掘墓葬 27 座，出土铁器 48 件。其中包括铜柄铁剑 13 件、铜环首铁刀 1 件、铜骹铁矛 8 件、铜銎铁镰刀 1 件、铜銎铁空首斧 2 件、铜銎铁凿 4 件、铜柄铁锥 2 件、衔镳 1 件和铜銎残铁器 2 件，共计铜铁复合制品 34 件；铁剑 8 件、环首刀 2 件、戟 1 件、空首斧 1 件、锤 1 件和残器 1 件，共计全铁制品 14 件。另外，在墓地中还采集到铜骹铁矛和铜柄铁剑计 24 件，以及全铁制矛、空首斧和凿各 1 件等。这批墓葬的年代从西汉初年延续至东汉初年，个别墓葬的年代上限或可早到战国末年。出土铁器中除 21 号墓的 1 件铜柄铁剑（M21∶26）和 13 号墓的 2 件铜銎铁凿以及 1 件残铁器的年代或可早到战国晚期外，其余均为两汉时期[④]。

① 广西壮族自治区文物工作队. 平乐银山岭战国墓［J］. 考古学报, 1978（2）: 211–258.

② 广西壮族自治区文物工作队. 平乐银山岭汉墓［J］. 考古学报, 1978（4）: 467–487.

③ 黄展岳. 论两广出土的先秦青铜器［J］. 考古学报, 1986（4）: 409–434.

④ 云南省博物馆. 云南江川李家山古墓群发掘报告［J］. 考古学报, 1975（2）: 97–156, 192–215.

1991—1997年间，考古队对该地又先后多次进行了勘探发掘，共发现60座墓葬，出土铁器和铜铁复合制品计340余件，其中全铁制品有削刀、矛、短刀等工具和兵器，铜铁复合制品有铜銎铁空首斧、铜骹铁矛、铜柄铁剑等，其年代为西汉前期至东汉前期[①]。李家山墓地出土的铁器种类多、数量大，尤以铜铁复合制品占有较大比重，反映出秦汉时期滇池地区的铁器类型及其特征，以及这一地区铁器的出现到逐步普及的发展进程。

8. 赫章可乐战国两汉墓

赫章可乐战国两汉墓位于贵州省西北部的赫章县可乐乡可乐河两岸。自20世纪50年代以来，在该地先后开展过10次左右的考古调查和发掘。截至2012年，经过正式发掘清理的战国至秦汉时期墓葬共计374座[②③④]，分为甲、乙两类：甲类墓（又被称为"汉式墓"），其年代为西汉中期至东汉初期；乙类墓（又被称为"南夷墓""土著墓"），其年代为战国晚期至西汉晚期。两类墓共出土铁器数百件，其中甲类墓出土铁器以削刀为主，环首刀（包括长刀和短刀）、剑、签、空首斧等次之，其他还有凹口锸、铲、凿、锥、锤、钻、剪刀、夹子、矛、镢、三足架和三足灯等。乙类墓出土铁器同样是削刀数量最多，环首刀（包括长刀和短刀）、剑、凹口锸、釜、带钩等次之，其他还有竖銎镢、铧冠、铜柄铁剑、三足架和扦等[⑤]。

赫章可乐战国两汉墓出土的铁器是贵州地区目前发现古代铁器最集中的地区，其年代从战国晚期到东汉初期。这对于探讨铁器技术向西南地区的传播，以及技术本地化具有重要意义。

① 云南省文物考古研究所,玉溪市文物管理所,江川县文化局. 云南江川县李家山古墓群第二次发掘[J]. 考古, 2001(12): 25−40, 97−101.

② 贵州省博物馆考古组,贵州省赫章县文化馆. 赫章可乐发掘报告[J]. 考古学报, 1986 (2): 199.

③ 贵州省文物考古研究所. 赫章可乐2000年发掘报告[M]. 北京: 文物出版社, 2008.

④ 吴小华,彭万,韦松桓,等. 贵州赫章县可乐墓地两座汉代墓葬的发掘[J]. 考古, 2015(2): 19−31, 2.

⑤ 宋世坤. 贵州早期铁器研究[J]. 考古, 1992(3): 245−252.

第四章

汉代锻铁炉及其鼓风器

《淮南子·齐俗训》有云："炉橐埵坊设，非巧冶不能以治金"[①]。锻铁炉用于加热锻件，兼有渗碳或脱碳的功能；鼓风器用于鼓风助燃，可控制和调节炉温、气氛等。这些都是锻造活动必备的较大型装置。

锻铁炉的功能和结构比生铁冶炼炉、铸铁炉都简单。从已掌握的资料来看，汉代锻铁炉至少有方台式、平铺式和立式三种类型。汉代文献记载反映方台状锻铁炉多在铁匠铺中使用，这种炉型一直沿用到近代。大型制铁工场则使用平铺式炉，截至目前，这种锻铁炉在河南巩义与南阳、山东章丘和湖南桑植共发现了17座；这种炉型在东汉画像石上也有所体现。李京华曾由此提出汉代至魏晋南北朝，锻铁炉是铺设在地面上的，直到唐代改为立式[②③]。但近年来，在陕西咸阳小闫村发掘出一处地穴式制铁作坊，发现了1座立式锻铁炉，遗址时代为汉代。

---

① 淮南子［M］.四部备要·子部：第五十四册.北京：中华书局据上海中华书局1939年版影印，据武进庄氏本校刊，1989：95.

② 李京华.南阳北关瓦房庄汉代冶铁遗址的发掘与研究［C］// 李京华.李京华文物考古论集.郑州：中州古籍出版社，2006：118.

③ 李京华.中国古代铁器艺术［M］.北京：北京燕山出版社，2007：160−161

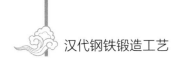

第一节　方台式锻铁炉

汉代方台式锻铁炉在古代文献中有几条记载，可以就此讨论其形制。

其一，《汉书》"司马相如传上"①记载司马相如与卓文君离家后到临邛开坊买酒：

> 尽卖车马，买酒舍，乃令文君当卢。

晋代郭璞注曰："卢，酒卢。"此语表明卢是与酒有关的一个器物，但具体形状、功能未知。

唐代颜师古进一步解释道：

> 卖酒处累土为卢以居酒瓮，四边隆起，其一面高，形如锻卢，故名卢耳。

有后人对此提出异议。北宋王观国所著《学林》"卷第五·卢"认为"卢"应该是盛酒的容器：

> 前汉食货志曰："官作酒，以二千五百石为一均，率开一卢以卖。"……俗之学者，皆谓当卢为对温酒火卢，失其义矣。观国按字书，炉从金为锻炉炉，从火为火炉，甗从瓦为酒甗。食货志、相如传所言卢，皆酒甗也。班固取省文，故用卢字。赵广汉传曰："椎破卢罂"之类是也。
>
> ……
>
> 卢者字母也，加金则为鑪，加火则为炉，加瓦则为甗，加目则为

瞳，加黑则为矑，凡省文者，省其所加之偏旁，但用字母，则
众义该矣。亦如田者字母也，或为畋猎之畋，或为佃田之佃，
若用省文，惟以田字该之，他皆类此[①]。

文君所当之卢是何物另当别论，然而颜师古的注解间接描述了锻炉的形
状："四边隆起"说明是方形的，且"其一面高"。

其二，《汉书》"食货志第四下"记载西汉末新莽时鲁匡的言论：

> 《论语》孔子当周衰乱，酒酤在民，薄恶不诚，是以疑而弗食。
> 今绝天下之酒，则无以行礼相养；放而亡限，则费财伤民。请法古，
> 令官作酒，以二千五百石为一均，率开一卢以卖，雠五十酿为准。

三国曹魏如淳注曰："酒家开肆待客，设酒卢，故以卢名肆。"西晋臣瓒
注曰："卢，酒瓮也。言开一瓮酒也。赵广汉入丞相府破卢瓮。"

唐代颜师古则认为："卢者，卖酒之区也，以其一边高，形如锻家卢，故
取名耳，非即谓火卢及酒瓮也。此言雠五十酿为准，岂一瓮乎？广汉所破卢
及罂卢，亦谓所居罂瓮之处耳。"[②]

颜师古在这里同样认为卢并非酒瓮，而是加热酒瓮的炉子。"开一卢"即
建一炉来温酒卖酒；"雠"：以言对之。颜师古以"五十酿"之酒量远大于一
瓮来证明卢并非酒瓮。

其三，《后汉书》"孔融传"记载：

> 子产谓人心不相似，或矜执者，与以取胜为荣，不念宋人待四海
> 之客，大炉不欲令酒酸也。

李贤注曰："炉，累土为之，以居酒瓮，四边隆起，一面高，如锻炉，故

---

① 王观国. 学林［M］. 北京：中华书局，1988：176.
② 范晔. 后汉书［M］. 北京：中华书局，1965：1182-1183.

名炉。字或作'垆'"[1]。显然李贤在这里承袭了颜师古的解释。此二人都是初唐人物，表明当时常用此型锻铁炉。

其四，《说文》曰："炉，方炉也。"

清人郝懿行对此评论道[2]：

> 《说文》作'方炉'，岂古炉皆方欤？后世则方圜随意，无定式也。惟锻铁炉作方，亦有中施火床，加盖其上，其类甚伙。

"炉"如果是泛指，则方圆皆可；《说文》中应当是专指锻炉。这也进一步印证了汉代锻炉的外形为方形。

汉代"卢"的形象可从画像砖上一窥大概。1975年四川成都新都县新农乡东汉墓葬出土了酿酒画像砖（图4-1）。画面下方有长形酒卢，卢下放置3个酒瓮。卢的内侧，有一口用于酿酒的大釜，一人立于釜前，正在和曲搅拌。此外，四川博物馆藏的东汉羊尊酒肆画像砖上也有类似的形象。

图4-1　东汉酿酒画像砖（黄兴摄于国家博物馆）

汉代遗址中尚未发现状如酒卢的锻铁炉，但从上述文字和图像来看，其形

---

① 范晔. 后汉书[M]. 北京：中华书局，1965：2275-2276.
② 郝懿行. 证俗文[M]. 济南：齐鲁书社，2010：2232.

制与近代打铁作坊中所用锻炉相同（图4-2）。这种方台式锻铁炉是用砖砌而成，约半人高，方形，鼓风器一般安装在铁匠的左边。铁匠以左手鼓风，用右手持握铁钳夹持锻件加热。鼓风器一侧的炉壁高一些，防止火焰烤炙鼓风器。本书作者在北京怀柔、海南万宁后安等传统铁匠作坊所见锻铁炉均为此型。

图4-2 民国时期的传统锻铁炉

第二节 平铺式锻铁炉

一、 巩县铁生沟遗址西汉中晚期至东汉初期锻铁炉

铁生沟遗址中鉴定为锻铁炉的遗存只有1处[1]。该锻铁炉位于发掘区域的西部T4探方南缘，距冶铁区域约60米，距离铸铁炉10余米，周边有多个铸铁坑、藏铁坑（图4-3）。遗址年代为西汉中晚期至东汉初期。

锻铁炉在平地上夯筑而成，炉基使用白色铝土夯筑，与其他炉址相同。炉基每层厚8厘米，有平夯痕迹，非常坚实，并用红色耐火砖和土坯建筑炉墙，炉膛俯视平面接近长方形，近方形（《巩县铁生沟》描述为圆形），长0.50米，宽0.36米，深0.24米，底部平坦，炉门南向（图4-4）。

---

[1] 该遗存在《巩县铁生沟》中编号炉20，在文章"巩县铁生沟汉代冶铁遗址再探讨"中编号炉10。

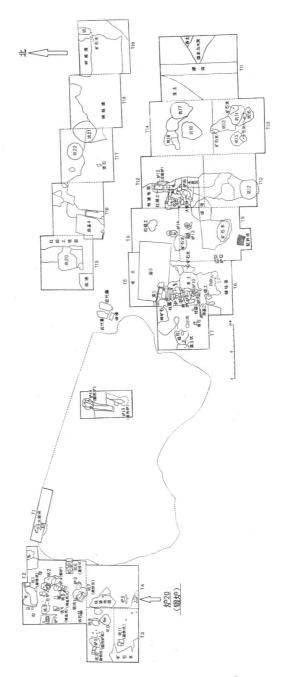

图4-3 铁生沟冶铁遗址总平面图[1]

---

① 河南省文化局文物工作队. 巩县铁生沟[M]. 北京：文物出版社，1962：4-5.

图 4-4　铁生沟锻铁炉（炉20）遗迹 [1]

炉北后壁有一道高 0.43 米的土台，炉依土台砌筑。炉西有一个长方形土坑，长 0.56 米、宽 0.26 米、深 0.3 米。炉西发现不少小铁块、薄铁片，以及铁锄、铁板、铁条等，都是锻制。经过金相鉴定，其中 4 件铁板是以炒钢为原料的半成品。还有些铁农具、工具的刃部也都经锻造加工，应当是在本作坊进行的。炉南出土有陶罐、陶盆残片，还有五铢钱 3 枚。炉北土台上，有一片被火烧灼的痕迹，中间高，四周略低，呈深灰色，怀疑与锻铁炉有密切关系 [2][3]。

二、章丘东平陵城遗址汉代锻铁炉

章丘东平陵城是汉代东平陵铁官所在地，建有泰山郡第四号冶铸作坊。2009 年的发掘发现 1 座锻铁炉 L3（图 4-5），建造在熔铁炉 L1 的倒塌堆积上，并利用 L1 西侧残存炉壁作为其东侧炉基，炉基残长 1.14 米、宽 1.3 米、高 0.18 米。炉门朝向西南，内壁平直，涂抹有一层厚约 0.2 厘米的灰白色泥质耐火材料。炉缸为圆角长方形，长 0.62 米、短宽 0.44 米。炉壁为土坯砌成，呈红色，厚 6~10 厘米。现存炉缸平均深 0.32 米，炉底不甚平整。其所在地层为西汉晚期 [4]。

① 河南省文化局文物工作队. 巩县铁生沟［M］. 北京：文物出版社，1962：图版 5-1.
② 河南省文化局文物工作队. 巩县铁生沟［M］. 北京：文物出版社，1962：26.
③ 赵青云，李京华，韩汝玢，等. 巩县铁生沟汉代冶铁遗址再探讨［J］. 考古学报，1985（2）：157-183.
④ 张溯，赵化成，郑同修，等. 济南市章丘区东平陵城遗址铸造区 2009 年发掘简报［J］. 考古，2019（11）：49-66.

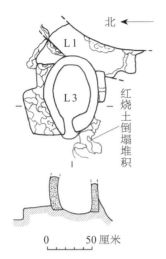

图4-5　章丘东平陵城遗址西汉晚期锻铁炉[①]

三、南阳瓦房庄遗址东汉锻铁炉

　　南阳瓦房庄遗址东汉地层发掘出8座锻铁炉（图4-6）[②]：L9、L20（图4-7）、L24、L25、L26、L27（图4-8）、L29、L30。8座锻铁炉均坐在硬地面上，属①A层；自东至西，一字排开，绵延39米蔚为壮观。锻炉附近地面平整，其他遗物较少。锻炉南边有一条砖镶边路，附近还有烧土槽4个，水井2眼，瓦洞3个，还有范坑、渣坑、灰坑等（图4-9）。

　　这些锻铁炉平面均呈长方形。以炉L24为例，炉腔南北长0.86米、东西宽0.22～0.81米、炉壁残高0.06～0.2米；炉门向北略偏东12°。炉腔的东西二壁中段和炉门底部用旧耐火砖砌筑，炉的后壁及炉底是用草泥涂糊。炉底中心处粘附一片五角形铁块，长宽约0.13米，铁块断面呈暗灰色，有很多气孔。炉腔的中段火候最高，耐火砖的表面和底面上均烧出一层琉璃体，炉后部的表面呈黑灰色，口部烧成灰色。另在L20中出有2件铁铲，可能是尚未完成锻造的半成品。

各炉使用的耐火砖没有特制的，均为残耐火砖或普通长方形小砖。耐火泥均加草和少量砂。炉腔窄而长，且炉门外是长方斜坡形的砖铺地。上述炉子的中部均被烧成琉璃体，与铁块在一个部位。炉壁和炉底没有鼓风口。其鼓风情况与铁生沟 L20 锻铁炉相同。

瓦房庄遗址发现锻铁炉和锻制铁器之多，说明锻造手工业已有可观的规模。锻造炉单独设在作坊的中部，与铸造有了明确分工，成为冶铸遗址中的重要环节。

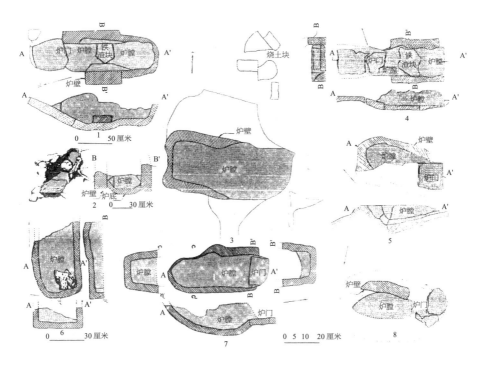

1. L24 平、东剖面图；　2. L24 写生、北剖面图；　3. L9 平面图；　4. L26 平、北、西剖面图；
5. L30 平、剖面图；　6. L20 平、剖面图；　7. L29、剖面图；　8. L25 平面图

图 4-6　南阳瓦房庄 8 座锻铁炉的平面与剖面图①

① 韩汝玢，柯俊. 中国科学技术史：矿冶卷［M］. 北京：科学出版社，2007：613.

图4-7　南阳瓦房庄遗址东汉锻铁炉 L20①

图4-8　南阳瓦房庄遗址东汉锻铁炉 L27②

---

① 河南省文物研究所. 南阳北关瓦房庄汉代冶铁遗址发掘报告［J］. 华夏考古, 1991（1）: 74.

② 河南省文物研究所. 南阳北关瓦房庄汉代冶铁遗址发掘报告［J］. 华夏考古, 1991（1）: 74.

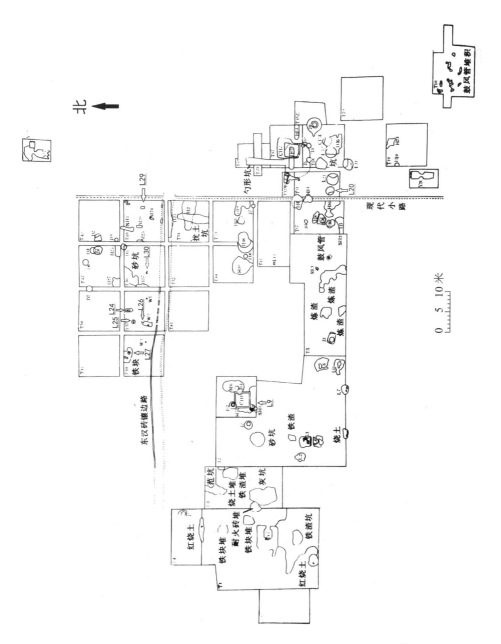

图4-9 南阳瓦房庄汉代冶铁遗址探方位置及遗迹分布图[1]

① 李京华. 南阳北关瓦房庄汉代冶铁遗址发掘报告［J］. 华夏考古, 1991 (1): 2.

四、桑植官田遗址与蔡家坪汉晋时期锻铁炉

桑植官田遗址发掘出两个勺状灰坑（H25、H32），可判定为锻铁炉遗迹（图4-10，4-11）。"勺柄"位置为长条形锻铁炉，圆形部分为炉前操作面。锻铁炉左右及后部有炉壁，夯土筑成，与周边土壤截然不同；内壁烧红，外壁为

图4-10 桑植官田遗址锻铁炉（H25）（莫林恒 供图）

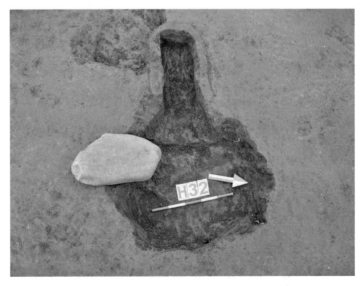

图4-11 桑植官田遗址锻铁炉（H32）（莫林恒 供图）

青蓝色。H25 的炉壁高约 0.20 米，长约 0.80 米，宽约 0.35 米。H32 炉体略窄，长约 0.80 米，宽约 0.25 米，高约 0.10 米。

两炉旁各放置一块表面平滑的扁平状石块，石块上表面密布锻打后形成的瘢痕，应当是用作打铁的石砧。在炉体周边的土壤中，用磁铁吸取到不少片状或颗粒状铁屑。

蔡家坪遗址上发掘出 5 座锻铁炉（图 4–12），呈 U 字形，三面炉壁烧红，壁为直壁，有些已烧成青色，周围有红烧辐射面；底部较平整，填土为灰褐色沙土，包含有红烧土块，有较多或少量草木灰。H25，长 2.40 米、宽 0.65 米、深 0.34 米（图 4–13）。H31，长 0.50 米、宽 0.38～0.40 米、高 0.10～0.18 米（图 4–14）。H32，长 0.50 米、宽 0.30 米、深 0.18 米，壁厚 0.20～0.30 米（图 4–15）。H35，长 0.35 米、宽 0.18 米、深 0.20 米，壁厚 0.50 米（图 4–16）。H37，长 0.50 米、宽 0.20 米、深 0.36 米，壁厚 0.30 米（图 4–17）。这 5 座相距较近，炉口全朝东北面，路旁多有锻砧，组成了一个专门的锻铁区域。

图 4–12　蔡家坪遗址 5 座锻铁炉（莫林恒　供图）

图 4-13　蔡家坪遗址锻铁炉 H25（莫林恒　供图）

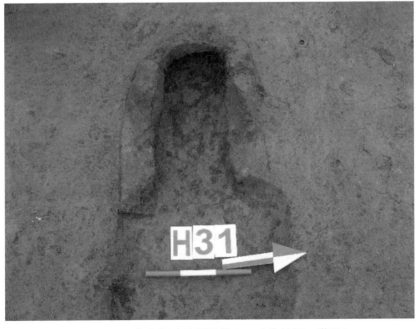

图 4-14　蔡家坪遗址锻铁炉 H31（莫林恒　供图）

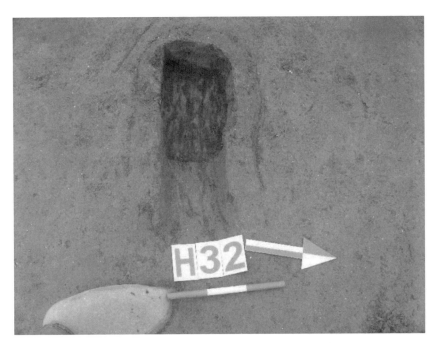

图 4-15　蔡家坪遗址锻铁炉 H32（莫林恒　供图）

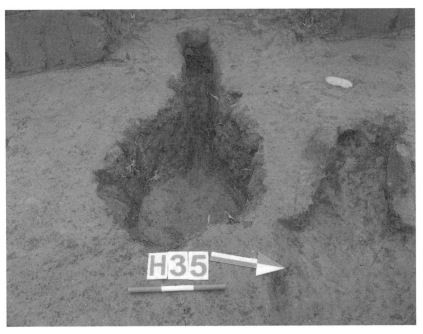

图 4-16　蔡家坪遗址锻铁炉 H35（莫林恒　供图）

图4-17　蔡家坪遗址锻铁炉H37（莫林恒　供图）

五、汉代画像石上的锻铁炉及生产场景

　　山东滕县（今滕州市）宏道院出土一块东汉画像石（图4-18），其底部有一个横贯左右的图像单元。图像左、中部刻画了锻铁作坊工作场景（图4-19），右侧内容尚未明确，但与打铁无关①。滕州一带铁矿资源丰富，钢铁技术发展很早，在当时属于全国领先的地区。在这里能出现这样内容的石刻，也是对当时社会现实的一种写照。

　　这块画像石很早就得到了冶金史研究者的重视，王振铎曾经据此复原了汉代的鼓风皮囊。但这幅画像石上更多的信息尚未得到人们的充分解读。

　　画面最左侧有一个鼓风皮囊，皮囊为折叠式，多环状，用多根条带挂于房顶。皮囊左侧有两个人在推拉皮囊。本书作者曾多次实际操作此类大型皮囊，相当费力，故此应是两人在合力操作同一个皮囊。从皮囊上条带的角度来看，应当是有六根条带左右对称，倾斜悬吊皮囊，防止其左右摇晃。皮囊

---

① 叶照涵. 汉代石刻冶铁鼓风炉［J］. 文物，1959（1）：20.

下面躺着的人双手抓住皮囊，似是防止其前后移动，与站立者互相配合工作。鼓风皮囊出风口下弯，将气流鼓到锻铁炉内。该皮囊右侧有一个也在鼓风，皮囊被挡住，只能看到三根条带。锻铁炉平铺在地上，大体呈方形，假设图像中人身高 170 厘米，从此侧面来看，锻铁炉的尺度约 80 厘米。这与遗址上发现的平铺式锻铁炉完全一致。汉代作坊遗址与汉代作坊图像如此互相吻合、互为印证，在冶金史领域仅此一例，在整个古代科技史领域也是不多见的。锻铁炉右侧有多人正在锻铁。铁砧左侧的人似乎用两只手分握铁钳两柄，夹住铁料，对面一人双手挥锤。挥锤者身后另有两个人也在挥锤锻铁，应当是与被挡住的皮囊为一组。

　　滕县宏道院东汉画像石为我们清晰生动地展示了汉代锻铁作坊的场景，与瓦房庄、蔡家坪等遗址用多座锻铁炉同时工作的考古发现相映证。再现了当时锻铁生产的盛况。

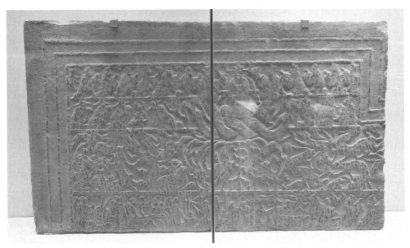

图 4-18　山东滕县宏道院东汉锻造画像石（黄兴摄于国家博物馆）

图 4-19　山东滕县宏道院东汉锻造画像石锻造作坊拓片局部

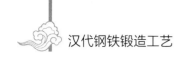

第三节　立式锻铁炉

陕西咸阳窑店镇小闫村遗址是近年来新发现的一处汉代制铁作坊遗址[①]。该遗址的发现对认识汉代锻铁工艺具有重要意义。

该遗址位于小闫村西北，秦咸阳城遗址之外，地穴式构造，系在黄土沉积地面下挖建成。地穴顶部低于现代地表约1米，地穴顶部至作坊内踩踏面4米。分为南北两室。南部外室东西宽4.5米，南北长6米，其西南侧有一个倾斜的涵洞与外界连通（图4-20）。北面内室东西宽约2.8米，南北长约2米，房角有通道与外室相连，供人出入，在正面室壁上有鼓风通道与外室相连（图4-21）。

作坊外室东墙有一座锻铁炉（图4-22）。该炉靠墙修建，上部借墙壁凿出烟道，高约2米，内侧烟道壁已不存，可能原本就没有。下部有长条形平台，高85厘米；台上有7个土砌栅格，内表面熏黑，形成了6个槽；栅格总宽140厘米，前后深30厘米（图4-23）。栅格及这种立式炉的炉型与流传至今的传统锻铁炉有些接近。

这个锻炉的操作方式应当是把铁器放置在炉栅上，视所加热铁器的长度在若干个栅格之间放入燃料，7个栅格加起来总宽140厘米，比较适合用来加热比较长的刀剑。鼓风可能是从炉栅上自上而下鼓，也可能是朝向墙壁鼓。鼓风工具应当使用可移动式皮囊。

外室北墙有一处铸铁遗存（图4-24），平台正上方有鼓风口与内室相通，后壁有大片显著的红烧痕迹。铸造时在风口下方的平台上放置坩埚，内装木炭和铁料，熔铁铸器。此形制与清代广东铸铁相近。

在这处遗址中可以开展铸造和锻造作业，生产铸铁脱碳钢在内的多种类型铁器。

---

① 该遗址由咸阳市文物考古研究所于2014年进行了抢救性发掘。受发掘单位邀请，李延祥教授委托本书作者、刘海峰到该遗址考察研究。

遗址中发掘"半两"钱3枚,"五铢"钱1枚,无法辨识钱币3枚;烧流状的鼓风管残部,铁环、铁刀、铁棒以及坩埚底部聚集的余铁,以及器形不明的铁器若干件;陶器、骨器、骨段、云纹瓦当、石器等。在外室入口两边堆放一些铁渣,已经锈蚀成团状。

咸阳窑店镇小闫村铁作坊无疑是一个重要的考古发现,今后将通过进一步的检测分析研究,为汉代早期关中地区锻铁炉以及锻造作坊提供考古依据。

图4-20　咸阳小闫村铁作坊遗址外室(黄兴　摄)

图4-21　咸阳窑店镇小闫村铁作坊遗址内室(黄兴　摄)

图4-22 咸阳窑店小闫村汉代制铁作坊遗址锻铁炉正面照（黄兴　摄）

图4-23 咸阳窑店小闫村汉代制铁作坊遗址锻铁炉上的栅格（黄兴　摄）

图 4-24 咸阳窑店镇小闫村汉代制铁作坊遗址的铸铁炉（黄兴 摄）

第四节 汉代锻造鼓风器

鼓风器是冶金场所必备的装置，可增加供氧量，加速燃烧，以产生高温。中国古代冶金领域使用的鼓风器先后有皮囊、木扇和双作用活塞式风箱三种。此三种鼓风器都曾用于锻造，只是体积略小。这些鼓风器都属于容积型鼓风器，即通过压缩容积鼓风，可以产生较高的鼓风压力静压。鼓风器的性能由鼓风器构造、材料、原动力和制作工艺等共同决定，反映了鼓风技术的发展水平，并对古代冶金业产生了重大影响。

关于中国古代鼓风器的研究已颇具成果。20 世纪 50 年代以来，杨宽 [1][2]、李崇州 [3]、王振铎 [4]、刘仙洲 [5] 等机械史和冶金史研究者多从文献入

① 杨宽. 中国古代冶铁鼓风炉和水利冶铁鼓风炉的发明［C］// 李光璧，钱君华. 中国科学技术发明和科学技术人物论集. 北京：三联书店，1955：71-89.

② 杨宽. 关于水力冶铁鼓风机"水排"复原的讨论［J］. 文物，1959(7)：48-49.

③ 李崇州. 古代科学发明水力冶铁鼓风机"水排"及其复原［J］. 文物，1959(5)：45-48.

④ 王振铎. 汉代冶铁鼓风机的复原［J］. 文物，1959(5)：43-44.

⑤ 刘仙洲. 中国机械工程发明史［M］. 北京：科学出版社，1962. 52.

手，对古代典型鼓风机械进行复原研究。20 世纪 80 年代以后，陆敬严、华觉明 [1]、张柏春 [2]、戴念祖 [3]、梅建军 [4]、冯立昇 [5]、黄兴 [6][7] 等对中国乃至世界传统鼓风器开展了实物调查，对其技术演变、传播与比较进行了综合研究。

据福布斯（R. J. Forbes）的总结，至中世纪时，旧大陆上东至青藏高原，南至北非，西至西欧的广大区域都使用皮囊鼓风 [8]。中国也是如此，在春秋战国时期至唐代，冶金领域一直使用皮囊鼓风器。鼓风橐结构简单，密闭性好，使用时间最早、地区最广。

原始小型皮囊出现很早，制作、使用都很简便，如古代埃及底比斯（Thebes）公元前 1500 年墓葬壁画脚踏皮囊 [9]，近代西非富拉尼铁匠 [10] 和东非苏丹炼铁技艺使用的手动皮囊 [11]。日本学者间宫伦宗（1775—1844 年）著《北虾夷图说》"锻冶图"描绘了东北亚虾夷岛居民的小型锻造场景（图 4-25）。工匠用两个皮囊式鼓风器连续供风，平地设炉，用类似破缸或者其他半圆环状器物在上面加一个盖。锻砧较为简单，板状，长方体；产品为镰刀，尚未卷裤。

① 陆敬严，华觉明. 中国科学技术史：机械卷［M］. 北京：科学出版社，2000：129-136.

② 张柏春，张治中，冯立昇，等. 中国传统工艺全集：传统机械调查研究［M］. 郑州：大象出版社，2006.

③ 戴念祖，张蔚河. 中国古代的风箱及其演变［J］. 自然科学史研究，1988（2）：152-157.

④ 梅建军. 古代冶金鼓风器械的发展［J］. 中国冶金史料，1992（3）：44-48.

⑤ 冯立昇. 中国传统的双作用活塞风箱：历史考察与实物研究［C］// 第五届中日机械技术史及机械设计国际学术会议，2004：30-37.

⑥ 黄兴，潜伟. 世界古代鼓风器比较研究［J］. 自然科学史研究，2013（1）：84-111.

⑦ 黄兴，潜伟. 木扇新考［C］// 万辅彬，张柏春，韦丹芳. 技术：历史、遗产与文化多样性：第二届中国技术史论坛论文集. 北京：科学普及出版社，2013：84-91.

⑧ FORBES R J. Studies In Ancient Technology: Vol: III［M］. Leiden: E. J. Brill, Second Revised edition, 1971: 34.

⑨ EWBANK T. A Descriptive and Historical Account of Hydraulic and Other Machines for Raising Water, Ancient and Modern, with Observations on Various［M］. New York: Berby & Jackson. 1858: 237.

⑩ EWBANK T. A Descriptive and Historical Account of Hydraulic and Other Machines for Raising Water, Ancient and Modern, with Observations on Various［M］. New York: Berby & Jackson. 1858: 235.

⑪ 查尔斯·辛格，E·J 霍姆亚德 A·R 霍尔主编. 技术史：第 I 卷［M］. 王前，孙希忠主译. 上海：上海科技教育出版社，2004：388-389.

图4-25 《北虾夷图说》"锻冶图"[①]

此类小型皮囊结构简单,制作方便,但由于没安装活门[②],空气从同一个口进出。为了防止炉火倒吸,鼓风嘴不能伸进炉内,无法形成密闭结构,炉内气压受限,限制了冶炼炉的规模。

古代曾经采用两种方案来解决这一问题。一种是手动控制皮囊进风口开闭。将整张动物皮脱下来,即浑脱制成的皮囊,在其口沿安装两个木把手,张口兜住空气,夹紧后压下鼓风。这使得风压有所提高,但开口较大容易漏风,横向挤压式闭合在高压下气密效果不佳。根据本书作者收集到的资料,西昌藏族传统铸铜作坊[③]、拉萨娘热乡传统炉曾经使用这种鼓风皮囊(图4-26)。《北虾夷图说》"浑脱"图展示了用水貂皮、鱼皮制成的这种鼓风器。新疆所用传统羊皮皮囊(图4-27)。日本岩手县大槌町小林家藏的《制铁绘卷》描绘了战国末期至江户时代初期(15—17世纪初)制铁工艺,其中的"金屋精炼图"炼铁炉为方形,两侧鼓风,鼓风嘴伸入炉内

① 叶贺七三男. 浑脱[J]. 日本礦業會志, 1976, 9(1063): 651.

② 李约瑟认为所有的容积型鼓风器都安装活门(《中国科学技术史·第四卷·第二分册》科学出版社, 148页),显然他没有注意到这种现象。

③ 据2006年李晓岑教授的调查。

（图4-28）^①。结合鼓风者手臂姿势，推测所用皮囊也属此类。

图4-26　拉萨娘热乡传统鼓风灶（黄兴摄于拉萨娘热乡）

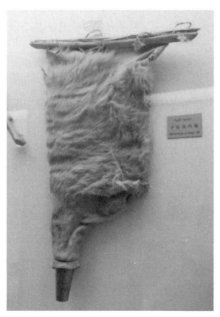

图4-27　新疆传统羊皮皮囊（黄兴摄于新疆维吾尔自治区博物馆）

---

① 下川义雄. 日本鋼鐵技術史［M］. 东京：フケネ技術セソター一, 1989: 4, 15.

图 4-28　日本《制铁绘卷》"金屋精炼图"（15—17 世纪初）[①]

　　有学者从日本冶铁技术传自中国这一论据出发，推测这种鼓风器也传自中国，是中国冶金初期的原始形制[②]。印度、欧洲地区古代都曾使用这种鼓风器。如法国人皮埃尔·索纳拉（Pierre Sonnerat，1748—1814 年）的航海日记中绘制了印度铁匠使用了这种鼓风器[③]。欧洲吉普赛人小型坩埚炉所用皮囊也是此类[④]。古代吉普赛人掌握了先进的制铁技术。人类学研究认为吉普赛人属于古印度西北旁遮普（Punjab）地区多姆族人（Dom）的后裔，10 世纪前开始西迁[⑤]。不排除欧洲吉普赛人用的这种鼓风器源自印度。这种皮囊结构简单，可能是由多地独立发明。

　　本书作者曾仿照新疆维吾尔自治区博物馆藏浑脱皮囊，用羊皮自制了一对浑脱式皮囊，用薄铁管作为鼓风管，用于半地穴式冶铜实验鼓风（图 4-29）[⑥]。使用时，将其放置于地面，将风嘴插入炭火中。两个皮囊可用

　　① 下川义雄. 日本鋼鐵技術史［M］. 東京：フケネ技術セソター一，1989：4，15.

　　② 王文芝，梅建军. 中日古代鼓风器的比较研究［C］// 第七届中日机械技术史及机械设计国际学术会议，2008：139-147.

　　③ EWBANK T. A Descriptive and Historical Account of Hydraulic and Other Machines for Raising Water, Ancient and Modern, with Observations on Various［M］. New York: Berby & Jackson. 1858: 236.

　　④ FORBES R J. Studies In Ancient Technology: Vol: III［M］. Leiden: E. J. Brill, Second Revised edition, 1971: 34.

　　⑤ 旁遮普地区位于如今的巴基斯坦中南部印度河口一代，是印度和文明发祥地，多种文化交汇地，历来的征服者都从此处进入印度。

　　⑥ 2016 年 8 月，北京大学考古文博学院冶金考古夏令营（北京房山）。

三通连接，两人一组，交替鼓风，形成连续气流；亦可单人单个操作来鼓风。风嘴附近风力强劲，能够顺利冶炼。该鼓风器携带、安装和操作都很简便，不需要搭建架子，很适合小型冶金生产。

图 4-29　用浑脱式皮囊鼓风冶铜（黄兴　摄）

防止炉火倒吸的另一种解决方法是在进风口和出风口安装活门，利用气流自动开闭，控制气流方向。鼓风者只需要提供驱动力即可。这样就使鼓风操作简化，为应用畜力、水力鼓风奠定基础。并且活门属于自封闭机构，箱内静压越高，密闭效果越好。活门成为后世鼓风器必备的部件 [1]。

汉代大型锻造场所使用的鼓风皮囊见于滕县宏道院东汉鼓风锻造画像石。王振铎据该画像石复原了东汉冶铁鼓风橐（图 4-30）[2]，制作出五分之一模型。这一复原方案为学界所认同和广泛引用。王振铎在复原中未说明设计活门的依据。我们看到画像石上的皮囊鼓风嘴伸到了锻铁炉正上方，为了

① HUANG XING, LI LIFENG. Application and Influence of Flap Valve Mechanism on Ancient Bellows［C］// Explorations in the History and Heritage of Machines and Mechanisms—Proceedings of the 2018 HMM IFToMM Symposium on History of Machines and Mechanisms, Springer 2019: 199−212.

② 王振铎. 汉代冶铁鼓风机的复原［J］. 文物, 1959（5）: 43−44.

避免鼓风器将炉火倒吸回来，应当安装了活门。

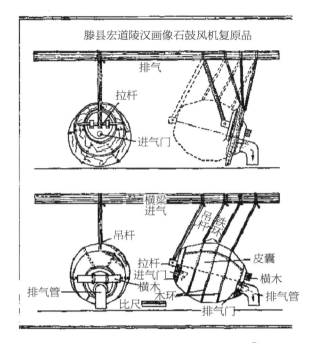

图 4-30 王振铎汉代鼓风机复原图 [1]

有关活门出现时间的研究尚未见到。目前发现世界上最早的生铁是山西天马-曲村墓地出土的公元前 8—前 6 世纪残铁器，公元前 5 世纪生铁冶炼已经颇具规模。冶炼生铁需要建立高大的竖炉，需要强劲的鼓风气流，推测当时使用的鼓风器可能已经安装了活门 [2]。

此外，鼓风皮囊也会视情形安装一些其他装置，以利鼓风。《墨子·备穴》记载 [3]：

> 具炉橐，橐以牛皮，炉有两缶，以桥鼓之百十。

① 王振铎. 汉代冶铁鼓风机的复原[J]. 文物, 1959(5): 43-44.

② 关于中国鼓风器的出现时间，华觉明先生提出，商代能够熔炼上百公斤大鼎，那时很可能使用了鼓风器；洛阳出土西周早期铸铜炉，炉壁上有三个通风口，说明当时已经一炉有多个装置了（《世界冶金发展史》科学技术文献出版社, 1985）。

③ 周才珠，齐瑞端，译著. 墨子全译[M]. 贵州: 贵州人民出版社, 1995, 670.

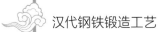

这种皮囊鼓风器是将牛皮蒙在瓯上制成，采用双瓯组合鼓风。"桥"可能是桔槔，即杠杆机构，也可能是联动机构，使两个皮囊交替鼓风。

目前看到的大型皮囊都是前后往复鼓风，操作者腿、腰和手臂同时发力，借助身体冲量，可以产生较高的风压，且鼓风冲程较长，利于产生更高的排气量。这在锻铁作坊，乃至大型锻铁工场都已足用。但在冶铁场需要多人数日乃至数月连续鼓风，极费人力。

水轮在中国大约出现于西汉末至东汉初[①]。桓谭的《桓子新论·杂事篇》记载[②]：

> 宓牺之制杵舂，万民以济，及后人加功，因延力借身重以践碓，而利十倍杵舂。又复设机关，用驴、骡、牛、马及役水而舂，其利乃且百倍。

水轮普及之后也被应用于鼓风冶铁。《后汉书·杜诗传》记载公元31年南阳太守杜诗发明水排[③]：

> 造作水排，铸为农器，（李贤注：冶铸者为排以吹炭，今激水以鼓之也。"排"常作"囊"，古字通用也）用力少，见功多，百姓便之。

《三国志·魏书·韩暨传》记载三国时韩暨发明了马排[④]：

> 迁乐陵太守，徙监冶谒者，旧时冶作马排（裴注：蒲拜反，为排以吹炭），每一熟石用马百匹；更作人排，又费功力。暨乃因长流为水排，计其利益，三倍于前。在职七年，器用充实。

① 张柏春. 中国传统水轮及其驱动机械[J]. 自然科学史研究, 1994, 13 (2): 155-163; 1994, 13 (3): 254-263.

② 桓子新论[M]. 上海: 中华书局《四部备要》聚珍仿宋版印, 1920: 17.

③ 范晔. 后汉书[M]. 北京: 中华书局, 1965: 1094.

④ 陈寿. 三国志[M]. 北京: 中华书局, 1959: 677

皮囊式鼓风器对各地冶金技术的发明与早期发展产生了积极贡献，但皮囊笨重不便操作，折叠过程机械损耗较多，皮革需要经常润滑，耐用性较差，性能拓展空间有限。随着木工工具的进步和加工工艺的提升，唐宋时期，冶炼和锻造开始逐渐使用木扇和双作用活塞式鼓风器。木扇图像最早出现于北宋《武经总要》"行炉图"，而"行炉"一词最早见于唐乾元年间。双作用活塞式风箱发明于宋代，古代实物最早见于西夏。皮囊式鼓风器逐渐被木质封装的活塞式鼓风器取代，而活门机构、水力驱动系统等被传承了下来。

第五节　汉代锻铁作坊布局以及炉型与功能的探讨

汉代铁器的生产流程分为冶炼、铸造、锻造三个环节，锻造居于最下游。同理，已发现的汉代大型冶铁遗址或者是冶、铸结合，或者铸、锻结合，或者是冶、铸、锻三者俱全，断不会有冶、锻结合。随着锻造工艺的发展，从西汉到东汉，大型冶铁遗址中锻铁炉的数量显著增多，这是锻造加工规模扩大、高品质铁器制品数量提升的直接写照。从巩义铁生沟、南阳瓦房庄和桑植官田等遗址的遗迹分布来看，锻铁炉相对集中分布，具有明显的独立分区。在考古发掘中，这一区域内相对整洁，没有大量冶炼渣或铸造渣，略有少量炉壁残块，在炉体和锻砧周围可以用磁铁吸附出一些由锻造渣形成的铁屑或锈蚀颗粒。

锻铁炉的形状是由锻件外形、需要加热部分的尺寸以及材料是否需要渗碳等因素共同决定的。

锻打成形是将锻件局部加热、锻打，各个部位逐序完成。如果全部加热，则来不及整体锻打。所以在小铁匠铺中多用方台型锻炉，不开展批量生产，炉膛的尺寸小一些也能满足加热，这样可以节约木炭，方便集中火力。即使在需要整体淬火时，可以夹住锻件在炭火上前后移动，整体加热，各个部位的温度均匀分布，快速整体置于淬剂中，从而保证锻件内部应力均匀分布，不会弯曲。

在大型冶铁遗址发现的17座平铺式锻铁炉的内型都是矩形、长条状。这与方台型锻铁炉有着显著的区别，必然有不同的用途，而且是有着多方面的综合性需求。

其一，此类大型遗址如铁生沟、瓦房庄、东平陵及桑植官田和蔡家坪遗址都是批量生产，是区域性的制铁中心，有着集约化的需求和优势。锻铁炉的俯视平面是长方形或接近正方形，这样可以平行排布多件长条铁器，或者放置较宽的铁器。将铁器轮流取出锻打，铁器温度降低后，放回重新加热。这样鼓风加热和执锤锻打的人可以同时开展操作，不用互相等待。

其二，锻打时可能会需要脱碳、渗碳或者维持原有碳含量。为此，或需将锻件放在炭火上，快速鼓风；或埋在炭火中缓慢鼓风。如果加热较大或较长的锻件，则锻炉也相应要大一些或长一些，才能将锻件全部埋入炭火中。汉代刀剑长者可达130厘米，一般的长剑也在70厘米以上，这就必然需要相当尺寸的锻炉。这几处遗址发现的平铺式锻铁炉的长度有80厘米和40厘米两种级别。前者适宜整体加热细长型锻件，如剑、刀等；后者适宜加工小件铁器。

关于鼓风器与锻铁炉的组合方式，由于炉型的不同也有所差异。

滕县宏道院东汉锻造画像石上的鼓风器用软质绳索或皮带悬吊，没有在炉前立一柱子或垒一道矮墙将皮囊固定，而是依靠下面躺着的人双手扶持，与站立者互相配合工作。这样可能是为了方便前后左右移动鼓风器的出风口，在加热过程中随时调节气流，使其吹到需要的地方。特别是对于较长的平铺式锻铁炉，为了实现全炉加热，这种可移动的安装方式是必须的。再看一般的小铁匠铺中，仅加工或维修农具、工具，不需要均匀渗碳，用小型锻铁炉即可，鼓风器可以固定下来。山东莱芜、北京怀柔的铁匠们还会在炉膛放置一块砖头，调整炉膛的大小，以集中火力，避免浪费燃料。

第五章

汉代锻造工具

传统锻造工具包括锤、砧、钳、錾、冲牙、锉、磨石、戗刀、剪等。这些工具中的多数可以由铁匠根据需求和习惯自己制作，形制较灵活。汉代这些锻造工具都已具备，类型已经比较齐全，可开展的锻造工艺已经很丰富，也反映了锻造工艺的专门化。

在本章中，本书作者通过梳理相关考古文献、结合自己的调查资料，将两汉时期开展锻造所用的工具进行分型分式。这些锻造工具中既有铸造铁器和锻造铁器，也有石器。同时分析其功能，探讨锻造工具对当时钢铁锻造工艺的影响。

第一节　锻　锤

一、锻锤的类型

先秦锻造常用石锤。《诗·大雅·公刘》："取厉取段。"西汉鲁国毛亨和赵国毛苌在《毛诗》中注曰："段，段石也。"郑玄笺："锻石所以为锻质也，厚乎公刘，于幽地作此宫室，乃使渡渭水为舟，绝流而南，取锻厉斧斤之石。"

在汉代人看来，这段文字中的"厉"和"段"都作为工具名词，即用来磨砺和锻造的石块。《庄子》曰"取石来锻（段）之"[①]，即是以石锤来锻打。

在古文献常称锤为"鎚""椎"。汉代铁锤今多有发现。在锻造中，锤的砸击面即顶面的三维形状决定了锤的功能，是锤最重要的分类依据。在本书中，根据锤顶面的立体形状将其分为平顶、球顶、锥顶、复合顶4型。

A型：平顶锤，可分为3式。

Ⅰ式：四棱锤。广州南越王墓出土C：145–2，中腰稍粗，锤顶略小呈方形，中腰有长方形横銎，銎内木柄尚存，长9.1厘米，宽约3厘米，重800克（图5–1），年代为西汉前期[②]。山西朔州右玉善家堡M1：27，锤顶近方形，一端大一端小，椭圆形横銎，长5厘米、宽约2.3厘米，年代为东汉末期[③]。四棱锤还发现于江川李家山西汉后期墓等地，河南镇平尧庄还出土了铸造四棱锤的铁范。

图5–1　广州南越王墓铁锤（C：145–2）[④]

Ⅱ式：圆柱锤。锤体呈圆柱形，也有銎部略粗而呈鼓状者。锤顶呈圆形平面，锤身中部有一横銎以纳柄。满城汉墓1号墓出土1：5125，锤形似腰鼓，銎孔为长方形，木柄后端已断，断面为椭圆形。锤宽5.9厘米，两端直径3厘

① 庄子[M].四部备要·子部：第五十三册.北京：中华书局据上海中华书局1939年版影印，据明世德堂本校刊，1989：126.

② 广州市文物管理委员会，中国社会科学院考古研究所，广东省博物馆.西汉南越王墓[M].北京：文物出版社，1991：103，图版55.

③ 王克林，宁立新，孙春林，等.山西省右玉县善家堡墓地[J].文物世界，1992（4）：1–21.

④ 广州市文物管理委员会，中国社会科学院考古研究所，广东省博物馆.西汉南越王墓[M].北京：文物出版社，1991：图版55.

米，中腰直径 3.9 厘米，残长 6.3 厘米（图 5-2）[①]。同类锤还有 1954 年平度蓬莱前村康王塚出土的铁锤（图 5-3）。广州南越王墓出土 C：145-1，铸铁件，两侧可见合范铸缝，中腰略作带状凸起，长方形横銎，长 8 厘米，锤顶直径 4.1 厘米，重 600 克（图 5-4），年代为西汉前期[②]。江苏利国驿采集到的铁锤也属此式，只是锤身更为平直。建于东汉桓、灵时期（公元 147—189 年）的山东嘉祥武梁祠后室第三块画像石上有一个手持鼓状铁锤击打巨蟒的图像（图 5-5）。

图 5-2　满城汉墓 1 号墓出土
铁锤（1：5125）[③]

图 5-3　蓬莱前村康王塚出土
铁锤（黄兴摄于山东博物馆）

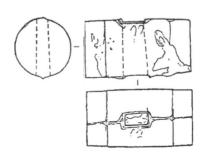

图 5-4　广州南越王墓铁锤（C：145-1）[④]

① 中国社会科学院考古研究所，河北省文物管理处编. 满城汉墓发掘报告[M]. 北京: 文物出版社，1980: 113, 图版七十二.

② 广州市文物管理委员会，中国社会科学院考古研究所，广东省博物馆. 西汉南越王墓[M]. 北京: 文物出版社，1991: 103, 图版 55.

③ 南京博物院. 利国驿古代炼铁炉的调查及清理[J]. 文物，1960（4）: 46-47.

④ 广州市文物管理委员会，中国社会科学院考古研究所，广东省博物馆. 西汉南越王墓[M]. 北京: 文物出版社，1991: 图版 55.

图 5-5　山东嘉祥武梁祠画像石上的铁锤[①]

　　咸阳二道原 M34∶16，锤体呈两端细中间粗的鼓状，中部有长方形横銎，锤柄呈麻花状，锤体长 5.8 厘米，直径 3～3.8 厘米，柄残长 14.3 厘米（图 5-6），年代为西汉后期[②]。河南镇平尧庄出土了 6 件形制相同的铁锤，都是平顶圆柱状。依据锤体的最大直径可分为 9.5 厘米、8.0 厘米、6.4 厘米三种不同的型号。如尧庄 H1∶39，锤体中部有一周凸带，长方形銎孔一端大一端小，长 12.1 厘米，直径 9～10.3 厘米，重 6 千克（图 5-6），年代为东汉中后期[③]。

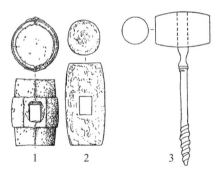

1. 镇平尧庄 H1∶39；　2. 易县燕下都东沈村 D6M2∶25；　3. 咸阳二道原 M34∶16[④]

图 5-6　汉代圆形平顶锤

　　① EDOUARD CHAVANNES. Mission archéologique dans la Chine septentrionale[M]. Paris: Imprimerie Nationale, 1909: LXI.

　　② 孙德润. 咸阳市空心砖汉墓清理简报[J]. 考古, 1982(3): 225-235, 337-339.

　　③ 河南省文物研究所, 镇平县文化馆. 河南镇平出土的汉代窖藏铁范和铁器[J]. 考古, 1982(3): 243-251.

　　④ 白云翔. 先秦两汉铁器的考古学研究[M]. 北京: 科学出版社, 2005: 174.

Ⅲ式：椭圆锤，即锤体横截面呈椭圆形。临潼郑庄石料加工场出土3件，铸铁件，平顶，锤侧窄面有长方形横銎，年代为秦代。长14.5~16.5厘米，短径6.4~8.4厘米，长径8~9厘米，重5.1~6.8千克（图5-7）[1]。

图5-7　临潼郑庄秦代石料加工场出土椭圆锤[2]

B型：球顶锤，顶面为球状或鼓状。有球状、圆柱状（鼓状）2式。

Ⅰ式：球状。洛阳烧沟汉墓墓道内出土2件，形制相近，锤体较短，侧视呈椭圆形，中部有圆形横銎。160:052銎孔在长径处，锤长径8.5厘米，短径8厘米，孔径2.1厘米；M1009A:06，锤体长径7.1厘米，横径5.3厘米，銎径1.5厘米（图5-8），年代为东汉早期[3]。内蒙古陶卜齐古城出土T3270④:6，整体成"苹果"状，中间有一方形銎孔（图5-8）[4]。

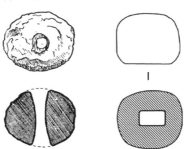

左：烧沟M1009A:06[5]；　右：陶卜齐古城T3270④:6[6]

图5-8　汉代球状锤

①　秦俑坑考古队.临潼郑庄秦石料加工场遗址调查简报［J］.考古与文物，1980(1)：39-43.

②　秦俑坑考古队.临潼郑庄秦石料加工场遗址调查简报［J］.考古与文物，1980(1)：39-43.

③　中国科学院考古研究所.洛阳烧沟汉墓［M］.考古学专刊：丁科第六号，1952：189-190.

④　内蒙古文物考古研究所.呼和浩特市榆林镇陶卜齐古城发掘简报［M］//内蒙古文物考古文集：第二辑.北京：中国大百科全书出版社，1997：439.

⑤　白云翔.先秦两汉铁器的考古学研究［M］.北京：科学出版社，2005：173.

⑥　内蒙古文物考古研究所.呼和浩特市榆林镇陶卜齐古城发掘简报［M］//内蒙古文物考古文集：第二辑.北京：中国大百科全书出版社，1997：439.

　　Ⅱ式：柱状。满城汉墓2号墓出土1件（2：009），圆柱体，中间较粗，两端稍细，銎孔为长方形，侧面有合范铸痕，已残。残长10.5厘米，端直径8.5厘米，重4千克（图5-9）[①]。山东章丘东平陵出土2件，圆柱状，中间较粗，两端稍细，锤面鼓，锤体中部有长方形銎。其中H43①：4，锤面直径5.8厘米，高10厘米，銎长2厘米、宽1.6厘米（图5-10）[②]。

图5-9　满城汉墓2号墓出土铁锤（2：009）[③]

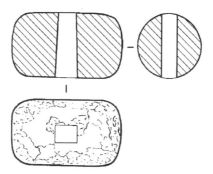

图5-10　山东章丘东平陵出土铁锤H43①：4[④]

　　C型：锥顶锤，也称镌，多用于加工石器。

　　① 中国社会科学院考古研究所，河北省文物管理处. 满城汉墓发掘报告：上［M］. 北京：文物出版社，1980：279，图版195.

　　② 山东省文物考古研究院，北京大学考古文博学院，济南市考古研究所. 济南市章丘区东平陵城遗址铸造区2009年发掘简报［J］. 考古，2019（11）：49-66.

　　③ 中国社会科学院考古研究所，河北省文物管理处编. 满城汉墓发掘报告：下［M］. 北京：文物出版社，1980：图版195.

　　④ 山东省文物考古研究院，北京大学考古文博学院，济南市考古研究所. 济南市章丘区东平陵城遗址铸造区2009年发掘简报［J］. 考古，2019（11）：49-66.

鹿泉高庄 M1∶716，一端作圆形平顶，另一端为八棱锥状，钝尖，圆形横銎，长 9.4 厘米（图 5–11），年代为西汉中期[①]。此型锤在其他遗址也多有发现，主要用于在石料上加工出凹形点、线或面。《淮南子·本经训》有"镌山石"之语。该型锤视需求也会用于锻造铁器。

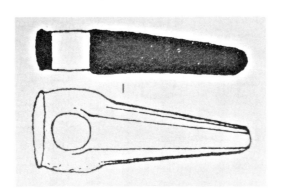

图 5–11　鹿泉高庄西汉中期锥顶锤 M1∶716[②]

D 型：复合顶锤，两面顶部形状不同。

Ⅰ 式：一顶平面，一顶球面。南阳瓦房庄西汉地层出土锤 CH1∶13，中号，一端面作半球状凸起，另一面考古发掘报告描述有部分缺损，从照片看（图 5–12）应为平面[③]。

Ⅱ 式：一顶大平面，一顶小平面。山西右玉善家堡 M1∶27（图 5–12），长 5 厘米、宽 2.3 厘米，一端为长方形，一端为正方形，侧面近梯形，横开长方形銎口。该遗址属于鲜卑族墓地，年代为东汉末期至魏晋时期[④]。郑州桐树村出土 1 件（桐 346），圆柱体，高 9.5 厘米，底径 2.8 厘米，上顶面修长可以开槽锻，中有长方形銎，下顶面大而平整，可以平锻。年代为东汉至北魏[⑤]。

① 河北省文物考古研究所等. 河北高庄汉墓发掘简报 [J]. 河北省考古文集：二 [M]. 北京燕山出版社, 2001：161.

② 河北省文物考古研究所等. 河北高庄汉墓发掘简报 [J]. 河北省考古文集：二 [M]. 北京燕山出版社, 2001：161.

③ 河南省文物研究所. 南阳北关瓦房庄汉代冶铁遗址发掘报告 [J]. 华夏考古, 1991 (1)：1–110.

④ 王克林, 宁立新, 孙春林, 等. 山西省右玉县善家堡墓地 [J]. 文物世界, 1992 (4)：1–21.

⑤ 郑州市博物馆. 郑州近年发现的窖藏铜、铁器 [C] // 考古学集刊：第 1 集, 北京：中国社会科学出版社, 1981：177–189, 211.

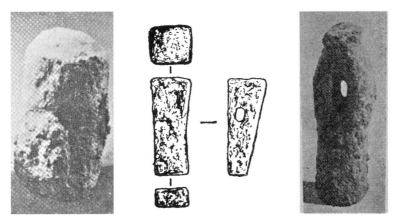

D型Ⅰ式：瓦房庄CH1：13[①]；　D型Ⅱ式：右玉善家堡M1：27[②]；　郑州桐树村桐346[③]

图5–12　汉代复合锤

锤顶面的立体形状直接决定了锤的功能。平头锤用来加工出平面，如一般的锻打等，施力均匀，锻面平整。圆头锤的功用有多种。一种是在非平整的物体上使用，如在凹洼的位置钉钉子或敲击。另一种是可以将带孔的锻件由中心向四周均匀撑开。如，用来敲铆钉，圆头锤可以使铆钉头四周更加圆滑，铆钉中心不致被打薄而失去铆力，比平头敲打的更均匀。此外，还可用于校正弯曲、展平粗略成形及破碎硬物等。尖头锤多用于破碎，可以较容易地敲碎石头等；也可用于局部精细加工，敲出一些花纹等。

在传统工艺调查中，发现铁匠使用的铁锤类型远多于目前发现的汉代铁锤类型（图5–13），有不少特殊形状顶面的专用锤，如内凹圆柱顶等。不使用这些类型的锤虽然也能完成相应的锻造形变，但过程会更为复杂，使用这些锤就可以大大简化锻造工艺、提升锻件品质，体现了专业化。仅借助考古发现不可能了解古代全貌，在比较专业的技术史领域更是如此。汉代还有哪些类型的锤？是否有特殊形状的专用锤？在今后的考古发掘和文物整理中还要注意仔细鉴别。

---

① 河南省文物研究所. 南阳北关瓦房庄汉代冶铁遗址发掘报告［J］. 华夏考古, 1991（1）：9.

② 王克林, 宁立新, 孙春林, 等. 山西省右玉县善家堡墓地［J］. 文物世界, 1992（4）：1-21.

③ 郑州市博物馆. 郑州近年发现的窖藏铜、铁器［C］// 考古学集刊：第1集, 北京：中国社会科学出版社, 1981：图版三十四.

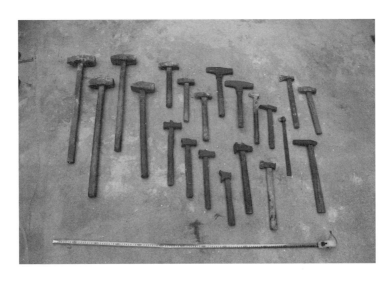

图5-13 钢城上北港村铁匠郝纪迎使用的部分铁锤（黄兴 摄）

二、铁锤的铸造

汉代铁锤都是铸造成型，锤范有铁范也有陶范。

河南南阳镇平尧庄东汉中后期的窖藏铁器中发现了6件锤，还发现了61件锤范，其中包括4套完整的铁质锤范。这些锤范铸造的锤型有两种：A型Ⅰ式（平顶四棱锤），仅发现一套（H1:13、14）；A型Ⅱ式（平顶圆柱锤），发现56件，又分为长方形和长条形两类。长方形锤范（H1:1~4），又分铸造6千克、4千克两种（图5-14）。长条形锤范22套，分为7种，分别可铸造4千克、2千克锤或更小的锤，其中H1:12范的范腔一侧铸有阳文"吕"字。一套锤范有两个侧范和两个范挡。侧范内面一边有枣核形榫卯，另一边有长方形榫卯。侧范相合后可以卡住范挡，同时锤范的榫卯设计便于开范取铸件。柄銎芯槽的一端设在浇口处，把浇口一分为二，一半作浇口，一半作冒口。出土铁锤均为圆柱形锤。发掘者把同型号的锤放在锤范中，相当吻合[①]。

---

① 河南省文物研究所，镇平县文化馆. 河南镇平出土的汉代窖藏铁范和铁器[J]. 考古，1982（3）：243-251.

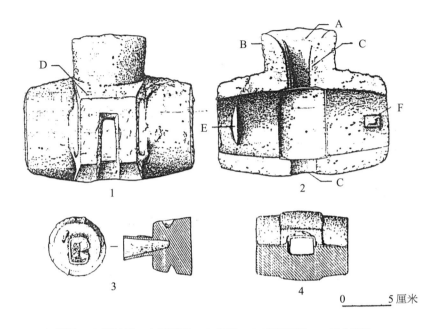

A.浇口；　B.浇口杯；　C.范芯座；　D.范鋬；　E.枣核形榫；　F.长方形榫；

1.范的外面；　2.范的内面；　3.范挡顶面与剖面；　4.锤的半剖面

图5-14　河南镇平出土锤范、范挡及铁锤[①]

此处窖藏铁器中锤范为数最多，占铁器的73%，表明锤具是附近铸造作坊大量生产的产品。铁范和铁器有的残破，有的铸造缺陷多，有的使用磨损严重，可见是一批次品和废旧品。H1：12范腔上的"吕"既为地名，也是官营作坊的标志，可能是楚国铁官所在地彭城附近的吕县。正如《史记·食货志》中记载，不产铁的县设小铁官"销旧器铸新器"。

铁范铸造可保证得到白口铁，又由于导热良好，促使铸件激冷，晶粒细化，分解趋向强烈，可加快和完善石墨化进程。经鉴定4套铁锤范属低硅铸铁制品，有白口铸铁，也有灰口铸铁[②]。铸造过程中，金属范会直接承受高温铁水（1300℃~1400℃）的冲刷，激冷激热的热冲击及高温氧化等，故要求金属

① 河南省文物研究所，镇平县文化馆. 河南镇平出土的汉代窖藏铁范和铁器[J]. 考古，1982（3）：243-251.

② 郑州工学院机械系. 河南镇平出土的汉代铁器金相分析[J]. 考古，1982（3）：320-321.

范具有抗氧化性，抗生长性和热稳定性。灰口铁在高温下渗碳体要分解为铁素体和石墨，而引起铁范体积膨胀（每 1% 的渗碳体分解成铁素体和石墨，体积要增大 2%），且灰口铁中的片状石墨会成为氧侵入金属内部的通道，使灰口铁组织内部氧化。白口铁的抗生长性和热稳定性较差，但其抗氧化性可能好一些。

山东章丘东平陵故城出土铁质锤范 1 件（0246），仅存半范，范型与镇平铁范相同。外形两端略细，中间较粗，背面有一个长方形面半空的范鏊。浇铸口呈半椭圆形，浇口的中央及其相对的一侧中间，皆铸成范芯槽，以便铸造锤柄之穿。范内面铸成锤状范腔，范腔两端各有一道榫卯，以卡住范挡。其中央铸有阳文"大山二"三字，范长 17 厘米，两端宽 5.5 厘米，连同浇口最宽处 12.5 厘米，范腔长 13 厘米，最宽处 5.4 厘米[①]。

在南阳瓦房庄冶铁遗址东汉地层中也出土了 112 件锤范，均为陶范，其中 62 件基本完好，范型与镇平铁范结构不同。范内羼砂粒较多。范分上范、下范，未见芯子。上、下范的范腔、范芯座和范版都相同，浇口设在范芯座一侧。范版为长方形，通体烘成橙红色。考古工作者根据范芯座，复制出石膏质范芯。将上范、下范和范芯套合铸出石膏质锤（图 5-15）。此锤与标本 T29 ① A：23 残铁锤大致相同[②]。

由此可见，东汉时期铸造铁锤通过使用统一制式的铁范可以制成具有固定规格的铁锤产品，实现了标准化生产。同时也存在陶范铸造工艺，从瓦房庄石膏质锤的外型来看，也属于标准化产品。可能是使用母锤为模，作标样，再翻范、制芯、制成铸范。此外，从各地发现的多种型式铁锤来看，非标准化制造铁锤的情况也很普遍。

汉代铁锤的金相组织有白口铁和灰口铁两种；白口铁可能是用铁范铸成，灰口铁可能是用陶范铸成。

---

① 山东省文物考古研究所. 山东章丘市汉东平陵故城遗址调查［J］// 考古学集刊：第 11 集. 北京：中国大百科全书出版社，1997：154-186.

② 河南省文物研究所. 南阳北关瓦房庄汉代冶铁遗址发掘报告［J］. 华夏考古，1991（1）：1-110.

据李京华分析，保安山 2 号墓出土的铁锤的金相组织为共晶白口铁[1]。这会使得铁锤具有很高的硬度，有助于敲击时产生较大的冲力。但铁锤也需要有一定的韧性，来承受巨大的冲击力。如果铸造质量不高，或者铁锤冲击力太大，很可能会使铁锤破碎，如满城汉墓 2 号墓残损锤（2∶009）。

近年来的研究表明，有的汉代铁锤经过退火脱碳处理。刘海峰等人对徐水东黑山遗址西汉中后期铁锤的金相分析表明其为"铁素体＋珠光体"组织的亚共析钢冷锻组织（图5-16），含碳量约为 0.4%，认为其制作工艺为铸铁脱碳钢加冷锻而成[2]。

图5-15　南阳瓦房庄锤范及范、芯、锤（石膏复制）套合[3]

① 李京华. 永城梁孝王寝园及保安山二号墓出土铁器、铜器的制造技术［M］// 河南省文物考古研究院 . 永城西汉梁国王陵与寝园. 郑州：中州古籍出版社，1996：286-293.

② 刘海峰，陈建立，梅建军，等. 河北徐水东黑山遗址出土铁器的实验研究［J］. 南方文物，2013（1）：133-142.

③ 河南省文物研究所. 南阳北关瓦房庄汉代冶铁遗址发掘报告［J］. 华夏考古，1991（1）：38.

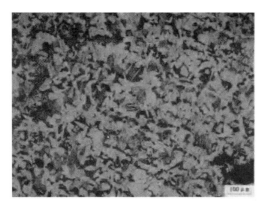

图 5-16　徐水东黑山遗址西汉中后期铁锤金相照片（刘海峰　供图）

第二节　锻　砧

一、锻砧的考古发现及类型

"砧"字也作"碪"字，先秦锻造常用石块作砧，汉代锻造已多用铁砧。

古人将铁砧视作坚固耐用之物，以之喻事，如南朝宋《东斋记事》"卷五"记载：

> 邛竹鞭以棰马，则愈久而愈润泽坚韧；以击猫，则随节折裂矣。
> 铁碪以锻金银，虽百十年不坏；以椎皂荚，则一夕破碎[①]。

古人也"锻砧"来命名顶部非常平整的地方。如清人王士禛《渔洋文集》"卷十四·山录·长白山录·长白北嶂"记载[②]：

> 锻砧峰，形如锻砧，亦名印台山。

---

① 范镇. 东斋记事［M］. 北京：中华书局，1980：43.
② 王士禛. 渔洋文集［M］. 济南：齐鲁书社，2007：1736.

根据收集到的考古资料，汉代共有4个地方出土了十余件铁砧实物。可分为2型：

A型：正方体铁砧，汉代多数铁砧都属此型。

河南永城西汉梁孝王寝园出土铁砧1件（T0715③：8）（图5-17）[1]。据调查，在今芒山镇西侧，汉代砀县城内发现有冶铁作坊遗址。寝园内的铁器应该是该作坊的产品。寝园出土铁工具有斧3、镢4、錾13、凿4、锯1、书刀7、砧1等33件。铁板材、铁条材均为铸成的半成品。板材可加工成刀、剑、凿等，条材出土较多，可加工成钉、锥钩等。

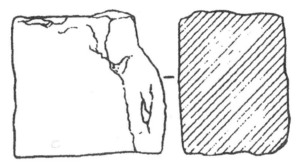

图5-17 河南永城西汉梁孝王寝园出土铁砧（T0715③：8）[2]

满城汉墓2号墓的墓道填土中出土铁砧2件。正方体，1件（M2：06）一面有敲打磨损的痕迹。长、宽、高均为12.5厘米，重13.5千克（图5-18）；另一件（2：07）大小类似，重13.25千克。此外，墓道填土中还发现铁权、铸铁件等。2号墓墓道的封门砖之间有厚达14厘米的铁壁，系在两砖之间浇灌铁水铸造而成；还把一件铁犁铧和一些铁块填入铁壁[3]。该墓葬中出土了大量金属器，有陪葬品、开凿工具、建筑构件等，也出土了铁锤。铁砧和铁锤是用来随时锻打加工或维修这些金属器所用。

① 河南文物研究所. 永城西汉梁王陵与寝园[M]. 郑州：中州古籍出版社，1991：276-285.

② 韩汝玢，柯俊. 中国科学技术史：矿冶卷[M]. 北京：科学出版社，2007：481.

③ 中国社会科学院考古研究所，河北省文物管理处. 满城汉墓发掘报告[M]. 北京：文物出版社，1980：217.

图 5-18 满城汉墓铁砧 (M2：06)[①]

易县燕下都东沈村西汉中期墓出土铁砧 1 件 (D6M2：22)，整器呈方块形，顶面边长 12 厘米、高 11.6 厘米，重 12.25 千克 (图 5-19)[②]。其形状和尺寸与满城汉墓发现的铁砧相近，可视为同类。

图 5-19 易县燕下都东沈村西汉中期墓出土铁砧 (D6M2：22)[③]

南阳瓦房庄东汉地层发现铁砧 2 件。其中，标本 T1 ① A：11 为正立方形，六面均平整，顶面的四边棱呈圆弧；其材质为生铁，铸制而成。高 13.5 厘米、宽 13.5 厘米 (图 5-20)[④]。

① 中国社会科学院考古研究所，河北省文物管理处. 满城汉墓发掘报告 [M]. 北京：文物出版社，1980：图版一九九.

② 河北省文物研究所. 燕下都遗址内的两汉墓葬 [M] // 河北省考古文集：二. 北京：燕山出版社，2001：67-140.

③ 河北省文物研究所. 燕下都遗址内的两汉墓葬 [M] // 河北省考古文集：二. 北京：燕山出版社，2001：85.

④ 河南省文物研究所. 南阳北关瓦房庄汉代冶铁遗址发掘报告 [J]. 华夏考古，1991 (1)：1-110.

图 5-20　南阳瓦房庄东汉遗址铁砧（T1①A：11）[①]

渑池窖藏出土了 11 件铁砧。方形砧 9 件，高 12.5～13.3 厘米，长 12～14.6 厘米，宽 11.8～14.5 厘米，应是锻制小件铁器的砧子。按照长方体简单推算，方形砧子的质量为 13.8～22.0 千克。根据北京钢铁学院（今北京科技大学）的化学分析，渑池 62 号铁砧（14 厘米 ×14 厘米 ×10 厘米）其成分为（百分比）C 4.15, Si 0.15, Mn 0.02, S 0.34, P 0.031[②]；具有高碳低硅的特点，有着极高的硬度，适合作为锻造铁砧。

渑池窖藏铁器属于废旧器物，制造时间前后相距可能较大。考古发掘初步认为，窖藏铁器中六角形锄和铁板撅等是汉代器物，其他多数属于曹魏以至北魏时期。出土铁砧数量较多，铁砧属于耐用之物，不能排除没有汉代之物。

B 型：鼓形铁砧。渑池窖藏还出土了大型鼓状铁砧 2 件，高 48 厘米，上面直径 24.5 厘米，下面较小，中部两侧有铁环。如果照实心简单推算，砧的质量约为 150 千克，可以锻制大件铁器。铁砧上面大，下面小，不利于平稳，很可能要有一个底座，或者将下部埋于地下。

C 型：石砧。冶铁遗址上也发现了石砧，主要用于破碎矿石，也可用于锻铁。巩义市汉代铁生沟冶铁遗址出土了数量较多的石砧，多分布于遗址的东北部，此处亦为存放矿石和整粒的场所。石砧以石灰岩制成，未细致加工，

① 河南省文物研究所. 南阳北关瓦房庄汉代冶铁遗址发掘报告［J］. 华夏考古, 1991（1）：1-110.
② 北京钢铁学院金属材料系中心实验室. 河南渑池窖藏铁器检验报告［J］. 文物, 1976（8）：52.

形状不规则，一般长30～40厘米，都保留有9～10厘米直径的砸窝[①]。湖南桑植官田和蔡家坪铸铁作遗址的每一座锻铁炉旁几乎都发现1块石砧，板状表面有明显砸窝。

传统铁匠使用的铁砧有灰口铁和白口铁两种材质。本书作者在调研时，铁匠反映他们更倾向于使用白口铁铁砧，因为铁锤落到上面之后，反弹的效果比灰口铁更好些，打起来更省力。这是由于白口铁中的碳以碳化铁（Fe_3C）形式存在，极为脆硬；在打铁的时候，瞬间产生的冲力也会更大。灰口铁中碳以片状石墨状态存在，铸造性能好，较耐磨，但硬度低于白口铁。汉代铁砧的金相分析目前尚未见到。但汉代铁匠通过使用比较很容易发现这一点，当时的铸造工艺也不难做到这一点。

此外，这些方形小铁砧与满城汉墓和易县燕下都发现的铁砧的器形、尺寸和成分都非常接近。且一同出土的各种铁器的硫、磷含量都很低，基本达到现代标准的规定。这说明当时包括铁砧在内，冶铸工艺上已有某种统一的要求。

二、汉代铁砧形制之探讨

现存的传统锻铁工匠们使用的铁砧一般为多面体，并带有不同形状、长短不一的突出部（图5–21），其作用有很多。倾斜的面可以使打铁工匠以更为舒适的角度手持铁锤，以更好的视角观察锻件受力；大平面用来加工较大的平整面；细长的尖端用来加工环装或管状铁器。这些传统工匠使用的铁砧也是利用了现代钢铁铸造技艺制成。其细长的尖状突出是钢材质，铸造在铁砧内，不易断裂。较短粗的突起，则与整体材质相同，一次铸造而成。铁砧下部四角也有四个突起，比平面更容易放平，且能卡入木质底座上，将铁砧支撑起来，可防止锻打时铁砧发生弹跳。

---

① 赵青云，李京华，韩汝玢，等.巩县铁生沟汉代冶铸遗址再探讨［J］.考古学报，1985（2）：157–183，267–270.

图 5-21　山东钢城上北港村铁匠郝纪迎使用的铁砧（黄兴　摄）

本书作者在各地考察期间，也见到不少其他形制的铁砧。有的铁砧较为简单，如在新疆维吾尔自治区博物馆藏的立式砧（图 5-22），与渑池窖藏发现的鼓状砧有些类似。也有的做得很精致，如蒙古国国家博物馆的藏品（图 5-23），可能用于锻造首饰等贵重金属制品。

图 5-22　新疆地区的铁砧（黄兴摄于新疆维吾尔自治区博物馆）

图 5-23　包铜铁砧（黄兴摄于蒙古国国家博物馆）

　　再看汉代铁砧，已发现者多数为方块状，接近正方体，六个面均为平面，少数为鼓状，都没有类似于棒状突出的结构。这一状况在一千年后仍然可以见到。在敦煌榆林窟西夏第 3 窟壁画《千手观音变》中有两个锻铁场景（图 5-24, 5-25），左右对称分布，可以明显看到铁砧仍然是方块状。

图 5-24　《千手观音经变》锻铁（左）[①]

　　① 北京科技大学冶金与材料史研究所. 铸铁中国：古代钢铁技术发明创造巡礼 [M]. 北京：冶金工业出版社，2011：24.

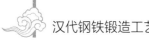

图 5-25 《千手观音经变》锻铁（右）[1]

汉代铁器常有环状、管状或类似结构。如环首刀都会有一个环，很多矛、戟的茎下都连着装柄的骹，很多工具如凿、斧的 C 状銎都是锻制而成，汉代也出土了不少铁环。当时必然有相匹配的锻砧，否则这些部件无法制成。这些锻砧尚无明确的考古实物，但从后世的图像中可以得到一些启示。

南宋《演禽斗数三世相书》"打铁图"（图 5-26）也展示了当时的铁砧：在木墩上安放一个方形铁砧，这与汉代相同；不同之处是在木墩侧面斜插了一个铁枝。很明显，铁枝可以用来锻打环状、管状铁器。所以这里不是在一个铁砧上实现多种功能，而是多种铁砧各自发挥不同用途。此外，本书作者在北京怀柔渤海镇调查发现，铁匠会根据工艺要求和产量需求自己制作一些特殊形状的小型铁砧（图 5-27）。这一点在汉代不难想到，也不难实现。

---

① NEEDHAM J. Science and Civilization in China：Ⅳ：2［M］. Cambridge University Press, 1965：图版十三.

图 5-26　《演禽斗数三世相书》"铁匠图" [1]

图 5-27　北京怀柔渤海镇铁匠张生自制的异形锻砧（黄兴　摄）

---

① NEEDHAM J. Science and Civilization in China Ⅳ : 2［M］. Cambridge University Press, 1965: 136.

汉代考古发掘中是否出土过类似铁器？是否因无法判断其用途，而将其归为它类？鉴于汉代铁器中有大量的环状、管状或类似结构，汉代除了使用方块状铁砧，可能也是在木墩上另外安装了棒状铁砧。

第三节　铁　钳

铁钳是锻造的必备工具，用来夹持锻件。古代锻铁钳都是交股结构，长柄，支点处穿一根铁轴，属于省力杠杆。两股的交错方式有叠压和穿透两种；钳口有圆口、平口两种；钳嘴有尖嘴和圆嘴两种。在实际使用中，为了夹持方便，钳口的宽度也不一样，以便夹牢不同厚度、不同形状的铁器。

目前发现的铁钳有2型：

A型：尖嘴，平口。章丘东平陵故城出土3件，其中钳DPL：0263，一股穿过另一股，用轴钉固定，通长34厘米（图5-28）；钳DPL：0292，嘴部残缺，从外形走向推测为A型，两股上下叠压交叉，用轴钉固定，年代为汉代[1]。此型铁钳适合夹握锻件的平面部位。

B型：圆嘴，圆口。燕下都东汉晚期墓葬出土钳M37：2，柄为四棱形，长22.4厘米（图5-28），年代为东汉晚期[2]。此型铁钳适合夹握锻件的管状部位。

南阳瓦房庄出土4件钳形器，只剩半边，编号分别为T1①A：10、T3①A：102、T39①A：4、T39①A：8。长短大小不同，但形状相同。钳T3①A：102，中部锻成扁方形断面，两端部锻成圆铤，并向外作弓背弯曲，顶端锻成三角形。最后从中央处锻折成钳状器，均残，长27.5厘米[3]。这些钳形器的整体结构和用途尚不清楚。

① 山东省文物考古研究所.山东章丘市汉东平陵故城遗址调查［M］//考古学集刊：第11集.北京：中国大百科全书出版社，1997：154-186.

② 河北省文物研究所.燕下都遗址内的两汉墓葬［M］//河北省考古文集：二.北京：燕山出版社，2011：67-140.

③ 河南省文物研究所.南阳北关瓦房庄汉代冶铁遗址发掘报告［J］.华夏考古，1991（1）：1-110.

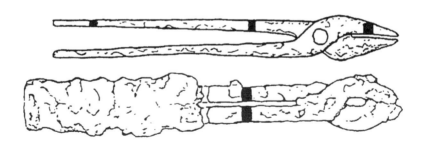

A 型：1. 章丘东平陵故城钳 DPL：0263，尖嘴、平口 ①；　B 型：2. 燕下都钳 M37：2，圆嘴、圆口 ②

图 5-28　汉代铁钳

　　将汉代铁钳与北宋铁钳（图 5-29）及当代传统铁匠使用的铁钳（图 5-30）相比较。其基本形貌相差不大，表明锻造铁钳在汉代已基本成熟，但类型尚且简单，在考古发掘中有待多加鉴别。调查发现，铁匠使用的铁钳大都是自己制作的。铁匠在当学徒的时候就开始为自己制作铁钳，及出徒时已基本配齐，日后的生产中，遇到特殊需求随时制作，钳嘴、钳口形状，口间距、长短等类型非常多。

图 5-29　北宋铁钳（黄兴摄于杭州刀剪剑博物馆）

　　① 山东省文物考古研究所. 山东章丘市汉东平陵故城遗址调查［M］// 考古学集刊：第 11 集. 北京：中国大百科全书出版社，1997：154-186.

　　② 河北省文物研究所. 燕下都遗址内的两汉墓葬［M］// 河北省考古文集：二. 北京：燕山出版社，2011：67-140.

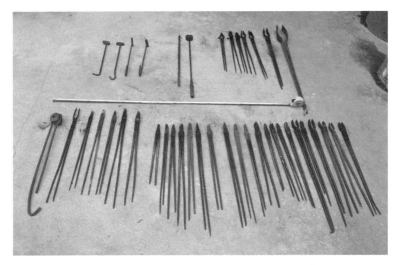

图 5-30 钢城上北港村铁匠郝纪迎的部分铁钳（黄兴 摄）

第四节 铁錾、冲牙与锉

錾是用于錾、凿、刻、旋、削等加工的工具，具有短金属杆，一端有刃。錾和凿有些相似。但凿一般用于加工木料，有锐刃，在其后端装有木柄。而錾的刃部并不锋利，一般也不安装木柄，以便在刃端形成更大的冲力；多用来加工金属和石料等硬质材料，也可用于撑开木料。大型的錾可用于截断金属或在上面开槽，一般为直刃。小型錾多用于在金属器上錾刻出花纹；其刃口的形状、尺寸由需求而定，随时制作，种类非常多。

山东嘉祥武梁祠东汉晚期画像石（后室第三块和第四块墓石）上有五位工匠手持锤和錾子的图像（图 5-31, 5-32）[1]，一说是敲击发出清脆的金属声来开道和迎接墓主人的灵魂升天；也可能是正在凿刻龙凤石刻，以恭迎墓主人的灵魂。

---

① CHAVANNES E. Mission archéologique dans la Chine septentrionale［M］. Paris：Imprimerie Nationale，1909：LXVIII-LXIX.

图 5-31　山东嘉祥武梁祠东汉画像石后室第三块墓石（局部）

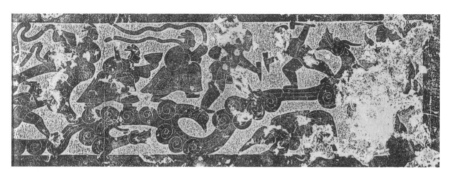

图 5-32　山东嘉祥武梁祠东汉画像石后室第四块墓石（局部）

目前见到的秦汉錾有 2 型：

A 型：锥形錾，尖首。临潼郑庄秦代石料加工场遗址出土 5 件此种铁錾，四棱方柱体。一般长 12.5~21.5 厘米、宽 2.5~3.5 厘米、厚 1.4 厘米；其中錾 ZH：6 整器粗短厚重，顶部因锤击而翻卷，长 13.5 厘米（图 5-33）①。该石料场是修建始皇陵时的临时场所。该批錾当用于錾刻花纹，开凿石料。铁器加工时，如有需要也可使用。

---

① 秦俑坑考古队. 临潼郑庄秦石料加工场遗址调查简报［J］. 考古与文物，1980（1）：39-43.

图 5-33　临潼郑庄秦代锥形铁錾 [1]

B 型：楔形錾，宽刃，侧面呈楔形，断面为四棱形。

临潼郑庄秦代石料加工场遗址出土 7 件此类铁錾：长 9~23 厘米、宽 1.5~2.5 厘米、厚 1~1.5 厘米（图 5-34）[2]。其中一件的刃部及以上局部区域金相分析显示为珠光体、珠光体（多）+ 铁素体，以及珠光体（少）+ 铁素体三种区域，有条带状非金属夹杂物沿纵向分布，多偏聚在富铁素体区域内；含碳量 4.3%，为铸铁脱碳钢材质的中碳钢（亚共析钢），制造工艺为热锻打 [3]。

图 5-34　临潼郑庄秦代楔形铁錾 [4]

满城汉墓中发现的铁錾（2：3097）保存得较完整（图 5-35）。金相照片显示其显微组织为铁素体加珠光体，含碳量约 0.25%，采用铸铁脱碳钢制作，刃部的铁素体晶粒有明显的伸长，变形量估计约 30%（图 5-36）。其显微硬度也较高，说明在低于再结晶温度下，对刃部进行了冷加工 [5]。冷锻后其刃部的硬度较錾身更高，刃部边缘显微硬度约 HV=250 千克 / 毫米 ^{2}，刃部中心约 HV=200 千克 / 毫米 ^{2}。

① 秦俑坑考古队. 临潼郑庄秦石料加工场遗址调查简报［J］. 考古与文物，1980（1）：39-43.

② 秦俑坑考古队. 临潼郑庄秦石料加工场遗址调查简报［J］. 考古与文物，1980（1）：39-43.

③ 刘江卫，夏寅，赵昆，等. 郑庄秦石料加工场遗址出土铁器的初步研究［J］. 中原文物，2010（5）：100-103.

④ 秦俑坑考古队. 临潼郑庄秦石料加工场遗址调查简报［J］. 考古与文物，1980（1）：39-43.

⑤ 中国社会科学院考古研究所，河北省文物管理处. 满城汉墓发掘报告［M］. 北京：文物出版社，1980：371.

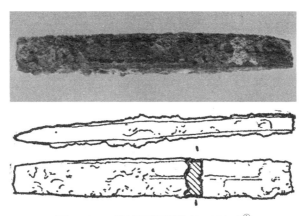

图 5-35　满城汉墓铁錾（2∶3097）①

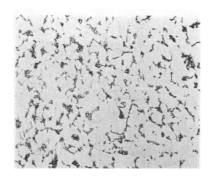

图 5-36　满城汉墓铁錾（2∶3097）刃部的金相组织②

　　此外，北洞山楚王陵出土的錾也经过了冷加工处理③。呼和浩特陶卜齐古城遗址出土 T1870①∶4，整器长条形，断面四棱形，刃扁宽，通长 12 厘米，年代为西汉；考古发掘报告将其误认作刀④。宜昌前坪西汉前期墓 M5∶22，顶部因被锤击而翻卷，通长 21.5 厘米⑤。

　　① 中国社会科学院考古研究所，河北省文物管理处. 满城汉墓发掘报告［M］. 北京：文物出版社，1980：图版二五三.

　　② 中国社会科学院考古研究所，河北省文物管理处. 满城汉墓发掘报告［M］. 北京：文物出版社，1980：图版二五三.

　　③ 韩汝玢，柯俊. 中国科学技术史：矿冶卷［M］. 北京：科学出版社，2007：500.

　　④ 内蒙古文物考古研究所. 呼和浩特市榆林镇陶卜齐古城发掘简报［C］// 内蒙古文物考古文集：第二辑. 北京：中国大百科全书出版社，1997：439.

　　⑤ 管维良. 宜昌前坪战国两汉墓［J］. 考古学报，1976（2）：115-148，213-224.

冲牙是用于打孔和扩孔工具，目前发现的数量比较少。

临潼郑庄秦代采石场遗址BB：2，尖首圆锥状，长8.5厘米、直径1.2厘米（图5-37）。冲牙断口为白色脆性断口；宏观组织为柱状晶，断口心部有椭圆形气泡，金相组织为共晶莱氏体（图5-38），系为白口铁铸造而成[①]。

图5-37　临潼郑庄秦代冲牙（BB：2）[②]

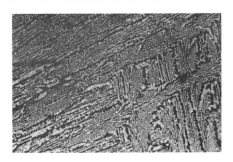

图5-38　临潼郑庄秦代冲牙（BB：2）轴部金相组织[③]

锉，数量较少但形制多样，目前发现3型（图5-39）：

A型：条形锉，整器作四棱长条形，有2式[④]。Ⅰ式，单面有锉齿。广州南越王墓出土1件（C：144-35），体扁平，锉齿较粗，柄首下卷，长25.8厘米；

① 刘江卫，夏寅，赵昆，等. 郑庄秦石料加工场遗址出土铁器的初步研究［J］. 中原文物，2010（5）：100-103.

② 秦俑坑考古队. 临潼郑庄秦石料加工场遗址调查简报［J］. 考古与文物，1980（1）：39-43.

③ 刘江卫，夏寅，赵昆，等. 郑庄秦石料加工场遗址出土铁器的初步研究［J］. 中原文物，2010（5）：100-103.

④ 广州市文物管理委员会，中国社会科学院考古研究所，广东省博物馆. 西汉南越王墓：上［M］. 北京：文物出版社，1991：106-108，394-395.

满城汉墓一号墓也发现1件1:4432[①]。Ⅱ式，多面有锉齿。广州南越王墓出土7件，四面有锉齿，大小有别，如C:121-12，两端稍细，长33.6厘米；C:121-14，形体细长，柄端较粗，长21.5厘米；C:121-11，一端斜抹，长33厘米，其年代为西汉前期[②]。

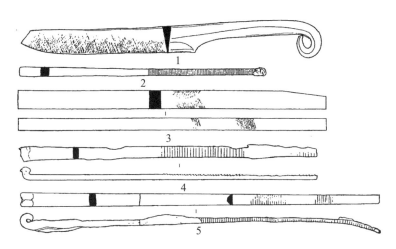

1. 天长三角圩M1:192-17[③]；　2～5. 广州南越王墓C:121-14、C:121-11、C:145-35、C:121-25[④]

图5-39　汉代铁锉

B型：刀形锉。安徽天长三角圩汉墓出土1件（M1:192-17），整器作刀形，锉体横断面呈楔形，两面有细齿，柄稍细，柄首下弯卷成环状，通长21厘米、锉体宽1.7厘米，年代为西汉中晚期[⑤]。

C型：半圆形锉。广州南越王墓出土1件（C:121-25），整器作长条形，

① 中国社会科学院考古研究所，河北省文物管理处. 满城汉墓发掘报告：上[M]. 北京：文物出版社，1980：217. 113.

② 广州市文物管理委员会，中国社会科学院考古研究所，广东省博物馆. 西汉南越王墓：上[M]. 北京：文物出版社，1991：106-108.

③ 安徽省文物考古研究所，天长县文物管理所. 安徽天长县三角圩战国西汉墓出土文物[J]. 文物，1993（9）：13.

④ 广州市文物管理委员会，中国社会科学院考古研究所，广东省博物馆. 西汉南越王墓：上[M]. 北京：文物出版社，1991：106-108.

⑤ 安徽省文物考古研究所，天长县文物管理所. 安徽天长县三角圩战国西汉墓出土文物[J]. 文物，1993（9）：1-31，97-102.

柄端宽，柄首下卷，锉体稍窄，锉体横断面呈半圆形，鼓起的一面有锉齿，锉齿较粗，通长32.1厘米，年代为西汉前期①。

南越王墓出土的半圆锉（C：121-25）和平锉（C：145-35）的平均齿数为7齿/厘米，5齿/厘米，4把方锉平均齿数为9齿/厘米。锉齿类型不仅有直齿锉刀，还有锉齿与锉体有一定夹角的方锉（C：121-11）、锉齿为弧面的半圆锉（C：121-25），锉齿加工成一个方向倾斜的平锉（C：145-35）。还有在一个锉体的四个面上加工出3种不同的齿间距（13齿/厘米、11齿/厘米，以及9齿/厘米的两个面）。方锉（C：121-12）金相检验表明其基体为高低碳相间排列，说明使用了含碳不同的钢料折叠锻打制成②。这说明西汉早期南越国的锉加工工艺已经较为成熟。

第五节　砺　石

砺石也称磨石，很早就已普遍使用。《诗·大雅·公刘》曰："取厉取锻。"漳州市博物馆藏1件青铜时代砺石，长方式，长约20厘米，一头厚，青白色，细砂石（图5-40）。曹植《宝刀赋》云："然后砺以五方之石。"铁器磨砺过程中，需要用到多种砺石。

《古矿录》卷三引《湖北通志》（1921年刻本）介绍湖北多地出产砺石③：

> 砺石，武昌（今鄂城县治）县治，磨石出磨儿山，可用为砺。应山（今县）④县治，与应山接壤之磨盘山。其石粗者中为磨，细者中砥砺。
> 郧西（今县）县治，有硇石，砺石。

---

① 广州市文物管理委员会，中国社会科学院考古研究所，广东省博物馆. 西汉南越王墓：上 [M]. 北京：文物出版社，1991：106-108.

② 广州市文物管理委员会，中国社会科学院考古研究所，广东省博物馆. 西汉南越王墓：上 [M]. 北京：文物出版社，1991：394-395.

③ 章鸿钊. 古矿录 [M]. 北京：地质出版社，1954：126.

④ 1988年更名为广水市，湖北省北部偏东，大别山脉西端.

图 5-40　青铜时代砺石（黄兴摄于漳州市博物馆）

南阳瓦房庄汉代制铁遗址共发现 45 件砺石[1]，按砂石粗细分为 2 型：

A 型：红色粗砂石，13 件。标本 T1 ① A：43 为横宽型，完整；余均残断。从制作方法看，标本 T1 ① A：129 付 1 的表面有隐约可见的凿痕，其他处均为尖锥琢的凹槽和粗糙破裂面，但四面均经磨砺。标本 T1 ① A：43 仅一面磨砺，其余砺石为两面使用。

B 型：细砂石，少数为红色，多数为青色；32 件，其中 4 件完整，余均残；可分 3 式。

Ⅰ 式：横宽式。6 件。标本 T39 ① A：5，长 25.0 厘米、宽 17.0 厘米、厚 4.5 厘米，是磨石中最宽的一个；侧面竖立使用，上下面均有使用的痕迹；两侧面有粗糙的破裂面，两端有打制痕迹。标本 T31 ① A：32 的 6 个面上均有使用的痕迹，其中一面磨得严重，其余各面磨得轻，但各面均凹凸不平。值得注意的是，上磨面为圆凹槽，似专磨锥形器的。标本 H1：8 与第一种的 T1 ① A：129 付 1 略同。

Ⅱ 式：长条式。1 件（T33 ① A：14），残存一段，四面磨砺，磨面较平整。残长 8.8 厘米、高 2.1～2.5 厘米、厚 1.9～2.3 厘米。

---

[1] 河南省文物研究所. 南阳北关瓦房庄汉代冶铁遗址发掘报告 [J]. 华夏考古，1991（1）：92-93.

Ⅲ式：长方式。25件。均为青色细砂砺石，石质细。其中4件未使用过，如标本T18①A：133，上面有两道平行的凿痕（宽2.3厘米），下面是很平的破裂面，凸起处被凿平。一边有5个凿窝，两侧面也是破裂面。

其他砺石有的使用较轻，如标本T33①A：29，上面被磨成斜面，其他各面均粗糙。标本T2①A：122，上面和左、右两面已磨砺过，下面是破裂面。有的已残破，如标本T2①A：133（图5-41）、T2①A：121，已被用残。标本J2：1、T2①A：126与上述略同，但较宽，其上有三道凿痕。标本T21A：124、T18①A：50被磨砺去约三分之一，其他面痕迹同上。

（T2①A：133 长方式，青色细砂）[1]

图5-41　南阳瓦房庄汉代冶铁遗址砺石

此外，榆树老河深鲜卑墓也出土13件砺石，分别出自13座墓中。形状有两种，一种是扁平长方形，顶部中间有1孔或2孔。另一种是不规则长方形，无孔[2]。

---

① 河南省文物研究所. 南阳北关瓦房庄汉代冶铁遗址发掘报告［J］. 华夏考古, 1991（1）：93.
② 吉林省文物考古研究所. 榆树老河深［M］. 北京：文物出版社, 1987：41.

第六章

汉代钢铁锻造制品及成形工艺

两汉时期逐渐全面进入铁器社会，冶铁技术、铁器制造和加工技术都有了显著进步，特别是炼钢和锻造技术有了一系列新进展，为铁器的推广普及和质量的提升奠定了基础。从考古发掘和金相分析来看，这一时期锻造成形或经锻打加工的铁器主要有兵器、工具、农具、日用器。

本章中，以前人文献中的资料汇总和分类方式为参考，对两汉时期锻造铁器的相关资料进行扩充和重新分类，并分析和总结这些铁器可能的锻造工艺。

第一节　锻造铁器的原材料

汉代锻造铁器所用原料主要有块炼铁、铸铁脱碳钢、炒钢等。这些原料是在冶铁场冶炼而成，被加工成板材、棒材或条材，便于下一步重新加热锻造加工。有的锻造场与冶铁场同在一处，有的则是将铁料运输到城中的官营锻铁作坊，也有出售到市集、村镇，有时候还会长途贩运到不出产铁的地区乃至境外。

河南登封阳城铸铁遗址中发现了公元前 5 世纪的铸铁板材，及铸造条材所用的陶范。10 件经过金相检测分析的铁器中有 8 件已经脱碳成为中碳钢、低碳钢或熟铁[①]。郑州古荥"河一"冶铁遗址出土了几十千克的梯形铸铁板，板长 19 厘米、宽 7~10 厘米、厚 0.4 厘米（图 6-1），经过脱碳处理已成为含碳 0.1%、含硅 0.06% 的板材，另有经过火花鉴定含碳量也小于 0.2%[②]。这是将含碳 3%~4% 的低硅白口铁铸成板材、条材，在氧化气氛中经高温脱碳处理，成为低碳钢材、熟铁材或含碳 1% 以下的钢制品，不析出或很少析出石墨，再经过反复锻打，消除缩孔、缩松等铸造缺陷，使金属组织更为致密，从而获得优质的成型钢材。

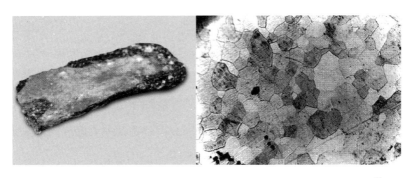

图 6-1　郑州古荥汉代"河一"冶铁遗址出土铁板及其金相组织[③]

河南南阳瓦房庄东汉地层中发现梯形铁板基本完整者 58 件，破碎片多达千斤，打破后的饼状、椭圆形、圆形及不规则形铁板 14 件[④]；另有扁体铁条 74 件，方体长条 44 件，圆形铁条 36 件，均属铁条材[⑤]，或锻造成形，或铸造成型，即将作为原材料锻造成其他器物。还发现了用板材卷锻而成的棒材实物（图 6-2）。

① 中国历史博物馆考古调查组. 河南登封阳城遗址的调查与铸铁遗址的试掘[J]. 文物, 1977(12)：52-65.

② 中国冶金史编写组, 从古荥遗址看汉代生铁冶炼技术[J]. 文物, 1978(2)：44-47.

③ 韩汝玢, 柯俊. 中国科学技术史. 矿冶卷[M]. 北京：科学出版社, 2007：611.

④ 河南省文物研究所. 南阳北关瓦房庄汉代冶铁遗址发掘报告[J]. 华夏考古, 1991(1)：1-110.

⑤ 李京华, 陈长山. 南阳汉代冶铁[M]. 郑州：中州古籍出版社, 1995：106.

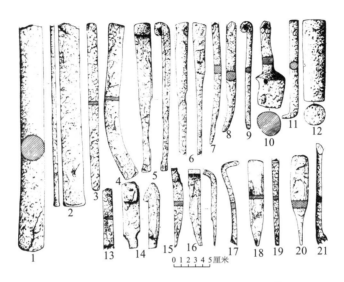

图6-2　河南南阳瓦房庄出土东汉条钢[①]

河南巩义市铁生沟冶铁遗址出土了大量铁板、铁条、铁块等半成品铁器。遗址发现铁板的主要地区是6个藏铁坑，藏铁三万余斤。藏铁坑均系长方形，最大的一个长2.3米、宽1.4米。坑内发现不少经过锻打的铁板，一般在10~20厘米左右，属于铸铁脱碳钢[②]。T4锻铁炉10西部的T3和T4交界处，出土小铁块、铁片和铁条等物，皆为锻件，宽窄、厚薄不同，很明显是用于锻造的原料或下脚料。经赵青云等人鉴定，14块铁板中有白口铁5块，灰口铁4块，可锻铸铁1块，脱碳铸铁1块，含碳<0.1%的炒钢锻打成者3块。2个铁条中，表面脱碳及铸铁脱碳钢1条，炒钢1条[③]。

章丘东平陵遗址第二次考古发掘（2012年9—12月），发掘铸造区域，清理出6座熔铁炉，还出土了大量铁条材、铁板材（图6-3），年代为西汉晚期

① 韩汝玢，柯俊. 中国科学技术史：矿冶卷［M］. 北京：科学出版社，2007：611.

② 河南省文化局文物工作队. 河南巩县铁生沟汉代冶铁遗址的发掘［J］. 考古，1960（5）：13-16，5.

③ 赵青云，李京华，韩汝玢，等. 巩县铁生沟汉代冶铸遗址再探讨［J］. 考古学报，1985（2）：157-183，267-270.

至东汉[①]。

铁条材，横截面呈窄长方形，发现较多，有时成堆出土。多残损，宽度1.5~4.2厘米，厚0.5~1厘米，适宜锻造刀、剑等扁条状铁器。如T9376③B：30，残长5.5、宽4.2厘米、厚0.5厘米；T9474③A：2，残长11.4厘米、宽2.2厘米、厚0.5厘米。T9275③B：15，一端平齐，另一端断裂，长11.5厘米、宽2.5厘米、厚0.9厘米。T9275③B：17，残，长7.5厘米、宽1.5厘米、厚0.8厘米（图6-3上）。

铁片L6：1，残，一端呈圆弧形，扁而薄，一面粘有红烧土痕迹，残长7.5厘米、宽5.6厘米、厚0.3厘米。

铁板材，T9275③B：14，长18厘米、宽9.6厘米、厚0.4厘米（图6-3下）。

图6-3 章丘东平陵遗址出土铁条材（上）和铁板材（下）

---

① 山东省文物考古研究院，北京大学考古文博学院，济南市考古研究所.济南市章丘区东平陵城遗址铸造区2012年发掘简报[J].考古，2020（12）：41-52.

第二节 兵 器

《孙子兵法》曰:"兵者国之大事,死生之地存亡之道,不可不察也。"武器装备是用来搏命的工具,关系使用者生死,影响国家存亡,对武器装备的材料和性能要求很高。战国时期,东方六国开始装备铁制兵器,到汉代时军队兵器全面铁器化。汉代的攻击性武器除了弩机和箭镞之外,几乎都已采用钢铁制造;防护装备甲、胄等也都逐渐采用钢铁制造。制作兵器不能直接使用生铁,只能用块炼渗碳钢或将生铁脱碳成钢后来制作,并经过反复锻打提升性能。一般而言,兵器反映了当时最先进的锻造工艺。

从汉代起,文献中但凡提及兵器制造时,几乎都用"锻"字。这与先秦时期的以"铸"为主形成明显对比,表明锻造成为制作兵器的主要工艺。同样自汉代起,每当谈及修整军备或战事将起,都会用"锻"字来指代。"锻"几乎成为武备的代名字。

西汉严安《上书言世务》有云[①]:

> 今天下锻甲摩剑,矫箭控弦,转输军粮,未见休时。此天下所共忧也。

《东观汉记》记载[②]:

> 章帝赐尚书剑各一,手署姓名,韩棱楚龙泉,郅寿蜀汉文,陈宠济南锻成。……宠敦朴,有善于内,不见于外,故得锻成剑,皆因名而表意。

---

① 严可均. 全上古三代秦汉三国六朝文[M]. 北京:中华书局,1958:550.
② 刘珍,等. 东观汉记校注[M]. 吴树平,注. 北京:中华书局,2008:78.

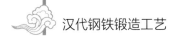

《汉书》"卷四十四·淮南衡山济北王传第十四"记载 [①]：

> 王乃使孝客江都人枚赫、陈喜作辅车锻矢，刻天子玺，将、相、军吏印。

> 爽闻，即使所善白嬴之长安上书，言衡山王与子谋逆，言孝作兵车锻矢，与王御者奸。

东汉晚期著作《太平经》"卷七十二·不用大言无效诀"：

> 使工师击冶石，求其中铁，烧冶之使成水，乃后使良工万锻之，乃成莫耶。

古代军队中也编制了不少铁匠，携带大量物资，锻造或修整兵器及其他器械。如遇大军事行动也会临时征召各种匠人，征用各种物资。这种调动人力和资源的能力在一定程度上也决定着战争的走向。元代《文献通考》"卷一百五十八·兵考十·舟师水战"记载，南宋初年金军在江南追击宋高宗受阻后，退至长江渡口，欲从两面渡江夹击韩世忠部。韩世忠命铁匠连夜锻造铁链、铁钩捕获敌船 [②]：

> 世忠以海舰进泊金山下，将战，世忠预命工锻铁相连为长绠，贯一大钩，以授士之骁捷者。平旦，虏以舟噪而前。世忠分海舟为两道，出其背，每绠一绠则曳一舟而入，虏竟不得济。

古兵器研究者如周玮、杨泓、钟少异，以及铁器考古研究者白云翔等对汉代兵器形制有专门论述。冶金史研究者在此领域也做了很多科学检测分析。在本节中，以剑、刀、矛、戟、镞，以及钩镶和甲胄为例，从材料和加工的角度探讨古代铁质兵器的锻造工艺。

① 班固. 汉书 [M]. 颜师古, 注. 北京：中华书局, 1962：2155-2156.
② 马端临. 文献通考 [M]. 北京：中华书局, 2011：4741-4742.

一、剑

钢铁材料很早就被用来造剑。河南三门峡上村岭西周晚期虢国墓地出土玉柄铁剑系由块炼铁锻造而成，是中原地区最早的人工冶铁产品之一。湖南省长沙市出土的春秋晚期铁剑是块炼渗碳钢锻造而成。由于当时钢铁产量不高、技术尚未成熟，铁剑非常有限，只在各地有些零星的发现，而且长度不超过30~40厘米。从战国中晚期开始，楚国、燕国、秦国等开始较多地使用铁剑，剑长发展到1米左右，逐渐动摇了铜剑的主导地位[1]。汉代前期开始，铁剑就完全取代了战国以来的青铜短剑[2]。钟少异随机统计发现，西汉时期青铜剑的发现与铁剑相比已经很少。东汉则基本没有发现铜剑[3]。西汉初期，环首刀也开始出现，并成为军队装备的主要制式兵器，到了东汉时期，成为主要的实战兵器。剑逐渐成为一种理想兵器，用于指挥、配饰和武术表演。

剑虽然属于短兵器，但要比戈、矛等长兵器的金属部分更长。剑身越长，其在撞击中所受的横向力越大，对材料的硬度和韧性要求越高，否则容易折断。随着材质性能和制作工艺的提升，剑形最显著的变化是剑的长宽比增加，即剑体变得更加细长，剑体轻便、杀伤范围增加。例如，湖南省楚墓铁剑的长度多数接近1米，最长达1.4米，几乎是一般青铜剑长度的3倍。剑的长度与锻造技术和实用性能关系最为密切；其他部位的形制则与剑的传承和传播更为紧密。

1. 汉剑的考古发现与类型

考古发现的两汉时期的剑数量很多，基本结构大致相同，外装（附装的剑首、剑格及握柄）多锈蚀、损坏，保存不完整。除了全铁制剑外，在边远地区还发现有少量铜柄铁剑。考古发掘报告中多以剑长为分类依据，而钟少异将剑身的长、宽，以及剑茎、剑肩、剑格、剑首的形状和材质引入分类依据。本书参考白云翔的分类，从锻造的角度，按照剑长将汉剑分为长剑、中长剑、短

① 钟少异. 试论扁茎剑［J］. 考古学报, 1992（2）: 129-145.

② 王仲殊. 汉代考古学概说［M］. 北京: 中华书局, 1984: 65.

③ 钟少异. 汉式铁剑综论［J］. 考古学报, 1998（1）: 35-60.

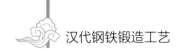

剑3型[①]。

A型：长剑，一般通长在70厘米以内。汉代长剑均为窄体剑（图6-4），在华北、中原、关西、楚地和吴越，以及云南、内蒙古、东北等地都有发现，常见的有以下2式：

Ⅰ式：窄体剑，剑身宽一般在4厘米以下，其剑身长宽之比一般大于15：1。按剑柄的结构和特征分为扁茎方肩剑、扁茎斜肩剑两式，其制作年代为西汉前期至东汉前期。

Ⅱ式：窄体长茎剑。除了剑身宽一般在4厘米以下，其剑身长宽之比一般大于15：1。为了便于持握，剑茎也随之增长，一般长15厘米以上。多为四棱茎、方肩。其制作年代也是从西汉前期至东汉前期。

此外，还有两式不常见的剑：仗式剑，剑身更为细长，断面略呈橄榄形；异型剑等仅在个别地点发现。

汉代铁剑的一个重要发展和特征是长剑增多，尤其是窄体长茎剑大量使用。铁剑是汉代前期战争中最为实用和常用的常规兵器之一，并且当时社会盛行剑术。因此，考古发现的秦汉铁剑主要的是格斗中的实用剑，但也可能包括用于剑术的舞剑。东汉画像石上常可见到舞剑的图像。

B型：中长剑通长一般在70厘米以下（图6-4），扁茎或四棱茎。根据其剑身的宽窄、剑身与剑长的比例以及剑首结构分为2式：

Ⅰ式：窄体剑，剑身宽一般在4厘米以下，剑身长、宽之比一般大于12：1，根据剑茎结构和特征分为扁茎方肩剑、扁茎斜肩剑二亚式，年代为西汉晚期至东汉晚期。

Ⅱ式：环首剑，剑首与剑茎连为一体，剑首呈圆环形或扁圆环形，年代为西汉晚期至东汉初。

C型：短剑通长一般在50厘米左右（图6-4），剑身长一般不足30厘米。发现较少，主要有环首剑、T首剑、无首剑。

D型：复合剑，铜柄铁剑，有中长剑，也有少量属于短剑和长剑。

---

① 白云翔. 先秦两汉铁器的考古学研究［M］. 北京：科学出版社, 2005：212-220.

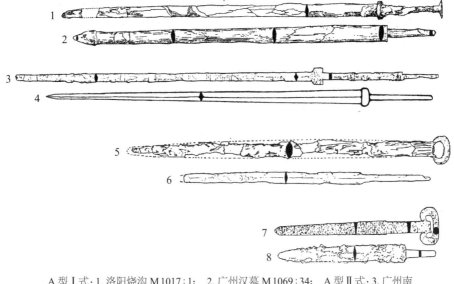

A 型 I 式：1. 洛阳烧沟 M1017 : 1；　2. 广州汉墓 M1069 : 34；　A 型 II 式：3. 广州南

越王墓 D : 143；　4. 孟津朝阳村 MS : 10　　B 型 I 式：5. 东胜补洞沟 M3 : 1；6. 满

城汉墓 M1 : 4246　　C 型：7. 榆树老河深 M15 : 6；8. 咸阳齐家坡 M3 : 38

图 6-4　汉代钢剑[①]

2. 汉剑的锻造工艺

（1）用块炼渗碳钢锻制

西汉时期的剑主要用块炼渗碳钢来锻造，相比战国时期，进步之处主要有：第一，制作过程中经过了更多次加热、折叠、锻打，使得金属晶粒更加细小，同时非金属夹杂物减少、更加细小，较多的分布在高碳层。断面上高碳和低碳的层次增多，而每层的厚度减小，碳含量的差别也减小，组织比较均匀。第二，经过表面渗碳，增加了表面硬度。第三，刃部进行了淬火处理。这些工艺的应用使得钢的质量有很大提高。

满城刘胜墓出土的短剑（M1 : 4249）和长剑（M1 : 5105）经北京钢铁学院（今北京科技大学）检测分析[②]，都是以块炼铁渗碳后折叠锻打而成。与河北

①　白云翔. 先秦两汉铁器的考古学研究 [M]. 北京：科学出版社，2005：213, 214, 217, 218.

②　北京钢铁学院金相实验室. 满城汉墓部分金属器的金相分析报告 [M] // 中国社会科学院考古研究所. 满城汉墓发掘报告. 北京：文物出版社，1980：369-376.

易县燕下都出土的钢剑（公元前3世纪）相比，刘胜墓残钢剑各层之间碳含量差别较小，各层组织也较均匀，质量有很大进步。

刘胜墓残钢剑（1∶4249）剑身试片金相观察显示，断面上存在高碳和低碳层，高碳和低碳层的碳较均匀，层与层之间的界限不太分明（图6-5a）。剑的脊部有五层，刃部只有四层。高碳层含碳量约0.6%~0.7%，低碳层含碳量约0.3%。表层组织可看到有索氏体、铁素体和无碳贝氏体（图6-5b）。非金属夹杂物较细小，较多地分布在高碳层。上述组织特征说明钢剑在制作过程中也经过反复锻打和加热。

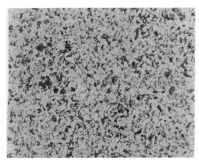

（a）刘胜墓残钢剑（1∶4249）断面的分层组织，非金属夹杂物比较集中在高碳层（×180）　　（b）刘胜墓残钢剑（1∶4249）外层的显微组织，索氏体、铁素体和无碳贝氏体（×200）

图6-5　满城刘胜墓残钢剑（1∶4249）剑身金相照片及分析 [①]

刘胜佩剑（1∶5105）断面金相显微观察显示佩剑心部有低碳和高碳的分层（图6-6a）。低碳层含碳量最低约0.1%~0.2%，高碳层含碳量约0.5%~0.6%。由于反复加热锻打，低碳层和高碳层较薄，非金属夹杂物的尺寸较小，最大的约0.05~0.1毫米。心部的平均硬度为维氏硬度220~300千克/毫米^2。佩剑经过表面渗碳，碳含量在0.6%以上（图6-6b）。

佩剑的热处理是采用局部淬火，只在剑的刃部观察到淬火马氏体组织，某些区域发现上贝氏体（图6-6c，6-6d），刃部的硬度经测定维氏硬度约

① 北京钢铁学院金相实验室.满城汉墓部分金属器的金相分析报告[M]//中国社会科学院考古研究所.满城汉墓发掘报告.北京：文物出版社，1980：图版二五五.

900千克/毫米^2。佩剑的脊部只有珠光体加少量铁素体组织。这样的热处理使佩剑的刃部有高硬度，而脊部有较低的硬度和较高的韧性。

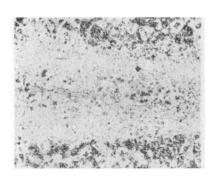

(a) 刘胜佩剑(1:5105)断面的高碳和低碳分层组织，高碳层有长条状共晶夹杂物(×100)

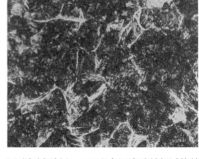

(b) 刘胜佩剑(1:5105)表层渗碳并经过热处理的组织，索氏体加少量无碳贝氏体(×400)

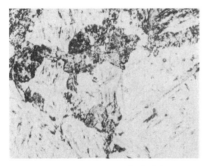

(c) 刘胜佩剑(1:5105)刃部淬火组织，马氏体加屈氏体(×630)

(d) 刘胜佩剑(1:5105)刃部淬火过渡区的上贝氏体、马氏体和屈氏体组织(×630)

图6-6　满城刘胜墓佩剑(1:5105)金相照片[①]

　　湖南益阳发现两件铁剑，其中一件(赫M11:1)扁平茎，剑长78厘米、茎长14厘米、剑宽3.5厘米。附铜剑首，有菱形铜格。剑身两边有刃，尖锋，表面虽锈蚀严重，但去锈以后仍具有金属光泽。经湖南省钢铁研究所进行金相检测，此剑硬度为洛氏硬度HRC:20~22(相当于维氏硬度HV:240~250)；金相组织主要为铁素体+珠光体，其制作方法系采用块炼铁反复锻打而成块炼钢[②]。

　　① 北京钢铁学院金相实验室. 满城汉墓部分金属器的金相分析报告[M]//中国社会科学院考古研究所. 满城汉墓发掘报告. 北京:文物出版社,1980:图版二五六 - 二五七.
　　② 湖南省益阳地区文物工作队. 益阳楚墓[J]. 考古学报,1985(1):89-116.

（2）用铸铁脱碳钢锻制

河南巩县铁生沟出土的铁剑（T16：18）属于表面脱碳及铸铁脱碳钢[①]。汉代用铸铁脱碳钢制作铁器有两种方法。一种是以生铁铸造成型，然后脱碳成钢，再予简单加工，如加热弯折，刃部渗碳、锻打等。此法多用于制造生产工具和生活用具，如河南渑池出土汉魏窖藏铁器中的钢斧、郑州东史马出土东汉铁剪等，兵器中的箭镞也有如此制作的。另一种方法是将生铁铸造成薄板状，然后脱碳得到成型钢材，将钢材经过反复加热锻打，制成器物。刀剑等兵器多如此制作。

（3）用炒钢（或炒铁）锻制

炒钢（炒铁）既是一种工艺，也可以指利用这种工艺得到的产品。根据最新的冶金考古研究，炒钢在战国晚期至秦代已出现[②]，西汉后期开始普及，在东汉时期已经较为常见。

用炒钢锻造的剑多有考古发现。炒钢是用生铁脱碳成钢或熟铁。生铁在冶炼时与渣经历过液态分离，所以炒钢成分均匀，夹杂物一般比较细小、均匀，质量优于块炼渗碳钢，且炒钢的产量和效率都较高。于是，西汉后期炒钢或熟铁便成为制剑的新材料。其方法或者以炒钢为原料，反复加热折叠锻打成剑；或者以熟铁为原料，经过渗碳叠打制成钢剑，其方法与以块炼铁渗碳锻制相似。

陕西扶风法门镇官务村窖院组98-1号新莽时期墓出土一把钢剑（M1：68）。该剑通长116厘米[③]，已经严重锈蚀，取样截面大部分为氧化物，只有截面中心部位不到1毫米的范围是钢的原始组织，其组织均匀，无明显夹杂，主要元素是铁和碳，硅、锰、磷、硫含量甚微或未有显示，珠光体所占的比例为85%～90%，其余为铁素体，含碳量为0.65%～0.70%，具有良好的强度、硬度，又有良好的弹性和韧性，经分析鉴定系以炒钢为原料反复加热

① 赵青云，李京华，韩汝玢，等. 巩县铁生沟汉代冶铁遗址再探讨[J]. 考古学报，1985（2）：157-183.

② 刘亚雄，陈坤龙，梅建军，等. 陕西临潼新丰秦墓出土铁器的科学分析及相关问题[J]. 考古，2019（7）：108-116.

③ 周原博物馆. 陕西扶风县官务汉墓清理发掘简报[J]. 考古与文物，2001（5）：17.

锻打而成。

心部组织的检测结果显示，扶风钢剑的加热温度为780℃左右，是过共析钢带的正常淬火温度，但样品未见淬火处理，可能是心部有意没有淬透[1]。扶风钢剑表面是高碳的过共析钢，可能在反复锻打之后进行了表面渗碳。淬火处理采用过共析钢的加热温度，并且不淬透，这样只能使表面硬化，而心部仍保持较好的韧性。这在现代热处理技术中亦属复杂工艺，表明工匠们具备了丰富的经验和熟练的技巧。

（4）百炼钢工艺

百炼钢是将锻件经过更多次的加热、折叠、锻打，使得组织更加均匀，夹杂物更加细小，材料的品质得到显著提升。汉剑有不少是用百炼钢工艺制作而成。

1978年，江苏徐州铜县山东汉墓出土一件五十炼铁剑，通长109厘米，剑身长88.5厘米、宽1.1～1.3厘米、厚0.3～0.8厘米。剑茎正面有隶书错金铭文21个字："建初二年蜀郡西工官王愔造五十湅×××孙剑×"[2]。据此铭文可知，该剑为东汉建初二年（公元77年）蜀郡工官所造。剑鐔已残脱，由铜锡合金制成，表面乌黑，内侧阴刻隶书"直千五百"四字。

韩汝玢等人金相分析认为，剑身金相组织为珠光体和铁素体，含碳量高低不同。样品两边各5毫米处，高低碳层相间，各约20层（图6-7）。每层薄厚不同，一般为50～60微米，也有20微米的。每层组织是均匀的，两边似乎对称。边部高碳区域含碳0.6%～0.7%，HV=279, 279, 300, 310；低碳区域含碳约0.4%，HV=187, 263, 275, 279。中心部分厚约2毫米，组织显示为珠光体（图6-7），含碳0.7%～0.8%，组织均匀，HV=296, 292。中心部分有明显的亮带，按明暗分层，约15层，亮带的HV=299, 311。钢剑刃口未经淬火处理。剑身样品断面因组织与成分的差异，金相观察到分层数目接近60层[3]。

---

① 路迪民. 扶风汉代钢剑的科技分析[J]. 考古与文物, 1999(3): 89.
② 徐州博物馆. 徐州发现东汉建初二年五十炼钢剑[J]. 文物, 1979(7): 51-52.
③ 韩汝玢, 柯俊. 中国科学技术史: 矿冶卷[M]. 北京: 科学出版社, 2007: 620-622.

图6-7　徐州东汉墓五十炼钢剑剑身样品金相组织 [①]

　　边部低碳区夹杂物中含锰元素较多，与边部高碳区域及中心部分相差较大，是使用了不同的原料所致；也说明了边部组织低碳不是锻造加热造成脱碳，而是以含碳量较高和含碳量较低的两种炒钢为原料，叠在一起，经过多次加热、锻打折叠成形 [②]。选取两种含碳量不同的材料合炼而成——这与灌钢工艺有相同之处。而灌钢发展得更进一步，使用生熟铁合炼，生铁以液态形式与熟铁熔合。

3. 百炼钢层数与"湅"数关系之讨论

　　百炼钢之"百"是概数，是指达到数十或上百的数量级；而钢铁刀剑铭文中"湅"的含义需要讨论一下。

　　金相照片显示百炼钢制品断面条纹数与铭文记载的"湅"数相当，有文献认为"湅"数可能是折叠锻打后的层数 [③]。但层数是在金相显微镜下观察发现的，古人用肉眼无法分辨；尽管层数与折叠次数有关，但如果观察不到层数，古人也就无法以层数为"湅"数。

　　有文章认为百炼钢铭文中的"湅"是"湅"之省，又依据《说文》"湅，辟湅铁也"；及《文选·七命》"万辟千灌"，李善注"辟谓叠之"的记载，提出了"湅"即"湅""湅"即"辟"，而"辟"有折叠的含义；又据清代朱骏声《文通训定声》："湅"是"取精铁折叠锻之"。故此提出百炼钢铭文中的"湅"是

① 韩汝玢，柯俊. 中国科学技术史：矿冶卷［M］. 北京：科学出版社，2007：621.
② 韩汝玢，柯俊. 中国古代的百炼钢［J］. 自然科学史研究，1984（4）：316-320，391-392.
③ 韩汝玢，柯俊. 中国古代的百炼钢［J］. 自然科学史研究，1984（4）：316-320，391-392.

"渫"即折叠的意思 ①。此外，该文章指出汉代铜器铭文上也有"湅"的记载，如"三湅""四湅""十湅""百湅"等，提出此处青铜器上的湅为"炼"或"鍊"之假，是重熔、精炼的含义 ②。

然而将"湅"解释为折叠，折叠后的层数与金相显微镜下得到的层数并不一定相近，有可能会差得很远。如果是将锻件两端对齐从中间对折 N 次，无论是横向对折还是纵向对折，锻合后的层数等于 2 的 N 次方（图6-8）。有文献未意识到这一点而认为对折锻合后的层数与折叠次数 N 成正比 ③。如果是分多段来回折叠，即预先测量好长度，将其分为若干段，逐段改变方向来折叠，共计 N 次折叠、锻打，这样锻合后的层数等于折叠次数 N+1（图6-9）。

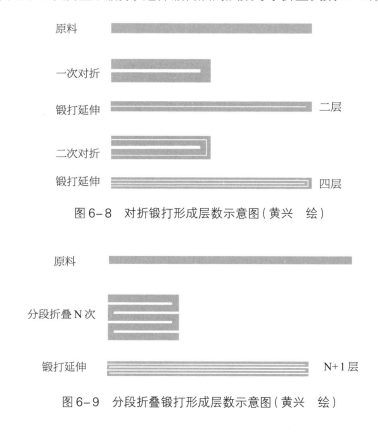

图6-8 对折锻打形成层数示意图（黄兴 绘）

图6-9 分段折叠锻打形成层数示意图（黄兴 绘）

① 孙机. 略论百炼钢刀剑及相关问题 [J]. 文物, 1990(1)：72-78, 59.
② 孙机. 略论百炼钢刀剑及相关问题 [J]. 文物, 1990(1)：72-78, 59.
③ 钟少异. 汉式铁剑综论 [J]. 考古学报, 1998(1)：35-60.

折叠锻打是为了增加层数、减小杂质尺度、成分更加均匀。工匠自然会采用第一种对折方法，操作简单，能快速增加层数。第二种分段折叠要多次对齐，难度较大，层数增加较慢。

照此分析，若将"涑"解释为折叠，"三十涑"即折叠30次，形成的层数应该是2^{30}，约10.7亿层；金相结果显然没有这么多层，因此将"涑"解释为折叠是不妥的。《文通训定声》的作者朱骏声是清人，与汉代相差近两千年，他的解释不一定准确。既然都是冶金加工，将铜器铭文的"涑"当作"炼"或"鍊"之假，将百炼钢上的"涑"当作"漱"之省似乎有些不妥。

因此，铜器铭文之"涑"和百炼钢制品之"涑"的含义应该是相近的，都是"炼"或"鍊"之假。对百炼钢而言，其加工方式应该先将高碳钢原料加工成板条形坯料，然后加热、折叠。由于刀剑尺度较长，一次加热并折叠后来不及完全锻合，也无法展宽至下次折叠所需的厚度。为了避免冷锻开裂，需要回炉加热、渗碳很多次。每回炉一次即为"一涑"。如果参照三十涑制品有三十余层来算，应该是对折了5次，形成32层；平均每次对折后，需要回炉6次加热、渗碳，以避免脱碳、防止生成氧化层杂质。

回炉加热的次数与锻件的尺寸、工艺精细程度有关，不一定每次对折后都是回炉6次。本书中涉及的百炼钢刀剑之"涑"数有三十、五十、七十二、八十等。可惜目前只对"三十涑"兵器的层数做了金相辨识，期待有研究者能对其他"涑"数的兵器也做金相辨识，如果这些兵器的"涑"数与层数不同，假设五十涑兵器也是32层，说明折叠了5次，这样每次折叠后回炉10次。就是对本书所持观点的有力证明。

二、刀

西汉前期，铁剑盛行之时，环首铁刀开始成为制式兵器。

铁刀单侧开刀制作起来更为简单；环形首与茎连锻，不装护格，外装简单；刀背厚实，劈砍起来比剑更为有力，且不易断折，这尤合乎步、骑兵战场格斗的需要。铁刀比剑适合于成批制造、大量装备军队[①]。《史记》《汉书》

---

① 钟少异. 汉式铁剑综论［J］. 考古学报, 1998（1）: 35-60.

所记，西汉中期的将校官吏就常佩刀。在西汉中晚期，军队中既使用剑，也使用环首刀。洛阳烧沟和洛阳西郊的西汉中晚期墓中，既出土大量铁剑，也出土相当多的环首铁长刀，就反映了这种并行的局面。当时，铁剑虽仍大量使用，但地位已受到很大影响。

东汉时期，环首刀进一步兴盛，剑则明显趋于衰落。东汉墓中出土铁剑数量减少。文献中所言之短兵由剑变而为刀。《释名·释兵》谓："狭而长者曰步盾，步兵所持，与刀相配者也。"在这里，刀已是军队中与盾牌配合使用的主要短柄兵器。东汉画像石中有许多刻画战争的场面，其中兵士所用之短柄兵器，大多是环首刀。大约到东汉末年，实战已基本上不用剑。

1. 汉刀的类型

按照刀的长度，分为长、短2型（图6-10）。

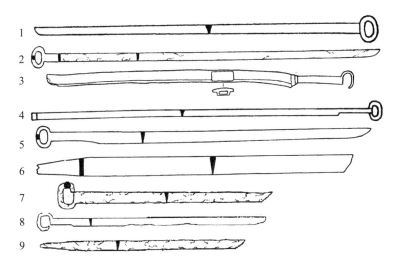

A型Ⅰ式：1. 云安大关 M3：9；　2. 资兴汉墓 M335：9；　3. 盱眙东阳 M7：59；　4. 新乡火电厂 M35：3；　5. 资兴汉墓 M209：24　　A型Ⅱ式：6. 资兴汉墓 M185：1　　B型Ⅰ式：7. 资兴汉墓 M463：1；　8. 宜昌前坪 M34：21　　B型Ⅱ式：9. 资兴汉墓 M29：19（比例不等）

图6-10　汉代铁刀 [①]

---

① 白云翔. 先秦两汉铁器的考古学研究［M］. 北京：科学出版社，2005：221，223.

A 型, 长刀, 一般为直体, 刀身细长, 通长一般在 70 厘米以上。根据其柄部结构分为两种。

Ⅰ式: 环首长刀, 一般直体, 环首。根据刀身与刀柄宽度, 可以分两种亚式。

亚式Ⅰ: 刀柄与刀身大致等宽, 最为常见。洛阳烧沟汉墓出土直体环首刀 18 件, 通长 46～110 厘米不等, 其中包括此式长刀, 年代从西汉中期到东汉晚期[①]。资兴东汉墓出土 35 件直体环首刀, 其中也有此式长刀, 年代为东汉中期[②]。苍山纸坊村 CS74∶01, 椭圆形环首, 通长 111.5 厘米、宽 3 厘米、背厚 1 厘米, 刀身有错金火焰纹和隶书铭文"永初六年五月丙午造卅湅大刀吉羊", 永初六年即公元 112 年。寿县马家古堆东汉晚期墓出土的 1 件长刀, 全长 123 厘米、宽 2.6 厘米, 是目前发现的此式最长的刀。另外, 枣庄方庄东汉后期墓出土 1 件 (FZM∶5), 刀背略内弧, 通长 105 厘米。此式长刀还发现于赫章可乐西汉晚期墓, 盱眙东阳新莽墓, 云南大关东汉墓, 秦咸阳宫新莽时期墓葬, 乐昌对面山东汉墓等地[③]。

为了在使用时便于劈砍, 要防止头重尾轻, 失去平衡, 因此刀柄一般也会做得长一些, 再加上刀环, 以增加后部的重量。

亚式Ⅱ: 刀柄窄于刀身。此种形制在非兵器的小型刀具上较为多见。其刀柄成形工艺一般是用铁钳夹住刀头, 刀面垂直于锻砧, 对刀柄进行了拔长锻打。如资兴西汉晚期墓出土 2 件 (M209∶24, M288∶4)[④], 渭南市东汉中期棉 M1∶7[⑤], 章丘东平陵故城出土 3 件。此式刀还发现于赫章可乐西汉晚期墓等地。

Ⅱ式: 装柄长刀。直体, 茎呈扁平锥状, 经过了拔长锻打, 可以安装木柄。资兴西汉墓有不少发现, 直刃, 斜锋。其中 M185∶1, 扁锥形柄, 刀身较宽, 通长 76 厘米, 年代为西汉中期。长刀一般安装的木柄也会比较长, 以平

① 中国科学院考古研究所. 洛阳烧沟汉墓 [M] // 考古学专刊: 丁科第六号, 北京: 科学出版社, 1959: 193-195.

② 傅举有. 湖南资兴东汉墓 [J]. 考古学报, 1984 (1): 53-120, 147-156.

③ 白云翔. 先秦两汉铁器的考古学研究 [M]. 北京: 科学出版社, 2005: 220.

④ 湖南省博物馆, 湖南省文物考古研究所. 湖南资兴西汉墓 [J]. 考古学报, 1995 (4): 453-521.

⑤ 崔景贤, 王文学. 渭南市区战国、汉墓清理简报 [J]. 考古与文物, 1998 (2): 14-24.

衡刀身，便于劈砍。

B 型，短刀，形制结构与长刀大致相同，一般通长 30 ~ 70 厘米。相比长刀而言，短刀对前后平衡的要求明显低一些。刀柄不需要长，以便于持握宜。参照白云翔[①]的分类，汉代短刀有以下 3 式：

Ⅰ式：环首短刀，直体，环首，分 2 亚式。

亚式Ⅰ：刀柄与刀身大致等宽。如资兴西汉中期墓 M463 : 1[②]，江川李家山西汉后期 M26 : 15[③]，右玉善家堡东汉末期 M9 : 10。此式短刀还发现于洛阳烧沟两汉墓、榆树老河深西汉末东汉初鲜卑墓等地[④]。

亚式Ⅱ：刀柄窄于刀身。如薪春草林山西汉中期 M11 : 11[⑤]，新乡火电厂西汉中晚期 M37 : 2，M23 : 1[⑥]，宜昌前坪东汉前期墓 M32 : 17，M34 : 21。此类刀还发现于江川李家山西汉中晚期墓、榆树老河深西汉末东汉初鲜卑墓等地[⑦]。

Ⅱ式：装柄短刀。直体，扁平锥状柄，安装木柄使用。资兴汉墓多有发现，如西汉中期 M29 : 19[⑧]，东汉早期 M94 : 6、东汉晚期 M497 : 1[⑨]。

Ⅲ式：异形首短刀。右玉善家堡东汉末期 M1 : 21，刀身断面呈模形，刀柄稍窄于刀身，柄首近 T 字形，通长 40 厘米[⑩]。

2. 汉刀的锻造工艺

汉刀的锻造工艺与剑相近，有用块炼渗碳钢制造，如河北满城刘胜墓出土的书刀；有铸铁脱碳钢制造，如北京大葆台西汉墓出土的环首铁刀，细小

① 白云翔. 先秦两汉铁器的考古学研究［M］. 北京：科学出版社，2005：222.

② 湖南省博物馆，湖南省文物考古研究所. 湖南资兴西汉墓［J］. 考古学报，1995（4）：453–521.

③ 云南省博物馆. 云南江川李家山古墓群发掘报告［J］. 考古学报，1975（2）：97–156，192–215.

④ 吉林省文物考古研究所. 榆树老河深［M］. 北京：文物出版社，1987：75–76.

⑤ 黄冈市博物馆，湖北省考古工作队，湖北省京九铁路考古队. 罗州城与汉墓［M］. 北京：科学出版社，2000：272.

⑥ 新乡市文物工作队. 1997 年春新乡火电厂汉墓发掘简报［J］. 华夏考古，1998（3）：33–43，58.

⑦ 宜昌地区博物馆. 1978 年宜昌前坪汉墓发掘简报［J］. 考古，1985（5）：411–422.

⑧ 湖南省博物馆，湖南省文物考古研究所. 湖南资兴西汉墓［J］. 考古学报，1995（4）：453–521.

⑨ 傅举有. 湖南资兴东汉墓［J］. 考古学报，1984（1）：53–120，147–156.

⑩ 王克林，宁立新，孙春林，等. 山西省右玉善家堡墓地［J］. 文物世界，1992（4）：1–21.

夹杂物略有延长，环首系锻造弯成[1]。河南南阳出土的西汉铁刀（临102），金相组织说明钢刀冷却较快；18 ① A：102 仅存刃身中段，被折成"U"字形，经分析为铸铁脱碳钢件[2]。山东临沂银雀山汉墓出土的汉刀，其圆环的末端锻成圆梃，卷向刀背后再复卷回成椭圆形蛇状环；也有从柄端锻出不太长的方梃，向刃部方向卷成小而圆的环[3]。以炒钢为原料的百炼钢刀中，最具有代表性的实物是前述1974年出土于山东苍山汉墓的永初六年（公元112年）三十炼环首钢刀（图6-11）。

图6-11　东汉永初六年造三十炼铁刀[4]

韩汝玢等在刃部取样进行金相鉴定，组织为很细的珠光体和少量铁素体，组织和含碳都很均匀，估计含碳量在0.6%～0.7%之间。刃部经过淬火，可见少量马氏体，所含夹杂物数量较多，细薄分散，变形量较大，分布比较均匀，也有少量变形较少的灰色氧化亚铁夹杂。钢刀样品截面的夹杂物显示排列成行，样品整个截面的层数有31层、31层弱及25层3种读数。鉴定认为是以含

① 北京钢铁学院中国冶金史编写组. 大葆台西汉墓铁器金相鉴定报告［M］// 大葆台汉墓发掘组，中国社会科学院考古研究所. 北京大葆台汉墓［M］. 北京：文物出版社，1989：125-127.

② 河南省文物研究所. 南阳北关瓦房庄汉代冶铁遗址发掘报告［J］. 华夏考古，1991（1）：1-110.

③ 韩汝玢，柯俊. 中国科学技术史：矿冶卷［M］. 北京：科学出版社，2007：607-608.

④ 刘心健，陈自经. 山东苍山发现东汉永初纪年铁刀［J］. 文物，1974（12）：61.

碳较高的炒钢为原料，经过反复多次加热锻打制成，刃口部分并经过了局部淬火处理[①]。

罗振玉《贞松堂吉金图》卷下著录了三把东汉时期三十炼环首金马书刀。三把刀上都镶嵌错金铭文，分别为："永元十×（年），广汉郡工官卅涷书刀工冯武（下缺）"；"永元十六年，广汉郡三十涷（中缺）史成，长荆，守丞熹主"；以及"广汉（缺字）三十（缺字）秋造护工卒史克长不丞奉主……"以下文字蚀损。永元十六年即公元104年，广汉郡在今四川省梓潼县[②]。

3. 刀环制作工艺之讨论

环首是汉刀代表性的外部特征，可以防止刀柄从手中滑出，并增加刀首配重平衡刀身，以及起到装饰和美观的效果。在汉代画像石刻中经常见到在刀环系穗的图像（图6-12）。

左：山东嘉祥武梁祠石刻[③]　　　　右：山东嘉祥宋山东汉胡汉交兵画像
　　　　　　　　　　　　　　　　　　石局部（黄兴摄于山东博物馆）

图6-12　汉代画像石上带穗环首刀图像

刀身所涉及的锻造技术在上一小节已经探讨了很多。这里需要适当讨论一下环的锻造。依据目前的考古发现，环与柄端的结合方式主要有四种（图6-13）。

---

① 韩汝玢，柯俊. 中国科学技术史：矿冶卷［M］. 北京：科学出版社，2007：619.

② 韩汝玢，柯俊. 中国科学技术史：矿冶卷［M］. 北京：科学出版社，2007：619.

③ CHAVANNES E. Mission archéologique dans la Chine septentrionale［M］. Paris：Imprimerie Nationale，1909：LXXI.

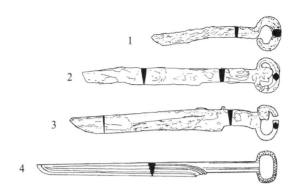

1. 易县燕下都沈村 M14：5　2. 广州南越王墓 C：145-6　3. 广州南越王墓 C：123　4. 天长三角圩 M1：33

图 6-13　汉代刀环的结构类型

第一种，以易县燕下都沈村 M14：5 为例，将刀柄拔长，弯折、卷曲形成刀环，这种方式最为简单。第二种，以广州南越王墓 C：145-6 为例，将刀与环分别锻造成形，再将环放置在刀柄一端内侧寸许，锻合到一起。第三种，以广州南越王墓 C：123 为例，将刀柄端拔长后，从中线处用錾子剁开，形成两个枝丫，再相对卷曲对接在一起，或者锻合，或者不锻合。我们在山东钢城仿照广州南越王墓 C：123 做了锻造模拟实验，即采用这种方式来制作刀环（图 6-14）。第四种，以天长三角圩 M1：33 为例，刀柄拔长后折回，夹住刀环接口，锻合在一起。

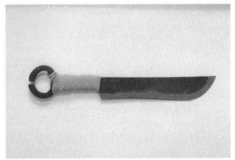

图 6-14　环首刀锻造模拟实验：在刀尾錾开枝丫（黄兴　摄）

弯折刀环离不开棒状砧。虽然目前考古尚未发现或未能将其砧鉴别出来，但从环首刀等类似结构可以判断，当时必然使用过这种铁砧。

三、矛

1. 汉矛的类型

矛是汉代普遍使用的长兵器，用于刺杀。铁矛锋刃窄瘦，性质简素，汉代部分铁矛矛头甚至长70厘米左右。矛上端为锋，下面是茎，再下是装柄的骹。骹有的有缺口，有的有接缝；横截面多为圆形，个别为方形。参照白云翔的收录和分类[①]，根据矛身和茎的结构将汉代锻造铁矛分5型（图6-15）。

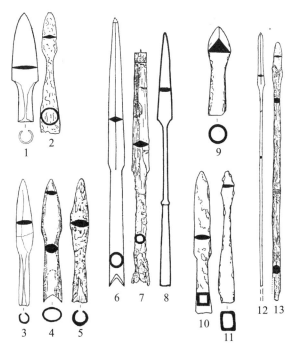

A型：1.资兴汉墓 M294∶2；　6.资兴汉墓 M163∶21；　8.天长三角圩 M1∶147　　B型：2.呈贡石碑村 M18∶9；　7.洛阳烧沟 M1023∶3　　C型：3.扎赉诺尔 ZLNM∶72；　4.广州汉墓 M1156∶1；　5.包头召湾 M51∶A209　　D型：9.章丘东平陵故城 DPL∶0231；　10.汉杜陵 VT16∶6；　11.章丘东平陵故城 DPL∶0232　　E型：12.资兴汉墓 M287∶31；　13.广州汉墓 M1095∶11

图6-15　汉代铁矛[②]

---

① 白云翔. 先秦两汉铁器的考古学研究［M］. 北京：科学出版社，2005：223-228.

② 白云翔. 先秦两汉铁器的考古学研究［M］. 北京：科学出版社，2005：224，227.

A 型：矛身较为短、宽，近长三角形，圆形长骹，分3式：

Ⅰ式：矛身扁平，较短宽。Ⅱ式：矛身扁平，或断面呈菱形有中脊，较细长。Ⅲ式：矛身扁平，长茎。此型矛如资兴汉墓西汉后期 M18∶5[①]、东汉中期 M294∶2[②]、四川新都五龙村新莽 M1∶33、察右后旗汉墓东汉晚期 M102∶28等，时代从西汉早期至东汉晚期。

B 型：矛身扁平细长，双叶平直或略内弧，前部聚收成锋，分2式。

Ⅰ式：长骹短茎，骹大致与矛身等长或略短。Ⅱ式：长骹长茎。此型矛如河南保安山西汉早期 M2K1∶1697、广州汉墓西汉前期 M1117∶6、洛阳烧沟东汉早期 M1023∶3等地都有发现，时代从西汉早期至东汉早期。

C 型：矛身呈桂叶形，断面呈菱形。此型矛如广州西汉前期墓 M1156∶1、包头召弯西汉中期墓 M51∶A209、扎赉诺尔东汉末年 ZLNM∶72等，时代从西汉前期至东汉末年。

D 型：异形矛，矛身和骹部形制特异，如咸阳汉景帝阳陵南区丛葬坑四棱矛，章丘东平陵故城三棱矛 DPL∶0231；方骹矛，如广州汉墓西汉前期 M1041∶37，章丘东平陵故城 DPL∶0232等。

E 型：长柄矛。矛头与长柄连为一体，均铁制，或即文献所记的"铤"。

此外，在边远地区发现了少量的铜骹铁叶矛。

2. 汉矛的锻造

汉代铁矛多数锻造成形。其制作材料少部分采用块炼渗碳钢，如徐州狮子山楚王陵西汉初期铁矛（2453）[③]、南阳瓦房庄柳叶式矛（H7∶3）[④]；较多的是用炒钢锻造而成，如徐州狮子山楚王陵西汉初期铁矛（2454）[⑤]，汉长安

---

① 湖南省博物馆，湖南省文物考古研究所. 湖南资兴西汉墓［J］. 考古学报，1995（4）：453-521.

② 傅举有. 湖南资兴东汉墓［J］. 考古学报，1984（1）：53-120，147-156.

③ 北京科技大学冶金与材料史研究所，徐州汉兵马俑博物馆. 徐州狮子山西汉楚王陵出土铁器的金相实验研究［J］. 文物，1999（7）：84-91.

④ 河南省文物研究所. 南阳北关瓦房庄汉代冶铁遗址发掘报告［J］. 华夏考古，1991：（1）：1-110.

⑤ 北京科技大学冶金与材料史研究所，徐州汉兵马俑博物馆. 徐州狮子山西汉楚王陵出土铁器的金相实验研究［J］. 文物，1999（7）：84-91.

城武库遗址西汉晚期至新莽时期矛（7∶3∶4）[1][2]，吉林榆树老河深西汉末至东汉初铁矛（M96∶1）[3]。矛属于普通兵士使用的武器，需要大量且廉价地制作，故而未见百炼钢制品。

判断铁矛是否为锻造可以从骹部来观察。例如，骹部为 C 形或有明显锻缝、接口等。其锻打成形方式应该是选用棒材或条材下部展宽，上部做成矛尖，下端两侧向中线翻卷，在棒状铁砧上锻制而成。具有闭合圆形或方形骹的矛可能是将下端两侧向内翻卷后锻合在一起，也可能是矛头与骹分体锻造，再将矛头插入骹内锻合而成。

四、戟

1. 汉戟的形制

参考白云翔的收录和分类，将汉戟根据其形制结构分为 4 型：

A 型：三叉戟。整器作三叉形，刺、胡、援均细长，刺斜向援的另一侧，援横出与胡垂直（图 6-16）。如永城保安山 M2K1∶1672，年代为西汉早期[4]。广州南越王墓主棺室 D∶127-2，年代为西汉前期[5]。三叉戟还发现于晋宁石寨山西汉中期墓[6]、长沙五里牌东汉墓[7]、临淄金岭镇 1 号东汉早期墓[8] 等。

B 型：卜型戟，整器呈"卜"字形，刺、胡、援均细长，刺和胡在同一直线上，援横出，与刺、胡垂直（图 6-16），如西汉前期广州南越王墓主棺室

---

① 中国社会科学院考古研究所汉城工作队. 汉长安城武库遗址发掘的初步收获［J］. 考古, 1978（4）∶261-269.

② 杜弗运, 韩汝玢. 汉长安城武库遗址出土部分铁器的鉴定［M］//考古学集刊: 第 3 集. 北京: 中国社会科学出版社, 1983∶225-226.

③ 吉林省文物考古研究所. 榆树老河深［M］. 北京: 文物出版社, 1987∶76-79.

④ 河北省文物考古研究所. 永城西汉梁国王陵与寝园［M］. 郑州: 郑州古籍出版社, 1996∶74.

⑤ 广州市文物管理委员会, 中国社会科考古研究所, 广东省博物馆. 西汉南越王墓: 上［M］. 北京: 文物出版社, 1991∶174-177.

⑥ 云南省博物馆. 云南宁晋石寨山古墓群发掘报告［M］. 北京: 文物出版社, 1959∶108.

⑦ 湖南省博物馆. 长沙五里牌古墓葬清理简报［J］. 文物, 1960（3）∶46.

⑧ 山东省文物考古研究所. 山东临淄金陵镇一号东汉墓［J］. 考古学报, 1999（1）∶113.

汉代钢铁锻造工艺

D：127-1①、新莽时期的盱眙东阳 M7：83②、东汉中期资兴墓 M107：6③，此型戟还发现于西汉初年临淄齐王墓器物坑、满城 1 号汉墓等。

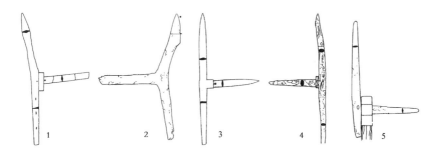

A 型：1. 永城保安山 M2K1：1672；④ 2. 广州南越王墓 D：127-2⑤　　B 型：3. 资兴汉墓 M107：6；⑥
4. 广州南越王墓 D：127-14；⑦ 5. 盱眙东阳 M7：83⑧

图 6-16　汉代铁戟

C 型：钩戟。汉长安城武库遗址出土 W7：3：1；刺扁平有中脊，刺末端接细长圆形骹，骹根部横出一下弯钩（图 6-17）⑨。

D 型：钺戟。刺比较短，成剑形，援为钺形（图 6-18）。如新乡玉门村东汉中晚期 M1：22⑩、郑州碧沙岗公园东汉晚期 M13：2⑪、郑州古荥

① 广州市文物管理委员会, 中国社会科学考古研究所, 广东省博物馆. 西汉南越王墓：上 [M].
北京：文物出版社, 1991：174-177.

② 南京博物院. 江苏盱眙东阳汉墓 [J]. 考古, 1979（5）：423.

③ 傅举有. 湖南资兴东汉墓 [J]. 考古学报, 1984（1）：53-120, 147-156.

④ 河北省文物考古研究所. 永城西汉梁国王陵与寝园 [M]. 郑州：郑州古籍出版社, 1996：74.

⑤ 广州市文物管理委员会, 中国社会科学考古研究所, 广东省博物馆. 西汉南越王墓：上 [M].
北京：文物出版社, 1991：174-177.

⑥ 傅举有. 湖南资兴东汉墓 [J]. 考古学报, 1984（1）：53-120, 147-156.

⑦ 广州市文物管理委员会, 中国社会科学考古研究所, 广东省博物馆. 西汉南越王墓：上 [M].
北京：文物出版社, 1991：174-177.

⑧ 南京博物院. 江苏盱眙东阳汉墓 [J]. 考古, 1979（5）：423.

⑨ 中国社会科学院考古研究所汉城工作队. 汉长安城武库遗址发掘的初步收获 [J]. 考古, 1978（4）：
261-269.

⑩ 赵争鸣, 赵军, 朱旗. 河南新乡市玉门村汉墓 [J]. 考古, 2003（4）：88-91.

⑪ 郑州市博物馆. 河南郑州市碧沙岗公园东汉墓 [J]. 考古, 1966（5）：249.

GXZC：01[1] 都是将刺铤插入铍銎之内，锻合而成；铍体扁平，呈束腰梯形，刃部宽而薄，銎窄而厚。

图6-17　汉长安城武库遗址出土钩戟（W7：3：1）[2]

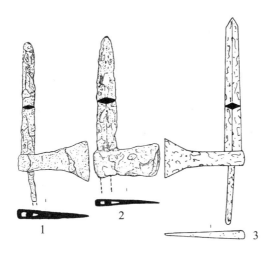

1. 郑州碧沙岗公园 M 13：2[3]；　2. 郑州古荥镇 GXZC：01[4]；　3. 新乡玉门村 M 1：22[5]

图6-18　铍戟

---

① 郑州市博物馆. 郑州古荥镇汉代冶铁遗址发掘简报［J］. 文物，1978（2）：28-43.

② 中国社会科学院考古研究所汉城工作队. 汉长安城武库遗址发掘的初步收获［J］. 考古，1978（4）：264.

③ 郑州市博物馆. 河南郑州市碧沙岗公园东汉墓［J］. 考古，1966（5）：249.

④ 郑州市博物馆. 郑州古荥镇汉代冶铁遗址发掘简报［J］. 文物，1978（2）：28-43.

⑤ 赵争鸣，赵军，朱旗. 河南新乡市玉门村汉墓［J］. 考古，2003（4）：88-91.

2. 汉戟的锻造

汉代戟有锻造和铸造两种制作工艺。

锻造汉戟有块炼渗碳钢制品，如满城刘胜墓出土武帝时期铁戟（1∶5023），经过锻打和淬火，制作技术与同墓出土的书刀相近[1]。锻造汉戟也有炒钢制品，如汉长安城武库遗址出土的西汉晚期至新莽铁戟，金相组织为铁素体，系炒钢熟铁锻造（图6-19）[2]；北京清河东汉铁戟基体为铁素体，可能是炒钢熟铁，锻打而成[3]；江苏徐州铜山遗址出土东汉晚期铁戟为炒钢锻造[4]。

锻造汉戟还有百炼钢制品，如燕下都钢戟（M44∶9）胡部取样，也显示出分层组织，但低碳部分含碳较低，0.1% 左右，高碳部分马氏体略软，分层明显但没有明显折叠，很可能是将钢片叠在一起锻合，整体淬火而成[5]。

铸造成型且有金相分析认定的有河南古荥西汉中期至东汉铁戟（295/T7-7∶24），其材质为麻口铁[6]，应当是初级产品，有待退火脱碳及锻打加工。

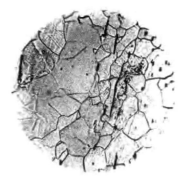

图6-19　汉长安城武库遗址铁戟（W7∶3∶1）金相组织[7]

① 中国社会科学院考古研究所，河北省文物管理处. 满城汉墓发掘报告［M］. 北京：文物出版社，1980：373-374.

② 杜葂运，韩汝玢. 汉长安城武库遗址出土部分铁器的鉴定［M］// 考古学集刊：第3集. 北京：中国社会科学出版社，1983：225-226.

③ 华觉明，杨根，刘恩珠. 战国两汉铁器的金相学考查初步报告［J］. 考古学报，1960（1）：73-88.

④ 徐州博物馆. 徐州发现东汉建初二年五十湅钢剑［J］. 文物，1979（7）：51-59.

⑤ 北京钢铁学院压力加工专业. 易县燕下都44号墓葬铁器金相考察初步报告［J］. 考古，1975（4）：241-243.

⑥ 丘亮辉，于晓兴. 郑州古荥镇冶铁遗址出土铁器的初步研究［J］. 中原文物，1983（特刊）：239.

⑦ 杜葂运，韩汝玢. 汉长安城武库遗址出土部分铁器的鉴定［M］// 考古学集刊：第3集. 北京：中国社会科学出版社，1983：图版40.

铁戟的援的攻击方式除了横着啄敌方，还会与敌方勾拉，援身需承受较大的横向剪力。汉代援与戟有的是整体锻造而成，如 A 型的广州南越王墓 D127-2，C 型钩戟。汉长安城武库遗址出土 W7∶3∶1。A 型、B 型也有的将援与胡和刺相接部位穿连。D 型的钺戟有较宽的援，明显是将板材从中间对折，夹住刺的末端，锻合而成。可能是锈蚀严重，骹与刺的连接方式不好观察，很可能是将刺的下部展宽，再弯折卷曲而成，即骹与刺为一体锻造，有利于提高整体强度。

五、镞

1. 汉代铁镞的类型

汉代军队中装备了大量弩机，箭镞的消耗量非常大。

早在战国时期，《荀子》"议兵篇"记载："魏氏之武卒，以度取之。衣三属之甲，操十二石之弩，负矢五十，置戈其上，冠轴带剑，赢三日之粮，日中而趋百里。"[1] 魏氏的私人军队在选拔武卒时，要军士背负 50 枝箭以及其铠甲、兵器等其他装备和三天的粮食，半天徒步一百里。

汉军出征时携带箭支的数量更是惊人。公元前 99 年，骑都尉李陵跟随贰师将军李广利出征匈奴，率五千步兵出击居延北，依靠弩箭，与八万匈奴兵转战数日。《汉书·李广苏建传·李陵附传》记载："汉军南行未至鞮汗山，一日五十万矢皆尽，弃车而去"。汉军最后一天剩三千余人，消耗 50 万枝箭，人均约 160 枝[2]。加上前几日作战消耗，估测汉军出征时平均每个士兵配备箭支数量在 300～500 枝。这么多箭当然不是由士卒背负，应当是车载随行。

参考白云翔的收录和分类[3]，汉代铁镞按形制特点分为 4 型（图 6-20）。

A 型：三棱镞。例如，包头召湾西汉中期墓甲∶200、甲∶201，三棱形镞，镞身粗短，棱面平直，无后关，铁铤；前者残长 3.5 厘米，后者有木箭杆残痕，

① 荀子[M].四部备要：第五十二册.北京：中华书局据上海中华书局 1939 年版影印，据嘉善谢氏本校刊，1989：70.

② 班固.汉书[M].颜师古，注.北京：中华书局，1962：2454.

③ 白云翔.先秦两汉铁器的考古学研究[M].北京：科学出版社，2005：234-236.

残长5.3厘米[①]。章丘东平陵故城出土1件(H5③：1)，残，截面呈三角形，残长3.1厘米[②]。锦西小荒地古城址0：65，棱面平直，无后关，圆铤，通长7.5厘米，年代为西汉[③]。汉长安城武库遗址W7：1：30，镞身尖部呈三棱形，后部呈圆柱形，铁铤，通长9.5厘米，年代为西汉末东汉初[④]。

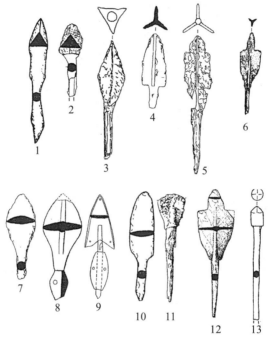

A 型：1. 章丘东平陵故城 DPL：0299；　2. 包头召湾 M51：A201；　3. 补洞沟 M3：6

B 型：4. 长安武库遗址 W7：1：23；　5. 东胜补洞沟 M4：4；　6. 老河深 M67：51

C 型Ⅰ式：7. 锦西小荒地古城址 T5⑤：2；　8. 扎赉诺尔 ZLIVM：82；　9. 额尔古纳右旗拉布达林 LBDLM：4

C 型Ⅱ式：10. 东平陵故城 DPL：0267；　11. 巴林左旗南杨家营子 M16：16

C 型Ⅲ式：12. 榆树老河深 M2：44　　D 型：13. 汉长安城武库遗址 W7：2：45（比例不等）

图 6-20　汉代铁镞[⑤]

① 魏坚. 内蒙古中南部汉代墓葬［C］. 北京：中国大百科全书出版社，1998：213.

② 山东省文物考古研究院，北京大学考古文博学院，济南市考古研究所. 济南市章丘东平陵城遗地铸造区 2009 年发掘简报［J］. 考古，2019(11)：49-66.

③ 吉林大学考古学系，辽宁省文物考古研究所. 辽宁锦西市邰集屯小荒地秦汉古城试掘简报［M］. 考古学集刊：第11集，1997：130-153.

④ 中国社会科学院考古研究所汉城工作队. 汉长安武库遗址发掘的初步收获［J］. 考古，1978(4)：261-269.

⑤ 白云翔. 先秦两汉铁器的考古学研究［M］. 北京：科学出版社，2005：235.

B型：三翼镞。汉长安城武库遗址出土1件（W7：1：23），镞身短宽，铁铤，残通长5厘米[1]。东胜补洞沟匈奴墓出土1件（M4：4），镞翼宽大，下接木铤，通长14.2厘米。榆树老河深鲜卑墓地出土的5件，镞锋部制出方肩，尖锋凸出，如M67：51，通长8.7厘米，年代为西汉末东汉初[2]。

C型：双刃镞，分3式。

Ⅰ式：尖圆头双刃镞。体扁平，三角形尖锋或尖圆锋。锦西小荒地古城址T5⑤：2，尖圆锋，圆铤已残，通长5.6厘米，年代为西汉。汉杜陵IT8：1，镞身断面呈菱形，后关较长，铁铤，镞身长3.5厘米、关长2.6厘米、铤长8.3厘米，年代为西汉晚期。

Ⅱ式：铲头双刃镞。体扁宽，圆弧形锋或锋平直。巴林左旗南杨家营子出土5件，其中M16：16锋刃呈圆弧形，铁铤，形似四棱锥，铤上遗留有木质箭杆朽痕，通长8.5厘米，锋刃宽2.5厘米，年代为东汉时期[3]。榆树老河深西汉末、东汉初鲜卑墓出土13件，其中M5：24-2，镞身扁平无脊，细长铤，通长10.5厘米、刃部宽3.3厘米；M67：52，镞身中部起凸脊，两侧各有一小孔，铤残，残通长7.6厘米。

Ⅲ式：尖头双肩镞。榆树老河深鲜卑墓地出土5件，镞身扁平，中部有凸脊，镞锋制出双肩，凸出三角形尖锋，如M2：44，四棱锥状铤，通长13.4厘米，年代为西汉末东汉初[4]。

D型：四棱镞。汉长安城武库遗址多有出土，尖部呈四棱锥状，下部为圆柱体，如W7：2：45，残通长10厘米[5]。满城汉墓中也出土273件此种镞[6]。

---

[1] 中国社会科学院考古研究所汉城工作队. 汉长安城武库遗址发掘的初步收获[J]. 考古, 1978(4)：261-269.

[2] 吉林省文物考古研究所. 榆树老河深[M]. 北京：文物出版社, 1987：79-82.

[3] 中国科学院考古研究所内蒙古工作队. 内蒙古巴林左旗南杨家营子的遗址和墓葬[J]. 考古, 1964(1)：36-43.

[4] 吉林省文物考古研究所. 榆树老河深[M]. 北京：文物出版社, 1987：79-82.

[5] 中国社会科学院考古研究所汉城工作队. 汉长安城武库遗址发掘的初步收获[J]. 考古, 1978(4)：261-269.

[6] 中国社会科学院考古研究所, 河北省文物管理处编. 满城汉墓发掘报告：上[M]. 北京：文物出版社, 1980：109-110.

2. 汉代铁镞的锻造

铁质铁镞外观多样，其成形和加工工艺需要仔细讨论。

古代箭镞为了锋利起见，最好做成双翼镞，但双翼镞容易受侧风影响导致偏向；若要最大程度地减小侧风影响，最佳方案是将箭头做成圆锥状，如同现在的子弹头，子弹头飞行速度极高，依靠自身动能即可杀伤目标；箭镞飞行速度远低于子弹头，必须要带有锋刃。综合一下，最佳的方案应该是将箭镞做成三翼面或三棱状。锡青铜箭镞特别是秦代箭镞都制成三棱状，考古发现的大批秦代三棱箭镞加工得特别标准、精细，如同现代机械加工制品。这些箭镞采用铸造成型，再用磨具打磨而成。

铁质三棱、三翼形箭镞，如果没有专用模具，锻造成形的难度极大，这是因为锤面和砧面互相平行，除非使用专用模具，进行模锻，否则无法直接锻造出三棱或三翼状。目前尚未见到对此类铁镞的金相观察和分析，鉴于其他铁镞多为铸铁脱碳钢制品，推测这种铁镞也是铸造成型，再进行固体脱碳，至少表面变成钢组织，然后打磨锋刃。

对于四棱箭镞，更大可能性是锻造成形，因为三棱镞没有模具无法锻造，故此才锻造成四棱。在满城汉墓发现的371件铁镞中，四棱镞尖、球镞四棱铤总数达365件，占绝大多数。

有研究者对满城汉墓出土的四棱式铁镞进行了金相分析（图6-21）[①]：

铁镞（1：4382）a是由中碳钢制造，含碳量0.4%左右，非金属夹杂物很少，颗粒细小，分布均匀，没有粗大的氧化铁和共晶硅酸盐夹杂。其显微组织中的铁素体和珠光体区域也很细小，分布均匀，表明化学成分比较均匀。该铁镞具有较高的锻造技术，停锻温度较低，得到细小的奥氏体晶粒，加之成分均匀，因而冷却下来时，得到细小的，均匀分布的铁素体和珠光体。

铁镞（1：4382）b，取铁镞头部经金相观察，其显微组织由铁素体及夹杂物组成，晶粒界之间有球状细小晶粒。

---

① 中国社会科学院考古研究所，河北省文物管理处.满城汉墓发掘报告：上册[M].北京：文物出版社，1980：371-372.

铁镞(1:4382)c,铁镞头部金相显微组织中心部分是珠光体和铁素体,含碳量0.65%~0.7%,组织均匀,质地纯净,夹杂物极少,仅见微量硅酸盐夹杂物,可确定是铸铁脱碳成钢。由这种方法制成的铁镞共检验了6件,其含碳量高低不同,一般表面含碳量比中心低。

铁镞(1:4344)带有箭杆,电子探针分析表明铁镞的杂质元素硫、磷含量都很低;光谱分析铁铤部分包有比重很大的铅基合金,含大量的锡和极少的银以增加铁铤的重量,使其有更好的杀伤效果。镞身表层组织在铁素体晶界有浮雕状区域,系基元块均匀切变应变的累积所致。锻造时铤部先停锻,终锻温度较高,铁素体晶粒较粗大。镞身后停锻,终锻温度较低,铁素体晶粒较细,强度更高。

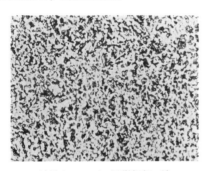

铁镞(1:4382)a 显微组织,铁素体 + 珠光体(×200)

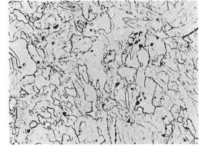

铁镞(1:4382)b 显微组织,铁素体 + 夹杂物(×200)

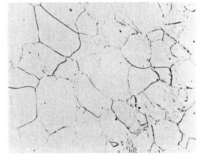

铁镞(1:4344)a,镞身表层显微组织,铁素体晶界有浮雕(×250)

铁镞(1:4344)b,镞身深部沿铁镞长度方向抛光面之显微组织,等轴铁素体晶粒(×250)

图6-21　满城汉墓出土的四棱式铁镞金相照片 [1]

① 中国社会科学院考古研究所,河北省文物管理处.满城汉墓发掘报告:下册[M].北京:文物出版社,1980:图版 254.

对于圆柱形铁镞，如长安汉武库铁镞（7∶3∶1），顶端为圆柱形，较完整，残长10厘米左右，头部与顶部为一体，金相组织是珠光体和铁素体，含碳量0.45%～0.60%；铁镞（7∶3∶3）含碳量0.70%～0.90%；铁镞（7∶3∶4）金相可见非金属夹杂物，是以细长变形量较大的硅酸盐为主，沿加工方向排列（图6-22）[①]。这三个样品应当使用铸铁脱碳钢制成。

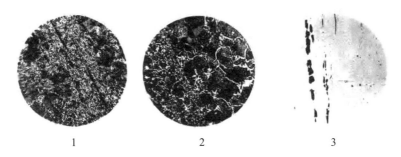

1. 铁镞（7∶3∶1）金相组织（×110）；　2. 铁镞（7∶3∶3）金相组织（×110）；　3. 铁镞（7∶3∶4）夹杂物（×110）

图6-22　长安汉武库铁镞金相组织[②]

六、钩镶

钩镶是西汉晚期出现的一种用于钩和推的新型防御性兵器，后代较少使用。钩镶的中部装设小盾牌（镶）并安装突刺，以抵御敌方兵刃，钩则用来钩束对方兵器以便出手攻击；钩镶往往与长刀配合使用。《说文解字》："钩，曲也。"注："古兵有钩有镶，引来曰钩，推去曰镶。"《释名·释兵》："钩镶，两头曰钩，中央曰镶。或推壤，或钩引，用之宜也。"《说文解字》："镶亦用为句（钩）镶，兵器也。"

钩镶在汉代画像石上也有多例图像。山东嘉祥武梁祠前室第六块石刻上有4个一手持钩镶，一手持刀作战的人物图像（图6-23）[③]。他们正在桥上

① 杜茀运，韩汝玢. 汉长安城武库遗址出土部分铁器的鉴定［M］//考古学集刊：第3集. 北京：中国社会科学出版社，1983：图版40.

② 杜茀运，韩汝玢. 汉长安城武库遗址出土部分铁器的鉴定［M］//考古学集刊：第3集. 北京：中国社会科学出版社，1983：图版40.

③ CHAVANNES E. Mission archéologique dans la Chine septentrionale［M］. Paris：Imprimerie Nationale，1909：LIII.

攻击另外一个车队，也有其他人物手持普通盾牌。此外，在铜山小李庄苗山1号墓后室画像石，陕西绥德四十里铺画像石墓、山东临沂白庄画像石墓等都有钩镶的图形。

相比于单纯用来抵挡的盾牌，钩镶具有一定的攻防兼备效力。但盾的面积太小，不易阻挡箭矢，适用于近身格斗时的防卫。

图 6-23　东汉武梁祠前室第六块石刻手持钩镶战斗场景[1]

李京华曾经指出钩镶是成熟的熟铁锻制产品，不像锻制初期的原始制品，故此不是战国时期的物品[2]。目前发现的钩镶均为汉代制品，其类型基本相同。

河南鹤壁汉墓中出土 1 件钩镶 HBM：3，两端为拔长锻制而成的圆铤状、向前弯曲的钩，上钩钩尖残失，下钩钩尖呈圆球状（图 6-24）；中部有镶，展

① CHAVANNES E. Mission archéologique dans la Chine septentrionale［M］. Paris: Imprimerie Nationale, 1909: LIII.

② 李京华. 汉代的铁钩镶与铁钺戟［J］. 文物, 1965（2）：47-48.

宽锻制而成，镶背面的铤为扁圆形，并弯折成长方形的镶鼻，正面是用长 18.5 厘米、宽 14 厘米的薄铁板构成的镶，并用铆钉固定在钩架上；上钩长 26 厘米、下钩长 15.7 厘米、通长 61.5 厘米，年代为西汉晚期[①]。洛阳小川村东汉墓出土 2 件，形制相同。其中 XCCM∶B1，钩尖呈圆锥状，向内钩曲。镶部呈圆角长方形，中部向正面鼓起；上钩长 34 厘米、下钩长 26 厘米、全长 81 厘米[②]。河北定县 43 号墓出土的 1 件，钩镶上饰错金花纹，年代为东汉晚期[③]。此外，钩镶还发现于章丘东平陵故城、洛阳七里河东汉墓以及四川等地。成都体育学院博物馆藏有多件勾镶，镶部下沿为直边，个别镶上的突刺尖端残损，断口可见锻打形成的层状组织（图 6–25）。

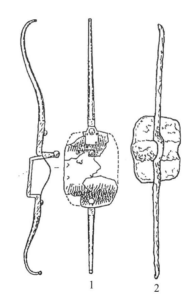

1. 鹤壁 HBM∶3[④]；　2 洛阳小川村 XCCM∶B1[⑤]

图 6–24　钩镶

① 李京华. 汉代的铁钩镶与铁钺戟 [J]. 文物，1965（2）：47–48.

② 徐昭峰. 铁钩镶浅议 [J]. 考古与文物，2002（增刊）：216.

③ 定县博物馆. 河北定县 43 号汉墓发掘简报 [J]. 文物，1973（11）：11.

④ 李京华. 汉代的铁钩镶与铁钺戟 [J]. 文物，1965（2）：47–48.

⑤ 徐昭峰. 铁钩镶浅议 [J]. 考古与文物，2002（增刊）：216.

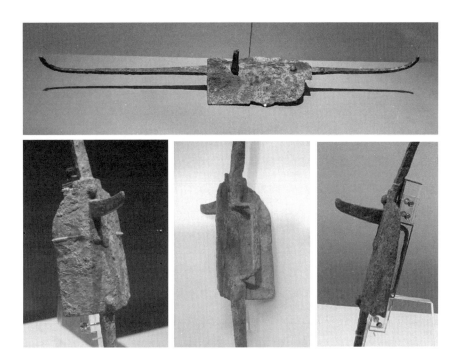

图 6-25　勾镶（黄兴摄于成都体育学院）

七、甲胄

铁甲是典型的锻造产品，出现于战国中晚期。汉代以后，铁甲迅速普及，逐渐取代了之前盛行的皮甲，南北各地都有考古发现。

在古代，一般的铁刀是生活、生产的必需品，政府对此很难禁绝，通常是不限制的，只有秦代和元代除外。历代政府一直严禁制作或私藏甲胄。西汉时期为平定"八王之乱"而立下赫赫战功的周亚夫，也是以私藏铠甲的罪名被下狱。故此古文献中常以甲字作为军事装备的代名字。

各部位铠甲有自己的称谓。唐代徐坚《初学记》"卷第二十一·文部·砚第八"[1]：

> 凡甲下饰谓之裳，甲藏谓之累，甲衣谓之櫜。说文云：首铠谓之兜鍪，亦曰胄；臂铠谓之釬，颈铠谓之钾锻。

---

[1]　徐坚. 初学记［M］. 北京：中华书局，2004：535.

　　各个部位的甲片形状有椭圆形、长方形、圆角长方形、小叶形等多种。甲片上有数个孔,用麻绳、丝带等穿结而成。甲片一般会向表面弧突、边缘用铁锉修整成斜面;有的甲片上装饰有金箔等,内垫皮、布衬里。如西汉初年临淄齐王墓器物坑出土 2 件(K5∶5)[①],西安北郊龙首村西汉早期墓出土 1 件(M2∶38-2)[②],西汉早期广州南越王墓出土 1 件(C∶233)[③],西汉中期满城中山王墓出土 1 件(M1∶5117)[④]。汉代铁铠甲或甲片在汉杜陵陵园便殿遗址、洛阳西郊 3032 号墓[⑤]、徐州狮子山楚王陵(汉初文景时期)、呼和浩特二十家子汉代古城[⑥⑦]、准格尔旗西沟畔汉代居住址、呼和浩特陶卜齐古城址、榆树老河深鲜卑墓[⑧]、武夷山城村汉城等地被发现。

　　胄,又称“兜鍪”,用铁片连缀而成,用于保护头部。临淄齐王墓器物坑出土 1 件(IG∶5-3),系由 80 片蹄形和三角形胄片组成的主体为筒形、上下透空、有左右护耳的铁胄,年代为西汉早期。西安北郊龙首村西汉早期墓出土的 1 件(M2∶38-1),系由 352 片胄片组编而成,胄顶封闭、有护耳和护颈。另外,阜阳双古堆 1 号西汉墓出土有铁胄片,尚未复原,墓主人为死于汉文帝十五年(公元前 165 年)的汝阴侯夏侯灶。

　　甲胄都是锻制而成,然后打孔。甲片厚度约 1 毫米,加工量比较大,适宜采用硬度较低的材质加工成形。

　　甲胄的材质有多种。有用块炼铁锻造成的甲片,如满城刘胜墓

---

　　① 山东省淄博市博物馆,临淄区文管所,中国社会科学院考古研究所技术室. 西汉齐王铁甲胄的复原[J]. 考古,1987(11)∶1032-1046.

　　② 中国社会科学院考古研究所西安唐城工作队. 西安北郊龙首村汉墓发掘简报[J]. 考古,2002(5)∶31.

　　③ 中国社会科学院考古研究所技术室,广州市文物管理委员会. 西汉南越王墓出土铁铠甲的复原[M]// 西汉南越王墓. 北京∶文物出版社,1991∶380.

　　④ 中国社会科学院考古研究所,河北省文物管理处. 满城汉墓发掘报告[M]. 北京∶文物出版社,1980∶357.

　　⑤ 中国科学院考古研究所洛阳发掘队. 洛阳西郊汉墓发掘报告[J]. 考古学报,1963(2)∶37.

　　⑥ 内蒙古自治区之物工作队. 呼和浩特二十家子古城出土的西汉铁甲[J]. 考古,1975(4)∶249.

　　⑦ 白荣金. 呼和浩特出土汉代铁甲研究[J]. 文物,1999(2)∶71.

　　⑧ 吉林省文物考古研究所. 榆树老河深[M]. 北京∶文物出版社,1987.

（M1：5117）和呼和浩特二十家子古城（T126②：2）[1]，表层的显微组织系由细小的等轴铁素体晶粒组成，晶界上有少量游离渗碳体，含碳量不超过0.08%，属于铁素体的退火组织[2]。中心部分的碳稍高，含有层状共晶夹杂物。有研究认为锻成甲片后，经过退火，进行表面脱碳，增强表面的延展性，可能是为了便于打孔。热处理时，很好地控制了退火时甲片周围的气体成分，以防止薄片氧化；并进一步认为不同的地点出土、不同身份的人使用的铠甲片具有相似的组织，说明兵器的制作者已经普遍、且比较好地掌握了这种技术[3]。

铸铁脱碳钢锻成，如徐州狮子山西汉楚王陵的7个标本。在其后室发现的铁甲片中，3件（2436-1、2、3）以铁素体为主，有少量珠光体，含碳量0.06%～0.1%，0.1%～0.12%；铁素体晶粒被拉长，单向夹杂物沿加工方向变形或被拉长，为再结晶温度以下冷锻成形；E5发现的另外4件（2436-5、2437-2、2437-3、2438-3）夹杂物呈球状，或沿加工方向变形，未见晶粒变形，为再结晶温度以上热锻成形。此外，徐州狮子山西汉楚王陵还发现了用不同含碳量钢叠打在一起的甲片。后室发现的铁甲片（2436-5）晶粒大小不均匀。大的是珠光体加网状铁素体，含碳约量0.5%；小者为铁素体和珠光体，含碳量0.2%，大小晶粒分界为一弧形区域，区域内有长条状单相细小变形夹杂物排列成行，也有大块未变形单相夹杂[4]。由于研究报告中只提到一个甲片有此发现，目前还不确定是偶然为之还是有意这样制作，但都表明当时已经有了类似于贴钢的工艺。

用炒钢制成熟铁再锻打成形，如吉林榆树老河深鲜卑墓标本M24：41，一侧为铁素体，另一侧含碳量0.10%～0.15%，组织为铁素体和少量珠光体，局部形成魏氏体。夹杂物以硅酸盐及氧化亚铁为主，沿加工方向排列成行，

---

① 内蒙古自治区之物工作队. 呼和浩特二十家子古城出土的西汉铁甲 [J]. 考古, 1975(4)：249.

② 李众. 中国封建社会前期钢铁冶炼技术发展的探讨 [J]. 考古学报, 1975(2)：1-22.

③ 李众. 中国封建社会前期钢铁冶炼技术发展的探讨 [J]. 考古学报, 1975(2)：1-22.

④ 北京科技大学冶金与材料史研究所, 徐州汉兵马俑博物馆. 徐州狮子山西汉楚王陵出土铁器的金相实验研究 [J]. 文物, 1999(7)：84-91.

有的区域形成纤维状分布①。同类铁甲还见于广州南越王墓（C∶233）②、汉长安城武库遗址③④。

第三节　农　具

汉代铁质农具主要有犁铧（含铧、冠、镜）、镢、锄、铲、锸、镰、锃、鱼钩、鱼鳔、鱼叉等。较大的农具如犁、镢、铲、锸、镰等多数是铸造成型，再进行退火脱碳处理成可锻铸铁，具有一定的韧性，或者进一步脱碳变成铸铁脱碳钢，并在局部进行锻打处理，以进一步提升强度。小型农具锃、鱼钩、鱼鳔、鱼叉等均为锻造成形。

考古发现的汉代较大农具也有锻造成形者，不排除是用残旧兵器改锻而成。西汉刘向《说苑》"卷第十五·指武"记述了颜渊与孔子的对话⑤：

> 颜渊曰："回愿得明王圣主而相之，使城郭不修，沟池不越，锻剑戟以为农器，使天下千岁无战斗之患。"

"改兵器为农器"被后世视为是政治清明、天下太平、百姓安居乐业的象征。唐"元和中兴"名臣裴度（765—839年）曾有《铸剑戟为农器赋》⑥。

---

① 吉林省文物考古研究所. 榆树老河深［M］. 北京：文物出版社，1987：150.

② 广州市文物管理委员会，中国社会科学院考古研究所，广东省博物馆. 西汉南越王墓［M］. 北京：文物出版社，1991：389.

③ 中国社会科学院考古研究所汉城工作队. 汉长安武库遗址发掘的初步收获［J］. 考古，1978（4）：261-269.

④ 杜茀运，韩汝玢. 汉长安城武库遗址出土部分铁器的鉴定［M］//考古学集刊：第3集. 北京：中国社会科学出版社，1983：225-226.

⑤ 刘向. 说苑校证［M］. 北京：中华书局，1987：375-376.

⑥ 董诰，等. 全唐文［M］. 北京：中华书局，1983：2277-2278.

一、铁镬(镢)

铁镬等一些较大铁器农具多铸造成型，再退火脱碳变成可锻铸铁或铸铁脱碳钢，具有一定的塑性，然后在其锋刃或尖角部位进行锻打加工。

瓦房庄汉代冶铁遗址出土镬 Tl① A∶151(图6-26左)，长条形，长28.5厘米、宽4.5~5.0厘米、厚1~2厘米；銎框宽4.0厘米、厚1.0厘米，銎孔长8.0厘米、宽3.2~4.5厘米。弧形刃，上端有半圆形的銎，安木柄后与镬略成80°角，通体有锻制痕迹[①]。该镬的形制与现代农用板镬几乎一致，比汉代的其他铸造铁镬轻便高效，可以大大节约劳力。

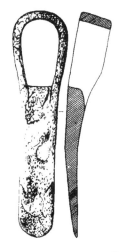

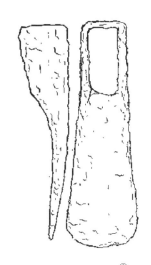

瓦房庄 Tl① A∶151[②]　　　　铁生沟 T5∶19[③]

图6-26　汉代铁镬

巩县铁生沟遗址也出土了1件外形相近的铁镬 T5∶19(图6-26右)。赵青云等人对铁生沟遗址出土铁器做了检测分析重新研究，但可惜未对该镬(T5∶19)进行分析。其他铁镬(如 T13∶22、T4∶1、T14∶26)为白心可锻铸

---

① 河南省文物研究所. 南阳北关瓦房庄汉代冶铁遗址发掘报告[J]. 华夏考古, 1991(1)∶1-110.

② 河南省文物研究所. 南阳北关瓦房庄汉代冶铁遗址发掘报告[J]. 华夏考古, 1991(1)∶78.

③ 河南省文化局文物工作队, 中国科学院考古研究所. 巩县铁生沟[M]// 考古学专刊∶丁种第13号, 北京∶文物研究所, 1962∶32.

铁或脱碳铸铁[1]。铁生沟遗址发掘报告认为镢（T5:19）系双合范铸造，未提到有锻打痕迹，但讲到了刀刃因使用而磨卷[2]；其銎为方孔，与同出的铸造铁镢、铁锄等相同，故其铸造而成的可能性较大，后经历脱碳，刀刃已成为钢组织，否则不会卷曲；而瓦房庄 Tl ① A:151 銎为半圆状，是锻造成形的可能性更大。

二、镰

镰刀呈横长条形，直体或弯体。考古学者多根据刃口的差异、有无骹以及刀体弯曲程度分类。战国至汉代铸造镰刀的铁范、陶范常有发现。汉代镰刀基本上是铸造成型，然后退火脱碳，再进行锻打。锻造程度较大的有以下一些（图6-27）：

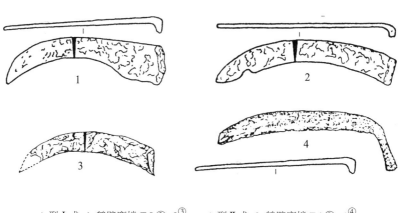

A 型 I 式：1. 鹤壁鹿楼 T5 ① :2[3]   A 型 II 式：2. 鹤壁鹿楼 T4 ① :1[4]；

3. 长葛石固 SHGM:8[5]   B 型：西安洪庆村 HQC:01[6]

图 6-27   汉代锻制铁镰

① 赵青云, 李京华, 韩汝玢. 巩县铁生沟汉代冶铸遗址再探讨 [J]. 考古学报, 1985 (2): 157-183.
② 河南省文化局文物工作队. 巩县铁生沟 [M]. 北京: 文物研究所, 1962: 30.
③ 鹤壁市文物工作队. 鹤壁鹿楼冶铁遗址 [M]. 郑州: 中州古籍出版社, 1994: 47.
④ 鹤壁市文物工作队. 鹤壁鹿楼冶铁遗址 [M]. 郑州: 中州古籍出版社, 1994: 47.
⑤ 河南省文物考古研究所. 河南长葛出土的铁器 [J]. 考古, 1982 (3): 322-323.
⑥ 李文信. 古代的铁农具 [J]. 文物参考资料, 1954 (9): 84.

A 型：扁平长条状，体较薄，柄端向上卷曲成栏。其中有锻造成形者有 2 式：

Ⅰ式：背略拱，直刃或略内弧，如鹤壁鹿楼西汉 T5 ①：2 [①]；武夷山城村汉城遗址 T29 ③：66，T313 ③：39，后端锻成卷尾，年代为西汉初期 [②]。

Ⅱ式：整器弯曲呈新月形，体窄长，拱背，内弧刃，柄端与镰体大致等宽，如鹤壁鹿楼西汉 T4 ①：1 [③]。以及河南长葛石固出土 2 件铁镰，柄端卷叠成斜而平的端头，年代为东汉中期以前 [④]。

此外，南阳瓦房庄出土铁镰 96 件，均为旧器。根据尖端的一段弯曲程度不一，但柄端都有卷的现象，其材料有铸铁脱碳钢，也有黑心韧性铸铁 [⑤]。

B 型：矩尺形。西安洪庆村出土 1 件 HQC：01，拱背，直刃，后端下弯成矩尺形，下弯部分扁平细长以夹装木柄，年代为汉代 [⑥]。

三、铁铲

汉代铁铲有多种类型，有少量系用铁板锻造成形，其显著特征是銎部有明显缺口，目前发现 4 型（图 6-28）。

A 型：圆肩。秦咸阳宫二号建筑遗址出土 1 件（XYP2：B12），椭圆形銎，刃部略残，背面銎部上部闭合、下部作三角形敞开，銎口径 1.2～2.7 厘米、残通长 9.6 厘米、宽 9 厘米 [⑦]。

B 型：方肩。广州南越王墓出土 2 件，铲体略呈梯形，刃略外弧，长方形銎，其年代为西汉前期。C：145-14 銎部下端闭合，通长 16.6 厘米、宽 9.4 厘米、厚 0.25 厘米；C：145-15 銎部下端敞开，通长 15.6 厘米、宽 8.8 厘米、厚

① 鹤壁市文物工作队. 鹤壁鹿楼冶铁遗址 [M]. 郑州：中州古籍出版社，1994：46-47.

② 福建省博物院，福建闽越王城博物馆. 武夷山城村汉城遗址发掘报告（1980-1996）[M]. 福州：福建人民出版社，2004：304.

③ 鹤壁市文物工作队. 鹤壁鹿楼冶铁遗址 [M]. 郑州：中州古籍出版社，1994：46-47.

④ 河南省文物研究所. 河南长葛出土的铁器 [J]. 考古，1982（3）：322-323.

⑤ 河南省文物研究所. 南阳北关瓦房庄汉代冶铁遗址发掘报告 [J]. 华夏考古，1991（1）：84.

⑥ 李文信. 古代的铁农具 [J]. 文物参考资料，1954（9）：84.

⑦ 秦都咸阳考古工作站. 秦咸阳宫第二号建筑遗址发掘简报 [J]. 考古与文物，1986（4）：18.

0.3 厘米 [①]。

C 型：弧肩。天长三角圩 M1：192-2，铲体近方形，长方形銎，接缝明显，出土时装有木柄，通长 39.5 厘米、宽 10 厘米，年代为西汉中晚期 [②]。

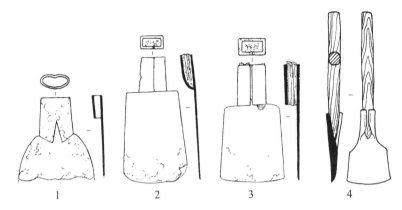

A 型：1. 秦咸阳宫 XYP2：B12 [③]　　B 型：2. 广州南越王墓 C：145-14；　3.

C：145-15 [④]　　C 型：4. 天长三角圩 ML：192-2 [⑤]

图 6-28　汉代锻制铁铲

铁铲 C145-14 刃口取样的基体组织为铁素体，晶粒大小不均匀，中间部分晶粒度为四级，两侧为六、七级（图 6-29）。样品一侧表面渗碳，含碳量 0.4%～0.5%。中间铁素体组织中有一条硅酸盐夹杂带。细珠光体组织与铁素体组织分界区域有氧化亚铁 – 硅酸盐夹杂。检验表明，铁铲是用两块熟铁

① 广州市文物管理委员会，中国社会科学院考古研究所，广东省博物馆. 西汉南越王墓：上［M］. 北京：文物出版社，1991：103-104.

② 安徽省文物考古研究所，天长县文物管理所. 安徽天长县三角圩战国西汉墓出土文物［J］. 文物，1993（9）：1-31，97-102.

③ 秦都咸阳考古工作站. 秦咸阳宫第二号建筑遗址发掘简报［J］. 考古与文物，1986（4）：18.

④ 广州市文物管理委员会，中国社会科学院考古研究所，广东省博物馆. 西汉南越王墓：上［M］. 北京：文物出版社，1991：103.

⑤ 安徽省文物考古研究所等. 安徽天长县三角圩战国西汉墓出土文物［J］. 文物，1993（9）：1-31，97-102.

和一块低碳钢加热锻打成形的[①]。

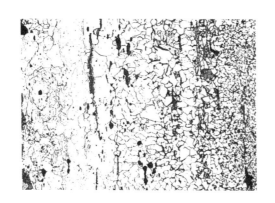

×100，3% 硝酸酒精浸蚀

图 6-29　广州南越王墓铁铲 C：145-14 金相组织[②]

第四节　工　具

一、凿

凿在汉代的较为常见。整器呈长条形，竖銎，侧面呈楔形，一般为单面刃。有铸制和锻制两种。参照白云翔收录的资料和分类方案，将已发现的锻造的凿按照銎口、刃等形状将其分为 3 型（图 6-30）：

A 型：銎口呈方形或梯形，銎部宽于或等于刃部，最为常见。广州西汉初年南越王墓出土 2 件锻铁件，宽銎，窄体，窄刃，銎部锻接缝明显，其中 C：145-41 为宽式单面刃，C：145-36 为窄刃[③]。天长三角圩 M1：129-14，

① 广州市文物管理委员会，中国社会科学院考古研究所，广东省博物馆. 西汉南越王墓：上 [M]. 北京：文物出版社，1991：104.

② 广州市文物管理委员会，中国社会科学院考古研究所，广东省博物馆. 西汉南越王墓：下 [M]. 北京：文物出版社，1991：图版 212.

③ 广州市文物管理委员会，中国社会科学院考古研究所，广东省博物馆. 西汉南越王墓：上 [M]. 北京：文物出版社，1991：103.

长方形銎，锻制而成，凿体中部束腰，年代为西汉中晚期[①]。西昌东坪村
DP87C：02，銎口略呈半圆形，似采用锻銎技法锻制而成，年代为新莽时
期[②]。此型凿在郑州古荥镇、南阳瓦房庄、满城1号汉墓、桑植朱家台等铁工
场址多有发现，多采用锻銎技法制成[③]。

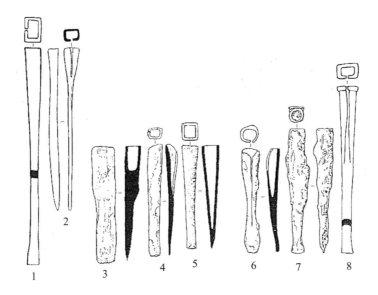

A型：1. 天长三角圩 M1：129-14； 2. 南越王墓 C：145-41； 3. 西昌东坪村
DP87C：02； 4. 郑州古荥镇 GXC：02； 5. 南阳瓦房庄 T9①A：56   B型：6. 古
荥镇 T7：4； 7. 广州汉墓 M1041：40   C型：8. 三角圩 M1：192-10

图6-30   汉代锻制铁凿[④]

B型：圆銎凿。銎口呈圆形，凿身断面呈矩形。郑州古荥镇 T7：4，锻制，
銎部有竖向接缝，刃部扁宽，年代为西汉晚期。西汉末东汉初吉林榆树老河
深鲜卑墓出土铁凿（M41：8）[⑤]。南阳瓦房庄出土35件，有32件是锻制，如

① 安徽省文物考古研究所，天长县文物管理所. 安徽天长县三角圩战国西汉墓出土文物［J］. 文物，
1993（9）：1-31，97-102.

② 林向，张正宁. 四川西昌东坪汉代冶铸遗址的发掘［J］. 文物，1994（9）：29-40.

③ 白云翔. 先秦两汉铁器的考古学研究［M］. 北京：科学出版社，2005：167-169.

④ 白云翔. 先秦两汉铁器的考古学研究［M］. 北京：科学出版社，2005：168.

⑤ 吉林省文物考古研究所. 榆树老河深［M］. 北京：文物出版社，1987：40-41.

T32①B：38，体扁圆，刃部扁而窄，柄部先锻成薄片，然后卷成柄裤，裤内有木柄痕迹[①]。

C型：弧刃凿。汉代新出现的。銎口呈方形或长方形，刃部断面呈扁弧形。天长三角圩M1：192-10，长方形銎，锻制而成，銎部一侧接缝明显可见，通长26.5厘米、刃部宽1.7厘米，年代为西汉中晚期[②]。此型凿还发现于满城1号汉墓等地。

除铁凿外，江川李家山等地还发现有铜銎铁刃凿。

汉代凿多数为锻制，如南阳瓦房庄的32件凿；成分有铸铁脱碳钢和炒钢。两件标本（Tg①A：22、T17①A：6）完好；柄部是先锻成三角形薄铁片，而后将两边向中央窝卷合拢。前者体形较长，长20.3厘米、刃宽0.4厘米、柄裤长3.4厘米、宽2.8厘米。后者属窄刃式，柄裤口沿被打卷。长17.8厘米、刃宽1厘米、柄裤长3.5厘米、宽2.8厘米。其中一件标本（T41①A：6）经分析为炒钢件[③]。

南阳瓦房庄发现的少量用生铁铸成凿：T2①A：4、T9①A：56、T32①A：38。其中标本T2①A：4，经分析是未经热处理的白口铸铁件，应当是先铸造成型尚未退火脱碳处理[④]。

部分地区也发现凿形器，比凿略薄，锻銎，可能用于木作，也可能用于掘土，根据白云翔的收录和分类[⑤]，可分为2型：

A型：体扁薄，锻制，銎锻成C形。武夷山城村汉城多有出土，如T210：B1，直刃，长26厘米，年代为西汉前期[⑥]。此种凿形器还发现于满城

---

① 河南省文物研究所. 南阳北关瓦房庄汉代冶铁遗址发掘报告［J］. 华夏考古，1991（1）：1-110.

② 安徽省文物考古研究所，天长县文物管理所. 安徽天长县三角圩战国西汉墓出土文物［J］. 文物，1993（9）：1-31，97-102.

③ 河南省文物研究所. 南阳北关瓦房庄汉代冶铁遗址发掘报告［J］. 华夏考古，1991（1）：1-110.

④ 河南省文物研究所. 南阳北关瓦房庄汉代冶铁遗址发掘报告［J］. 华夏考古，1991（1）：1-110.

⑤ 白云翔. 先秦两汉铁器的考古学研究［M］. 北京：科学出版社，2005：167-169.

⑥ 福建博物院，福建闽越王城博物馆. 武夷山城村汉城遗址发掘报告［M］. 福州：福建人民出版社，2004：301-340.

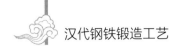

汉墓等地[①]。

B型：刃部窄于銎部，呈舌形或三角形尖刃。武夷山城村汉城 T312：B2，刃部聚收成尖状，长25.2厘米，年代为西汉前期[②]。桑植朱家台出土2件，其中 CYT95：17，长方形銎，舌形刃，长16.8厘米；CYT95：16，椭圆形銎口，尖状刃，长12.5厘米，年代约为东汉前期[③]。

二、锥

已发现的汉代铁锥椎铤圆柱、四棱柱、螺旋柱等，长度不一，下端渐细成锐尖，上端锥首形状有多种，据此分为2型（图6-31）：

A型：锥首卷成圆环状。根据环的大小可分为2式。

Ⅰ式，锥首为小环，有整环也有半环。整环者可穿绳，系挂起来。如，南阳瓦房庄 T32①A：54长21.2厘米，铤直径0.9厘米，环外径2.3厘米，以及 T33①A：30、T1①A：60等，年代为西汉晚期至东汉[④]。吉林榆树老河深鲜卑墓地发现65件铁锥，完整、较完整者53件，其中 M57：2、M67：26铤部经过扭转加工，成了螺旋状，年代为西汉末东汉初[⑤]。

Ⅱ式，锥首为大环，便于持握，能施加较大的力。如，如鹤壁鹿楼 T1①：3，锥身收成尖状，通长14厘米，年代为汉代[⑥]；固原杨郎马庄 IT540①：3，椭圆形环首，通长13.7厘米，年代为汉代[⑦]；资兴汉墓 M349：11，四棱铤，通长10厘米，环径4.5厘米，年代为东汉早期；榆树老河深鲜卑墓地 M35：2，年代为西汉末东汉初[⑧]。章丘东平陵第五期遗存出土2件，器身呈四棱

① 中国社会科学院考古研究所，河北省文物管理处编.满城汉墓发掘报告：上[M].北京：文物出版社，1980：114.

② 福建博物院，福建闽越王城博物馆.武夷山城村汉城遗址发掘报告[M].福州：福建人民出版社，2004：301-340.

③ 张家界市文物工作队.湖南桑植朱家台汉代铁器铸造作坊遗址发掘报告[J].考古学报，2003（3）：401-426.

④ 河南省文物研究所.南阳北关瓦房庄汉代冶铁遗址发掘报告[J].华夏考古，1991（1）：1-110.

⑤ 吉林省文物考古研究所.榆树老河深[M].北京：文物出版社，1987：57.

⑥ 鹤壁市文物工作队.鹤壁鹿楼冶铁遗址[M].郑州：中州古籍出版社，1994：48.

⑦ 许成，李进增，卫忠等.宁夏固原杨郎青铜文化墓地[J].考古学报，1993（1）：13-56，152，157.

⑧ 吉林省文物考古研究所.榆树老河深[M].北京：文物出版社，1987：57.

柱状, 末端呈尖锥状, 环首; H18①:4, 环首呈圆形, 通长8.4厘米、宽0.8厘米; H22:2, 环首呈扁圆形, 背面略内凹, 长21.2厘米、宽1.4厘米、厚0.6厘米; 年代为东汉晚期①。

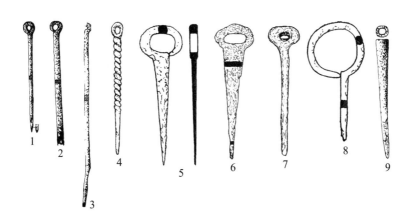

A型Ⅰ式: 1. 南阳瓦房庄T32①A:54;　2. 南阳瓦房庄T33①A:30;　3. 南阳瓦房庄T1①A:60;

4. 榆树老河深M57:2　　A型Ⅱ式: 5. 鹤壁鹿楼T1①:3;　6. 固原杨郎马庄IT540①:3;

7. 资兴汉墓M349:11;　8. 榆树老河深鲜卑墓地M35:2　　B型: 9. 南阳瓦房庄T41①A:9

图6-31　汉代铁锥

B型: 锥首为銎状, 可装柄。如南阳瓦房庄T41①A:9、T32①A:8。前者者上端施以锻打, 展宽成薄片, 再卷成圆裤, 下端锻成四棱状, 尖端微残, 长23.7厘米, 柄裤径2.4厘米, 中部铤径0.8~1.2厘米②。

三、锯条

目前发现的锯条有弧形和条形2型 (图6-32)。

A型: 弧形锯条。长葛石固新莽墓出土1件SHGM:8, 两柄间距72厘米、锯体宽2~4厘米、厚0.2厘米, 锯条弯曲成半圆形, 外侧边开锯齿, 锯

---

① 山东省文物考古研究院,北京大学考古文博学院,济南市考古研究所.济南市章丘区东平陵城遗址铸造区2009年发掘简报[J].考古,2019(11):49-65.

② 河南省文物研究所.南阳北关瓦房庄汉代冶铁遗址发掘报告[J].华夏考古,1991(1):1-110.

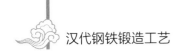

齿向中间倾斜，且左右交错形成较大的料度。锯体中部有明显的两段锻接痕迹，是分段锻制后再锻接为一体。据金相分析显示为铁素体＋珠光体，边缘含碳较低，夹杂物较少，亚共析钢，系铸铁脱碳钢制品[①]。章丘东平陵故城出土 2 件，整器呈 U 字形，两侧为锯柄，中部为齿刃锯体，其中DPL：0250，锯体宽 4.2 厘米、齿牙高 0.6 厘米、两柄端间距为 50 厘米，系在锻制的铁片上锉以锯齿，年代为汉代[②]。鹤壁鹿楼 TD60：03，锻铁件。长条形锯体，刃部开有锯齿，齿牙高 0.5 厘米，一端残，另一端向上斜伸以装锯柄，残长 26 厘米、锯体宽 5 厘米、柄端宽 1.5 厘米，年代为汉代[③]，其复原结构应为双柄 U 形锯。

B 型：条形单刃锯条。发现较多，当分属于手锯、架锯等，只因多残断而难以复原。凤翔高庄 M21：4，残甚。锯齿细密，背部略厚，残长 3 厘米、宽 2.2 厘米、厚 0.2 厘米，可能为刀形手锯残片，年代为秦代[④]。满城汉墓M2：3033 夹背手锯残片，锯齿细密；M2：3111，锯齿细密，料度明显，残长10.3 厘米、宽 3.1 厘米，厚 0.1 厘米、齿距 0.2 厘米，可能也是夹背手锯残片，两者年代均为西汉中期[⑤]。华阴京师仓 81T9③：8，锯齿磨损严重，齿牙较大，齿距 0.7 厘米、齿高 0.4 厘米，残长 5.5 厘米、宽 1.5 厘米、厚 0.2 厘米，年代为西汉，可能系架锯残片[⑥]。西安三爻村 M13：27，一侧有正三角形锯齿，残长 9.8 厘米、厚 0.4 厘米，年代为新莽时期[⑦]。单刃锯条还发现于渭南田市镇等地。

① 河南省文物考古研究所.河南长葛出土的铁器［J］.考古，1982（3）：322–323.

② 山东省文物考古研究所.山东章丘市汉东平陵故城遗址调查［M］//考古学集刊：11 集.北京：中国大百科全书出版社，1997：171.

③ 河南省文化局文物工作队.河南鹤壁市汉代冶铁遗址［J］.考古，1963（10）：550–552.

④ 吴镇烽，尚志儒.陕西凤翔高庄秦墓地发掘简报［J］.考古与文物，1981（1）：32.

⑤ 中国社会科学院考古研究所，河北省文物管理处.汉城汉墓发掘报告［M］.北京：文物出版社，1980：279.

⑥ 陕西省考古研究所.西汉京师仓［M］.北京：文物出版社，1990：54.

⑦ 张蕴，马志军.西安南郊三爻村汉唐墓葬清理发掘简报［J］.考古与文物，2001（3）：3–26.

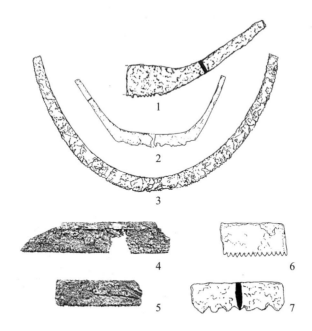

A 型: 1. 鹤壁鹿楼 TD 60 : 03;[①]　2. 章丘东平陵故城 DPL : 0250;[②]　3. 长葛石固 SHGM : 8[③]

B 型: 4. 满城汉墓 M 2 : 3033;[④]　5. 满城汉墓 M 2 : 3111;[⑤]

6. 西安三爻村 M 13 : 27;[⑥]　7. 华阴京师仓 81T9③ : 8[⑦]

图 6-32　汉代铁锯[⑧]

四、锛

汉代锛各地均有发现，长方形，竖銎，单面刃，有铸有锻。考古发现确

---

① 河南省文化局文物工作队 . 河南鹤壁市汉代冶铁遗址［J］. 考古, 1963(10) : 550-552.

② 山东省文物考古研究所. 山东章丘市汉东平陵故城遗址调查［M］// 考古学集刊 : 11 集. 北京 : 中国大百科全书出版社, 1997 : 171.

③ 河南省文物考古研究所 . 河南长葛出土的铁器［J］. 考古, 1982(3) : 322-323.

④ 中国社会科学院考古研究所, 河北省文物管理处 . 汉城汉墓发掘报告［M］. 北京 : 文物出版社, 图版一九五.

⑤ 中国社会科学院考古研究所, 河北省文物管理处 . 汉城汉墓发掘报告［M］. 北京 : 文物出版社, 图版一九五.

⑥ 张蕴, 马志军 . 西安南郊三爻村汉唐墓葬清理发掘简报［J］. 考古与文物, 2001(3) : 3-26.

⑦ 陕西省考古研究所. 西汉京师仓［M］. 北京 : 文物出版社, 1990 : 54.

⑧ 白云翔. 先秦两汉铁器的考古学研究［M］. 北京 : 科学出版社, 2005 : 172.

认为锻造成形者如西汉南越王墓西耳室工具箱C：145内发现的4件[1]（图6-33），可分3型：

A型：南越王墓C：145-62，窄身式，单面刃，刃口略弧，长8厘米、宽3.6厘米，銎长3.3厘米、宽2.2厘米，顶部有长方形銎，内有朽木。此型锛还有西安三爻村M13：31，年代为新莽时期[2]。

B型：南越王墓C：145-4、C：145-5，宽身式，弧刃，长8～8.2厘米、宽6.1～6.2厘米，銎长4.8～4.8厘米、宽2厘米正视为长方梯形，侧视为楔形，顶部长方銎孔内有朽木。此型锛还发现于武夷山城村汉城遗址，如T315③：5，6276③：40，銎部有明显锻缝，年代为西汉初期[3]。

C型：南越王墓C：145-3，双肩卷刃式，刃的两端向里弯曲，长7.2厘米、宽7.2厘米，銎长4厘米、宽1.5厘米、柄长4厘米。柄部呈长方筒形，一面有锻打的接合缝，銎内尚有朽木。

1	2	3
A型：1.南越王墓C：145-62	B型：2.南越王墓C：145-4、C：145-5	C型：3.南越王墓C：145-3

图6-33　锻制铁锛[4]

五、工具刀

本书中的工具刀指除了制式兵器之外的刀具，用于生产、生活等，还包括刮刀、铲刀、刻刀、砍刀等。工具刀都是锻造而成。

---

① 广州市文物管理委员会，中国社会科学院考古研究所，广东省博物馆.西汉南越王墓：上[M].北京：文物出版社，1991：103.

② 张蕴，马志军.西安南郊三爻村汉唐墓葬清理发掘简报[J].考古与文物，2001（3）：3-26.

③ 福建博物院，福建闽越王城博物馆.武夷山城村汉城遗址发掘报告[M].福州：福建人民出版社，2004：305.

④ 广州市文物管理委员会，中国社会科学院考古研究所，广东省博物馆.西汉南越王墓：下[M].北京：文物出版社，1991：图版55.

1. 刮刀

扁平长条形，两侧刃，有锋，横断面呈弧形。汉代刮刀有3型，多出自广州南越王墓西耳室[①]。

A型：直体，体较细长，柄端大致等于或宽于刀体，一面鼓突，一面内凹。分三型。两刃近直，前部聚收成尖锋。广州西汉前期南越王墓西耳室工具箱（C∶145）出土的11件铁刮刀多为此型。

B型：直体，体较细长，柄端窄于刀体，锋端加宽呈外弧曲刃，尖圆锋。广州西汉前期南越王墓出土5件，长19厘米左右。

C型：弯体，柄部平直，刀体向上弯折。广州西汉前期南越王墓C∶109，刀体较窄，弯长22.4厘米；C∶145-19，刀体稍宽，弯长18.2厘米。

2. 鐁

鐁是一种平木器，功能与刨刀相同，用于刮刨加工出平面。汉代鐁目前发现2型（图6-34）。

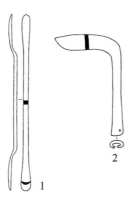

A型∶1. 条形鐁∶广州南越王墓（C∶121-17）[②]　　　B型∶2. 天长三角圩汉墓（M1∶192-18）[③]

图6-34　鐁

①　广州市文物管理委员会，中国社会科学院考古研究所，广东省博物馆. 西汉南越王墓∶上［M］. 北京∶文物出版社，1991∶101-110.

②　广州市文物管理委员会，中国社会科学院考古研究所，广东省博物馆. 西汉南越王墓∶上［M］. 北京∶文物出版社，1991∶111.

③　安徽省文物考古研究所等. 安徽天长县三角圩战国西汉墓出土文物［J］. 文物，1993（9）∶13.

A型：条形锄。广州南越王墓出土1件（C：121-17），中段锻为扁条形柄，两端锻出扁刃，刃扁宽如鸭嘴状，中央微凹，用于带弧度的凹槽或孔洞表面的刮刨，通长27厘米，年代为西汉前期[①]。

B型：矩尺形锄。天长三角圩汉墓出土1件（M1：192-18），整器呈矩尺形，刀体扁薄，两面有刃，前推后拉均可使用，柄端为锻制竖銎，原装有木柄，通长25.7厘米、刀体长16厘米、宽2.5厘米，年代为西汉中晚期[②]。

3. 刻刀

广州南越王墓出土13件刻刀，锻造，长条形，一端平齐，一端有刃[③]。其中12件依据刃部的形状，分3型。

A型：尖刃。广州南越王墓出土7件，如C：121-9，形体如锥，长21厘米；C：121-7，形体如矛，长15.5厘米。

B型：平刃。广州南越王墓出土3件，如C：121-6，年代为西汉前期。外形如凿，长18.5厘米。

C型：斜刃。广州南越王墓出土2件，直体四棱形，其中C：121-27，残长21.6厘米，年代为西汉。

4. 削刀

环首，长度多在10~20厘米，此类刀具分布较广，曾在赫章可乐战国至两汉墓地出土上百件。此类刀具有直体和弯体2型（图6-35）。

A型：弯体削刀。系随身携带的工具刀，用于刮削修治简牍，或用于炊事和餐饮中的切割等。弯体刀系在刀上部（接近刀背一侧）垂直于刀面多作展宽锻打，使得刀身向下部（刀刃一侧）弯曲。从刀身与刀柄的宽度差，可以分为2式。

---

① 广州市文物管理委员会，中国社会科学院考古研究所，广东省博物馆. 西汉南越王墓：上［M］. 北京：文物出版社，1991：108-110.

② 安徽省文物考古研究所等. 安徽天长县三角圩战国西汉墓出土文物［J］. 文物，1993（9）：1-31，97-102.

③ 广州市文物管理委员会，中国社会科学院考古研究所，广东省博物馆. 西汉南越王墓：上［M］. 北京：文物出版社，1991：106.

Ⅰ式：刀身一般宽于刀柄；其锻打工艺一般是用铁钳夹住刀头，刀面垂直于锻砧，对刀柄进行了拔长锻打。广州南越王墓出土2件，形体较大，柄较短，出土时装在木鞘中，刀鞘已朽，年代为西汉前期[①]。此式削刀还发现于满城1号汉墓等地。

Ⅱ式：刀身与刀柄大致等宽。易县燕下都东沈村西汉早期墓M14∶5，斜锋，椭圆形环首，通长17.4厘米[②]。洛阳烧沟汉墓共出土此种形制的弯体削刀9件，年代从西汉中期到东汉晚期[③]。

B型：直体削刀。直背，直刃，直柄，环首形制多样。参考白云翔的分类[④]，分为3式。

Ⅰ式：刀身宽于刀柄。例如三门峡市三里桥M59∶1，环首较大，椭圆形，通长17.5厘米，年代为西汉初期。南郑龙岗寺M1∶8，刀体与刀柄分界明显，通长16.8厘米，年代为西汉早期。临淄齐王墓器物坑ⅠU∶70，铜环首，通长37厘米，年代为西汉早期。资兴东汉墓出土41件，年代为东汉晚期[⑤]。

Ⅱ式：刀身与刀柄大致等宽，最为常见，在各地两汉墓葬中多有发现。例如，西安龙首M2∶51，横断面呈楔形，环首锻制成卷云形，通长14.2厘米、宽1.1厘米，年代为西汉早期。赫章可乐M373∶30、M373∶58，年代为西汉前期至西汉中期[⑥]；广州南越王墓出土的铁削刀中，有8件属于此式，柄首锻制成卷云形，其年代为西汉前期[⑦]；西安三爻村出土6件，3件完整，以M22∶28为例，长11厘米，宽0.8厘米，年代为新莽时期[⑧]。

① 广州市文物管理委员会，中国社会科学院考古研究所，广东省博物馆. 西汉南越王墓：上[M].北京：文物出版社，1991：101-110.

② 北京钢铁学院压力加工专业. 易县燕下都44号墓葬铁器金相考察初步报告[J].考古，1975(4)：241-243.

③ 洛阳区考古发掘队. 洛阳烧沟汉墓[M].北京：科学出版社，1959：188-199.

④ 白云翔. 先秦两汉铁器的考古学研究[M].北京：科学出版社，2005：178-182.

⑤ 傅举有. 湖南资兴东汉墓[J].考古学报，1984(1)：53-120，147-156.

⑥ 吴小华，彭万，韦松桓. 贵州赫章县可乐墓地两座汉代墓葬的发掘[J].考古，2015(2)：19-31，2.

⑦ 广州市文物管理委员会，中国社会科学院考古研究所，广东省博物馆. 西汉南越王墓：上[M].北京：文物出版社，1991：101-110.

⑧ 张蕴，马志军. 西安南郊三爻村汉唐墓葬清理发掘简报[J].考古与文物，2001(3)：3-26.

Ⅲ式：刀身窄于刀柄，较为少见。湘乡可心亭 KXTM：2，刀身短于刀柄，扁圆形环道，通长 17.5 厘米，年代为西汉中期[①]。长沙金塘坡 M8：2，刀身略窄于刀柄，环首较大，通长 24 厘米、刀身宽 2.4 厘米，年代为东汉中期[②]。资兴东汉墓出土 55 件，通长 15～20.5 厘米、宽 1.2～1.5 厘米[③]。

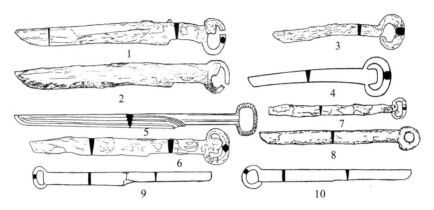

A 型：1. 易县燕下都东沈村 M14：5；　2. 咸阳龚家湾 M1：86；　3. 广州南越王墓 C：123；　4. 南越王墓 C：12A　　B 型：5. 天长三角圩 M1：33；　6. 广州南越王墓 C：145-6；　7. 巩义新华 M1：28；　8. 西安三爻村 M22：28；　9. 资兴汉墓 M178：1；　10. 资兴汉墓 M511：23（比例不等）

图 6-35　汉代削刀[④]

5. 砍刀

砍刀均为锻铁件，形体较大，一般长 30 厘米左右，环首，较厚重；用来劈柴、砍树或者厨师们用来切食物等，难以具体区分。白云翔依据刀柄自带还是另装，将砍刀分为 2 型[⑤]（图 6-36）。

A 型：带柄刀。如临潼赵背户 ZH79C：5，椭圆形环首，刀柄较短，通长 23.4 厘米、宽 2.7 厘米，年代为秦代。资兴西汉前期墓 M203：3，刀身较

① 湘乡县博物馆.湖南湘乡可心亭汉墓[J].考古,1966(5)：243-247,270.

② 湖南省博物馆.长沙金塘坡东汉墓 发掘简报[J].考古,1975(5)：427-434.

③ 傅举有.湖南资兴东汉墓[J].考古学报,1984(1)：53-120,147-156.

④ 白云翔.先秦两汉铁器的考古学研究[M].北京：科学出版社,2005：179-181.

⑤ 白云翔.先秦两汉铁器的考古学研究[M].北京：科学出版社,2005：182.

宽，斜锋，柄首上卷成一圆环，通长 27 厘米 [①]。此外，还有汉长安城武库遗址 W7：2：43、长武丁家 DJ：26，年代为新莽时期；南阳瓦房庄 T2① A：2，西汉晚期至东汉 [②]；潍坊后埠下 M21：01，东汉前期。

B 型：装柄刀。刀的柄部锻成扁锥状或楔形，以便装柄，增强劈砍效能。广州南越王墓出土 4 件，长方形刀体，厚背，直刃，斜锋，柄部呈扁锥状，夹装木条并加以捆扎，柄首下弯成钩，年代为西汉前期 [③]。杞县许村岗 M1：1，通长 22 厘米、宽 3.2 厘米，西汉晚期。南阳瓦房庄铸铁遗址 T4① A：107，柄宽扁，通长 28.2 厘米。资兴汉墓出土的 271 件"柄刀"中，有不少属于此型装柄砍刀，如西汉晚期 M284：4 [④]、东汉晚期 M405：26 [⑤]。曲江马坝 M1：8，通长 43 厘米、宽 3.5 厘米，年代为西汉。此型砍刀还发现于洛阳西郊汉墓、武夷山城村汉城等地。

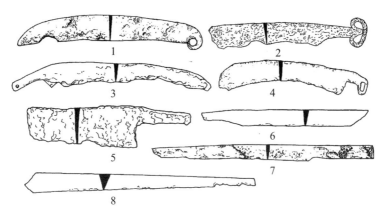

A 型：1. 南阳瓦房庄 T20A：2；　2. 临潼赵背户 ZH79C：5；　3. 潍坊后埠下 M21：01；
4. 章丘东平陵故城 DPL：0188　　B 型：5. 汉长安城桂宫二号建筑遗址 B 区 T50：33；
6. 资兴汉墓 M284：4；　7. 瓦房庄 T4① A：107；　8. 大关岔河 M3：7（比例不等）

图 6-36　汉代砍刀 [⑥]

① 傅举有. 湖南资兴东汉墓［J］. 考古学报，1984（1）：53-120，147-156.
② 河南省文物研究所. 南阳北关瓦房庄汉代冶铁遗址发掘报告［J］. 华夏考古，1991（1）：1-110.
③ 广州市文物管理委员会，中国社会科学院考古研究所，广东省博物馆. 西汉南越王墓：上［M］. 北京：文物出版社，1991：101-110.
④ 湖南省博物馆，湖南省文物考古研究所. 湖南资兴西汉墓［J］. 考古学报，1995（4）：453-521.
⑤ 傅举有. 湖南资兴东汉墓［J］. 考古学报，1984（1）：53-120，147-156.
⑥ 白云翔. 先秦两汉铁器的考古学研究［M］. 北京：科学出版社，2005：183.

6. 小刀

指前述刀具之外的其他小型刀具，通长25厘米以下，一般为直体，形制不定，用途多种。根据白云翔的收录和分类①，分为2型。

A型：带柄刀，柄首形制多样，分2式。

Ⅰ式：刀柄宽于或等于刀身，柄、刃无明显分界。如准格尔旗西沟畔XGP：34，整器细长，柄首弯折成环状，通长16厘米，年代为西汉初期②。永年何庄T5①：1，直背，刃部中间稍折，大环首，通长13.9厘米，年代为西汉中期③。巩义新华小区汉墓出土4件，以M1：43为例，平背，直身单面刃，小环首，柄部缠细绳，通长23.4厘米，年代为东汉中期④。

Ⅱ式：刀柄窄于刀身，柄、刃分界明显。广州南越王墓出土1件（C：121-16），刀体平直，刀身略宽，柄端下弯，通长24.8厘米、宽1.8厘米，西汉前期⑤。南阳瓦房庄T17①A：2，长柄，短刀身，大环首，通长13.5厘米，西汉晚期至东汉。资兴东汉中期墓出土2件，细长柄，短刀身，柄首加粗，如M394：4，通长17.2厘米⑥。

B型：装柄刀。刀柄呈扁平锥状，使用时安装骨柄或木柄。在边疆地区多有发现，可分2式。

Ⅰ式：刀柄与刀身无明显分界。内蒙古呼伦贝尔陈巴尔虎旗完工墓地发现10件刀，其中M3：15，通长5.6厘米，M1B：66通长8.1厘米，均为直柄，年代为东汉⑦。新疆洛浦县山普拉SPLII M6：221，直背，斜直刃，角制刀柄，通

① 白云翔. 先秦两汉铁器的考古学研究［M］. 北京：科学出版社，2005：184-186.

② 伊克昭盟文物工作站，田广金，郭素新. 鄂尔多斯式青铜器［M］. 北京：文物出版社，1986：375.

③ 邯郸地区文物保管所，永年县文物保管所. 河北省永年县何庄遗址发掘报告［J］. 华夏考古，1992（4）：9-32.

④ 郑州市文物考古研究所，巩义市文物保护管理所. 河南巩义市新华小区汉墓发掘简报［J］. 华夏考古，2001（4）：33-51.

⑤ 广州市文物管理委员会，中国社会科学院考古研究所，广东省博物馆. 西汉南越王墓：上［M］. 北京：文物出版社，1991：101-110.

⑥ 傅举有. 湖南资兴东汉墓［J］. 考古学报，1984（1）：53-120，147-156.

⑦ 内蒙古自治区文物工作队. 内蒙古陈巴尔虎旗完工古墓清理简报［J］. 考古，1965（6）：273-283.

长 17.8 厘米、刀身长 10.2 厘米、宽 1.5 厘米，年代为东汉[①]。新疆民丰尼雅 NY95M4:27，刀体长条形，尖锋，圆体骨柄，铁刀插入骨柄中，通长 17.8 厘米，刀身长 7.6 厘米、宽 0.9 厘米，出土时装在皮质刀鞘中，年代为东汉[②]。

Ⅱ式：刀柄窄于刀身，柄、刃分界明显。吉林长白干沟子墓地出土 3 件，年代为西汉[③]。尼雅 NY95NMIM8:10，斜三角形刀体，拱背，斜直刃，柄端插入断面呈抹角长方形的木柄之中，通长 13.6 厘米、木柄长 10.1 厘米，年代为东汉末期[④]。

第五节　日用器

古代日常生活用到大量锻造铁器，种类繁多，难以穷尽。在本节中，以几类铁器为例展示。

一、暖炉

满城汉墓发现 5 件熟铁暖炉，分 2 型[⑤]。

A 型，3 件，1:5092，1:3504，1:3505。锻制而成，出土时残破，经修整复原。整体呈圆形，三足式，炉身敞口、直壁、大平底，足为直条形，炉身下设一个承灰盘，盘沿有一缺口，以便清除灰烬。炉盖呈覆钵装，顶部中心有环钮。盖和炉底、炉壁镂孔。炉壁上有四钮以系提链。炉身、承灰盘、三足分别锻制后，用铆钉结合成整体。

暖炉 1:5092（图 6-37）炉底镂孔，中心有一圆孔，周围为辐射状长方形。炉壁有三组竖云纹孔和长条形孔相间。盖上围绕环钮镂孔似椭圆形，其周布

---

① 新疆文物考古研究所.洛普县山普拉Ⅱ号墓地发掘简报［J］.新疆文物，2000（1-2）：22.

② 新疆文物考古研究所.95 年丰尼雅遗址Ⅰ号墓地船棺墓发掘简报［J］.新疆文物，1998（2）：26.

③ 吉林省文物考古研究所.吉林长白县干沟子墓地发掘简报［J］.考古，2003（8）：45-65.

④ 新疆文物考古研究所.尼雅遗址 95NMⅠ号墓地 8 号墓发掘简报［J］.新疆文物，1999（1）：34.

⑤ 中国社会科学院考古研究所，河北省文物管理处.满城汉墓发掘报告［M］.北京：文物出版社，1980：101，371.

列稀疏的小三角形孔。炉壁四钮系长链，长链间以桥形提手接连，组成两提链。出土时附一火筷，作马蹄形两股式，系由断面作长方形的铁条弯曲而成。通高25.3厘米、口径16.2厘米，承灰盘高1.4厘米、盖高5.8厘米；火筷长24.2厘米、宽4.1厘米。暖炉1∶3505（图6-38）炉底作对称的长方形孔，盖上镂圆孔12个。提链环亦为长椭圆形，残缺太甚，未能复原。通高31.5厘米、口径26.4厘米，承灰盘高2.3厘米、盖高6厘米。暖炉1∶3504和1∶3505相同，有研究者取1∶3504足部残段进行检验，其显微组织是铁素体，晶粒粗大，非金属夹杂物较多，分布分散，是块炼铁锻造而成。

B型，2件，1∶3026，1∶3027。保存较好，从外形看，应为铸造。炉作长方形，口大底小，炉壁中腰或近底部向内折收如二层台，四蹄形足。四壁镂对称长方形孔共6个，底部镂对称长方形孔18个。两长壁外各有两钮，当为提挪方便而设。暖炉1∶3027口沿外折如母口状，高20.8厘米、长52.9厘米、宽35.7厘米。暖炉1∶3026较之略小。

图6-37　满城汉墓A型铁暖炉（1∶5092）[①]

① 中国社会科学院考古研究所，河北省文物管理处. 满城汉墓发掘报告［M］. 北京：文物出版社，1980：图版62.

图 6-38　满城汉墓 A 型铁暖炉（1∶3505）[①]

二、三足灶

三足灶用于支撑盆、鉴、锅等炊具，下方可生火加热。形制大致相同，即用扁铁制成一个圆形架圈，架圈上安装三个用扁铁锻打制成的支脚；有时候架圈内侧再安装三个釜撑，用以承架炊器，但其大小及细部结构多有差异。以四川博物馆藏东汉庖厨画像砖画（图 6-39）为例，右侧下方三脚架架一釜，一人跪于釜前煽火，上方有重叠的四案，案上置食具。

---

① 中国社会科学院考古研究所，河北省文物管理处. 满城汉墓发掘报告［M］. 北京：文物出版社，1980：图版 63.

图 6-39　东汉画像砖庖厨图中的三足架与釜（黄兴摄于四川博物院）

汉代三足灶可分为 3 型（图 6-40）[①]：

A 型：三个釜撑与三支脚在相同的圆周位置，有从圆环内侧锻接，也有外侧锻接。广州南越王墓出土 9 件，年代为西汉前期，体较瘦高，三个釜撑斜下撑于架圈内，三足下段为柱状蹄足或扁平外撇，架圈径 14.8 ~ 29 厘米、高 14.3 ~ 27.6 厘米[②]。资兴汉墓出土西汉中期至东汉中期三足支架 45 件[③④]。其中 M142：29，三支脚从架圈外侧与其连接，架圈下方从三支脚向内伸出三个盆撑，架圈径 26.4 厘米、高 23.6 厘米，年代为西汉中期。M82：1，三支脚从架圈内侧与其连接，架圈径 26 厘米、高 18 厘米，年代为西汉晚期。长沙金塘坡东汉中期墓出土 6 件[⑤]。

B 型：三个釜撑安装在三个支脚之间。赫章可乐 M10：39，釜撑与三足相间固定于架圈上，通高 24 厘米，年代约当西汉晚期[⑥]。涪陵点易 M3：10，圈

① 白云翔. 先秦两汉铁器的考古学研究［M］. 北京：科学出版社，2005：255.

② 广州市文物管理委员会，中国社会科学院考古研究所，广东省博物馆. 西汉南越王墓：上［M］. 北京：文物出版社，1991：292-293.

③ 湖南省博物馆，湖南省文物考古研究所. 湖南资兴西汉墓［J］. 考古学报，1995（4）：453-521.

④ 傅举有. 湖南资兴东汉墓［J］. 考古学报，1984（1）：53-120，147-156.

⑤ 湖南省博物馆. 长沙金塘坡东汉墓发掘简报［J］. 考古，1979（5）：427-434.

⑥ 贵州省博物馆考古组，贵州省赫章县文化馆. 赫章可乐发掘报告［J］. 考古学报，1986（2）：199.

径26.5厘米，高21.5厘米；M4:12，圈径26厘米，高21.5厘米^①。此种三足架还发现于西安南郊潘家庄秦墓、成都凤凰山西汉墓、成都跃进村西汉晚期墓等地。

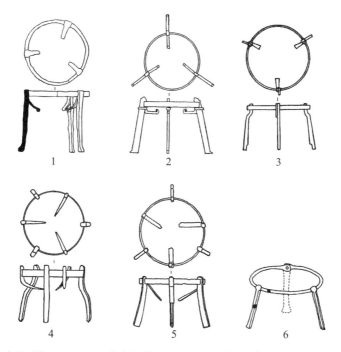

A 型：1. 南越王墓 G:59-1； 2. 资兴汉墓 M142:29； 3. 资兴汉墓 M82:1 B 型：4. 赫章
可乐 M10:39； 5. 成都凤凰山 M1:65； 6. 武夷山城村汉城 BT22③:2（比例不等）

图6-40 铁制三足架^②

C 型：架圈内侧无釜撑。武夷山城村汉城出土1件（BT22③:2），架圈系用条形铁圈成，相接处外套以铁足，再用铆钉固定而成，三支脚套接于架圈上，架圈径31.2厘米、高19厘米，年代为西汉前期^③。

秦代以前的三足架都为陶制。铁制三足架的出现年代大致在秦代前后。三足架主要流行于南方地区。

---

① 山东大学历史文化学院. 重庆涪陵点易墓地汉墓发掘简报［J］. 文物，2014（10）：12-24.

② 白云翔. 先秦两汉铁器的考古学研究［M］. 北京：科学出版社，2005：254.

③ 福建省博物馆. 福建闽越王城博物馆. 武夷山城村汉城遗址发掘报告［M］. 福州：福建人民出版社，2004：330.

三、马衔与马镳

马衔是驾马时衔在马口中的单节直梃或多节铁链。有的地方称其为"嚼子"。马衔两端连着棒状马镳和缰绳。两根马镳夹住马嘴，防止马衔横向滑出。拽动缰绳可以控制马左右转向。马衔并非必备车马器。有的马不好驾驭，不服从驾驭者，一般会被戴上马衔和马镳，用铁链勒住柔软的马嘴，令马服从缰绳的牵引。青铜时代已经有马衔镳，铁制马衔镳与前制者差异不大。

南阳瓦房庄东汉制铁遗址出土9件马衔镳[①]，分为4型：

A型：2件（T4①A：63、T40①A：1）。断面圆形。标本T4①A：63，两端各有一个圆环，一环大一环小。两环均残缺，残长10厘米。

B型：3件（T2①A：89、T9①A：82、T35①A：1）。铤断面呈绳股状。两环作椭圆形。长12厘米。此型马衔也见于更早的临淄齐王墓K4：21-13，断面为扭索状，时代为西汉早期[②]。

C型：1件（T4①A：99），与第一种略同，铤断面枣核形。环较扁，小环残失。铤中部粗而两端细。残长10、铤径1.2-2厘米。

D型：3件。为长铤小环形，环上端带残镳。标本T4①A：95的小环与镳相连贯，残长17.5厘米。标本T4①A：143是镳与半圆形衔环相连贯。标本T3①A：176的一端卷制成椭圆形环，残长15厘米。

满城汉墓1号墓也出土39副衔镳。21副为铜制；18副为铁制，均为明器。马镳略作S形，断面圆形，中段横穿二孔，衔为两节式，以小环相互衔接，两端为扁环，中间为扭索状（图6-41，6-42）[③]，与南阳瓦房庄B型同类。

吉林榆树老河深西汉末东汉初鲜卑族墓地出土铁马衔镳，其镳略作S

---

① 河南省文物研究所. 南阳北关瓦房庄汉代冶铁遗址发掘报告［J］. 华夏考古，1991（1）：1-110.

② 山东省临淄市博物馆. 西汉齐王墓随葬器物坑［J］. 考古学报，1985（2）：223-266.

③ 中国社会科学院考古研究所，河北省文物管理处. 满城汉墓发掘报告［M］. 北京：文物出版社，1980：199-203

形①；马衔与南阳瓦房庄 C 型同类。

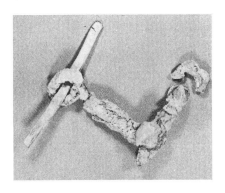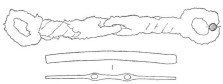

图 6-41　满城汉墓 1 号墓铁马衔与铜马镳（1:1074）照片与线图②

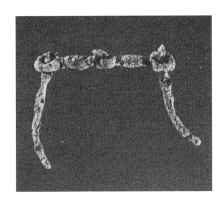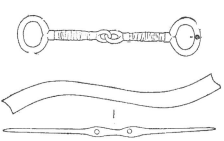

图 6-42　满城汉墓 1 号墓铁马衔与铁马镳（1:4381）照片与线图③

　　在这里要适当关注一下绳股状或扭索状的铁马衔。此类马衔继承了铜马衔的工艺，其制作工艺应是将多根细铁条合并扭转制成，外形美观，有助于提高马衔的柔韧性，防止断裂；也有用单根马衔扭转而成，如永城柿园马衔 SM1:1532，可起到一定美观效果。榆树老河深吉林榆树老河深鲜卑墓地（约

---

　　① 吉林省文物考古研究所. 榆树老河深 [M]. 北京：文物出版社，1987：69-70.

　　② 中国社会科学院考古研究所，河北省文物管理处. 满城汉墓发掘报告 [M]. 北京：文物出版社，1980：图版 141，202.

　　③ 中国社会科学院考古研究所，河北省文物管理处. 满城汉墓发掘报告 [M]. 北京：文物出版社，1980：图版 142，202.

西汉末东汉初）铁锥 M57∶2 也采用了扭转工艺[①]，以防止手滑，可见汉代扭转工艺已经较为成熟和普遍应用。

四、剪刀

剪刀是常见的日用工具，可追溯到春秋时期。古代"剪"为"翦"之俗字，剪刀也称翦刀、交刀、铰刀等。杨毅[②]、陈巍[③]等学者研究表明早期剪都是单股簧剪，用一根钢条从中间对弯、交叉，两端相对的一侧锻打出刀刃。使用时，用手将剪刀捏合，再利用剪柄自身的弹力将两刃分开。陈巍注意到从西汉到东汉末期，剪刀长度显著增加，通长 10 厘米，刃长 4～5 厘米，演变为通长 20～30 厘米，刃长 15 厘米左右。

如今常用的双股剪出现于公元 10 世纪。单股剪属于费力杠杆，适用于裁剪布匹、纸张，不适宜裁剪铁片。鉴于汉代铁钳已经是双股，是省力杠杆，当时如果用铁剪来裁剪铁片，完全可以制作出双股铁剪。故此认为汉代尚未将铁剪用于加工铁器。

出土实物表明，汉代铁剪有 2 型（图 6-43）：

A 型：剪背较为平直，交股圆环，也被称为 α 字形，韌部为扁条形，多发现于西汉与东汉早期遗址。如广州淘金坑南越国墓葬出土 1 把（17∶25），长12.8 厘米，年代为西汉早期[④]。

B 型：剪身弯曲，柄部与刃背之间呈现一定弧度的肩部，成"8"字形，手指捏合的部位更宽，适于使用；剪柄的长度增加，捏合更加省力，盛行到公元 10 世纪。巩义新华小区出土 1 把（M1∶26），交股，长 17.7 厘米，时代为东汉中期[⑤]。洛阳烧沟第六期遗存出土 7 把，仅 M160∶038 保存完整，长 26.2 厘

① 吉林省文物考古研究所. 榆树老河深［M］. 北京：文物出版社，1987.

② 杨毅. 中国古代的剪刀［C］// 考古杂志社编著. 探古求原：考古杂志社成立十周年纪念学术文集.北京：科学出版社，2007：192-206.

③ 陈巍. 古代丝绸之路与技术知识传播［M］. 北京：广东人民出版社，2018：123-149.

④ 广州市文物管理处. 广州淘金坑的西汉墓［J］. 考古学报，1974（1）：145-173，208-223.

⑤ 郑州市文物考古研究所，巩义市文物保护管理所. 河南巩义市新华小区汉墓发掘简报［J］. 华夏考古，2001（4）：33-51.

米，刃长 11.5 厘米，时代为东汉晚期[①]。郑州东史马村铁器窖藏出土 6 把，保存较好的 4 把，出土后仍带有弹性，年代为东汉末或更晚[②]。柄断面为四棱形，现存锈蚀状态下，通长 21 ~ 26 厘米、宽 1.6 ~ 2 厘米，背厚 0.2 ~ 0.3 厘米，重 48 ~ 94 克。韩汝玢等对其中 3 把进行了金相检测，发现剪刀断面碳含量为 0.4% ~ 1%，质地纯净，组织均匀，分别为渗碳体 + 铁素体、珠光体 + 铁素体、铁素体 + 珠光体，略有球形石墨，判断为铸铁脱碳钢制成，先铸成条状，再退火脱碳，磨砺刀刃，加热中部，弯曲而成。刃口锈蚀，无法判断是否经过热处理（图 6-44）[③]。

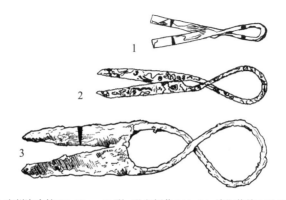

A 型：1 广州淘金坑 17：25；　　B 型：巩义新华 M1：26；洛阳烧沟 M160：038

图 6-43　汉代铁剪

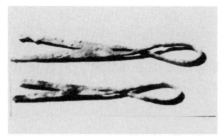

图 6-44　郑州东史马剪刀及其金相组织[④]

① 洛阳区考古发掘队 . 洛阳烧沟汉墓 [M]. 北京：科学出版社，1959：189-190.

② 郑州市博物馆 . 郑州近年发现的窖藏铜、铁器 [M]. 考古学集刊：第 1 集 . 1981：177-189.

③ 韩汝玢，于晓兴 . 郑州东史马东汉剪刀与铸铁脱碳钢 [J].1983（特刊）：239-241.

④ 北京科技大学冶金与材料史研究所 . 铸铁中国：古代钢铁技术发明创造巡礼 [M]. 北京：冶金工业出版社，2011：58.

第七章

汉代钢铁锻造的社会赋存

第一节　锻造工种的职业化

在先秦时期，随着锻造工艺越来越专业化，有了"段工"的称谓，逐渐实现了职业化。

《越绝书校释》"卷第十·越绝外传·记吴王占梦第十二"记述吴王夫差梦见[①]：

> 见后房锻者扶挟鼓小震。

清人钱培名按：

> "锻者扶挟鼓小震"，疑即锻工鼓鞴。《吴越春秋》作"后房鼓震筐筐有锻工"。

《考工记》记载[②]：

> 攻金之工六：筑、冶、凫、栗、段、桃。

---

① 袁康. 越绝书校释［M］. 北京：中华书局，2013：283，288.

② 十三经注疏整理委员会. 周礼注疏［M］. 北京：北京大学出版社，2000：1254，1284.

又：

> 段氏为镈器。

> 镈欲其段之坚，故官曰段氏。

自秦汉起，在中央层面，负责供给军队和国家所需的锻造事务归大司农管辖；秦代始置少府专门供给皇宫所需。汉承秦制，宫中锻造事务由少府下属的尚方负责，"尚方宝剑"即语出于此。据元代《文献通考》记载，除北魏至隋初少府一度并入太府外，多数时期少府是一个独立的部门，冶炼锻造之职能有时属尚方，有时独立设署[1]。在政府层面，西汉武帝元封元年（公元前110年）实行盐铁专卖以后，在地方设立大小铁官，负责冶铁、制作铁器。有了这些职能部门，锻造这一工种在"体制内"有了一席之地，稳定的岗位和高标准工作要求对于锻造工艺的发展、传承发挥了积极作用。元人曾附会将周代锻工的官品列为正七品[2]。

古代文字资料中有一些从事锻造的个体人物的信息。战国中期的《庄子》"外篇·知北游第二十二"记载了一位年逾八旬岁、从事锻造六十年、最擅长锤钩的老锻工（见本书第一章第五节）。在他眼中只有钩子，其他一概视若无物[3]；这是当时锻工高度职业化的生动写照。

战国晚期的兵器"十八年平国君铍""守相武襄君铍"（又称"赵武襄君剑""相邦建信君铍"）"相邦建信君铍"（相邦建郚君铍）上的铭文都包含有"段工师吴疢"的字样。吴疢很有可能是有文字可考的第一位青史留名的锻工。此处的"段工"是主要锻造者，与之分工合作者还有监造（即相帮）平国君，合金配比（执剂）者。

古代名气最大的锻工当属汉末晋初之嵇康。他少小家贫，但天资聪颖，博览群书，文采飞扬，通晓音律，还学会了多种技能，是魏晋玄学的代表人

① 马端临. 文献通考［M］. 北京：中华书局，2011：1680-1681.
② 马端临. 文献通考［M］. 北京：中华书局，2011：2038.
③ 王世舜. 庄子注译［M］. 济南：齐鲁书社，2009：313-314.

物。《晋书》"卷四十九·嵇康"记载 [①]：

> 嵇康性绝巧而好锻。宅中有一柳树甚茂，乃激水圜之，每夏月，居其下以锻。

> 初，康居贫，尝与向秀共锻于大树之下，以自赡给。颍川钟会，贵公子也，精练有才辩，故往造焉。康不为之礼，而锻不辍。

南北朝刘义庆编纂的《世说新语》"卷下之上·简傲第二十四"详细描述了嵇康锻铁之典故 [②]：

> 钟士季（钟会，本书作者注）精有才理，先不识嵇康。钟要于时贤俊之士，俱往寻康。康方大树下锻，向子期为佐鼓排。康扬槌不辍，旁若无人，移时不交一言。钟起去，康曰："何所闻而来？何所见而去？"钟曰："闻所闻而来，见所见而去。"文士传曰："康性绝巧，能锻铁。家有盛柳树，乃激水以圜之，夏天甚清凉，恒居其下傲戏，乃身自锻。家虽贫，有人说锻者，康不受直。虽亲旧以鸡酒往与共饮啖，清言而已。"魏氏春秋曰："钟会为大将军兄弟所昵，闻康名而造焉。会名公子，以才能贵幸，乘肥衣轻，宾从如云。康方箕踞而锻，会至不为之礼，会深衔之。后因吕安事，而遂谮康焉。"

"竹林七贤"是魏晋名士群体的代表，而嵇康的气节和操守堪称竹林七贤之首，在后世有很大的影响，后人常以嵇康锻铁的典故来表达不与当局者同流合污的政治操守。锻铁也因此有了更丰富的精神内涵。

白居易《咏慵》有云 [③]：

> 尝闻嵇叔夜，一生在慵中。弹琴复锻铁，比我未为慵。

① 房玄龄. 晋书［M］. 北京：中华书局，1974：1372–1373.
② 刘义庆. 世说新语笺疏［M］. 刘孝标，注. 北京：中华书局，2007：901–902.
③ 白居易. 白居易诗集校注［M］. 谢思炜，校注. 北京：中华书局，2006：554.

《全元诗》"耶律楚材·用前韵感事二首"[①]:

　　居士身穷道不穷，庸人非异是所同。笔头解作万言策，人皆笑我
劳无功。

　　流落遐荒淹岁月，赢得飘萧双鬓雪。谋生太拙君勿嗤，不如嗣宗
学锻铁。

耶律楚材在这里弄错人了。嗣宗是西晋阮籍的字，而非嵇康。耶律楚材
出身辽国贵族，入蒙古后，辅弼成吉思汗父子三十余年，后遭排挤，是一位有
影响力的政治家。他用"嵇康锻铁之典"自嘲不被重用，抒发自己的人生感慨，
可见嵇康锻铁对后世的影响不止存在于汉民族。

第二节　锻造工艺的经济价值

铁器的价格与其类型、加工程度、产品质量等相关，更受到资源数量、供
需关系、市场行情的影响。本节中，根据古代文献和出土汉简来梳理汉代铁
器价格，探讨锻造工艺的经济价值。

丁邦友曾梳理了汉代物价文献记载，其中铁器物价资料有[②]:

(1)《汉书》卷九十"酷吏·杨仆传"[③]:

　　东越反，上欲复使(杨仆)将，为其伐前劳，以书敕责之曰:"……
欲请蜀刀，问君价几何，对曰率数百，武库日出兵而阳不知，挟伪干
君，是五过也……"

---

① 杨镰. 全元诗[M]. 北京:中华书局,2013:203.

② 丁邦友. 汉代物价新探[M]. 北京:中国社会科学出版社,2009:144-146.

③ 班固. 汉书[M]. 北京:中华书局,1962:3660.

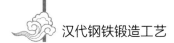
（2）居延汉简 262・28B^①：

　　剌马刀一，直七千……

（3）居延汉简 258・7^②：

　　吞远候史季赦之，负不侵卒解万年剑一，直六百五十，负止北卒赵忠袭裘一，直三百八十。凡千卅□。

（4）居延汉简 271・1^③：

　　□濮阳槐里景騽，賏卖剑一，直七百，觻得县□□□……

（5）居延新简 EPT59・7^④：

　　临之隧卒魏郡内黄宜民里尹宗，责故临之隧长薛忘得铁斗一，直九十；尺二寸刀一，直卅……

（6）居延新简 EPT51・84^⑤：

　　戍卒东郡聊城孔里孔定，賏卖剑一，直八百，觻得长杜里郭穉君所。舍里中东家南入，任者同里杜长定。前上。

① 谢桂华，李均明，朱国炤. 居延汉简释文合校：上册［M］. 北京：文物出版社，1987：436.
② 谢桂华，李均明，朱国炤. 居延汉简释文合校：上册［M］. 北京：文物出版社，1987：427.
③ 谢桂华，李均明，朱国炤. 居延汉简释文合校：下册［M］. 北京：文物出版社，1987：455.
④ 甘肃省文物考古研究所，甘肃省博物馆，中国文物研究所. 居延新简：甲渠候官：上册［M］. 北京：文物出版社，1987：156.
⑤ 甘肃省文物考古研究所，甘肃省博物馆，中国文物研究所. 居延新简：甲渠候官：上册［M］. 北京：文物出版社，1987：76.

（7）居延新简 EPT50·144 A①：

　　……赵子思计……插金三直六……

（8）敦煌汉简 1407②：

　　……出钱八十买肠，出钱十八买刀，出钱百买白……

这些文字所形成的时期是汉武帝年间到东汉初。

此外，1978 年江苏徐州铜县山东汉墓出土的东汉建初二年（公元 77 年）蜀郡工官所造五十炼铁剑，通长 109 厘米。剑茎正面有隶书错金铭文 21 个字："建初二年蜀郡西工官王愔造五十涑×××孙剑×。"内侧阴刻隶书"直千五百"四字③。

根据这些资料，我们做如下分析：

第一，计价方式。在目前看到的记载中，铁器价格均以件数计，未见以石、钧、斤等重量单位来计。可能是文献中的这些铁器产品比较通用，同种类产品的重量基本相同；也可能是材料本身成本较低，对价格影响不大。而加工工艺的影响较大。

第二，单位价格。司马迁《史记·货殖列传》讲"木器髤者千枚，铜器千钧，素木铁器若卮、茜千石"④。司马迁认为商人贩卖一石铁器与贩卖一石素木器所获得的收益相同。陈连庆认为《史记·货殖列传》反映的铁器价格与素木器相同，为每斤 10 钱⑤。

第三，价格差异。上述文献资料中铁器价格低廉者，如一把刀值 18 钱（应

①　甘肃省文物考古研究所，甘肃省博物馆，中国文物研究所. 居延新简：甲渠候官：上册［M］. 北京：文物出版社，1987：69.

②　甘肃省文物考古研究所编. 敦煌汉简［M］. 北京：中华书局，1987：272.

③　徐州博物馆. 徐州发现东汉建初二年五十炼钢剑［J］. 文物，1979（7）：51-52.

④　司马迁. 史记［M］. 北京：中华书局，1982：3274.

⑤　东北师范大学历史系中国古代史教研室. 中国古代经济史论丛［M］. 哈尔滨：黑龙江人民出版社，1983：146-176.

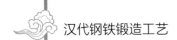

当是民用的普通刀），三件插金值6钱，一件尺二寸（约合27.7厘米）刀值30钱（应当是民用的普通刀），1件铁斗值90钱。据考证，西汉代1斤约合250克，东汉1斤约合222克①，差别不是特别大。若按每斤10钱来算，这几件器物的重量基本合适。暂以此价格来做比较。最贵的刺马刀一件值7000钱；则刺马刀重700斤，合今之155千克。显然，刺马刀不可能这么重。较贵者如建初二年蜀郡五十炼铁剑值1500钱，居延新简（EPT51·84）一把剑值800钱，《汉书·杨仆传》所载的刀价为数百钱。如果将其换算成重量，显然也都超重了。

这就体现出实战所用刀剑属于特殊商品，经过反复加工，制作精良，成本高昂，而且附加值很高。如果按重量算，当在100钱一斤，是一般铁器的10倍。

此外，《汉书·杨仆传》记载蜀刀值数百钱；居延汉简汉代河西地区边塞屯垦文书，其所记载的剑价一把为650～800钱；相比之下，刺马刀高达一把7000钱。这说明汉代河西地区的兵器价格昂贵，比《史记·货殖列传》所反映的铁器价格要高出很多。

居延新简EPT52·15云②：

> 垦田以铁器为本，北边郡毋铁官，卬器内郡。令郡以时博卖予细民。毋令豪富吏民得多取贩卖细民。

从这枚简来看，河西地区没有铁官，铁器贩自内地，一般日用铁器和农具不受政府限制，价格比较低廉，与《史记·货殖列传》所载的一斤10钱的铁器价格相差并不大。

① 丘光明，邱隆，杨平.中国科学技术：度量衡卷［M］.北京：科学出版社，2001：241，245.
② 甘肃省文物考古研究所，甘肃省博物馆，中国文物研究所.居延新简：甲渠候官：上册［M］.北京：文物出版社，1987：69.

第三节　从汉代文献看锻造工艺在文化领域的影响

从先秦到汉末，在这个宏大的社会铁器化进程中，锻造工艺不仅改变了人们的物质生活，其影响力也延伸到了精神文化领域。汉代前后形成的文献，在文学艺术、哲学思想、语言用法等方面都融入了锻造元素，体现出锻造工艺对当时文化的影响和贡献。

一、锻造工艺为文学作品提供生动素材

钢铁锻造通过千锤百炼使原本粗劣的铁器浴火重生，具有了非凡的品质，这种华丽蜕变常引发人们的感慨，为文学创作提供了生动的素材。汉代人对锻造工艺描述最细腻、文辞最精彩的文学作品，当属东汉末建安年间曹植的《宝刀赋》(并序)[①]：

> 建安中，(家父)[②] 魏王(乃)命有司造宝刀五枚，(三年乃就)，以龙、虎、熊、马、雀为识，太子得一，余及余弟饶阳侯各得一焉，(其馀二枚，家王自杖之。)赋曰：
>
> 有皇汉之明后，思潜达而玄通。飞文义以博致，扬武备以御凶。乃炽火炎炉，融铁挺英。乌获奋椎，欧冶是营。扇景风以激气，飞光鉴于天庭。爰告祠于太乙，乃感梦而通灵。然后砺以五方之石，鉴以中黄之壤。规圆景以定环，摅神功而造像。垂华纷之葳蕤，流翠采之滉瀁。故其利陆斩犀象，水断龙角；轻击浮截，刃不纤流。逾南越之巨阙，超西楚之太阿。实真精之攸御，永天禄而是荷。

曹操命人制造了五把宝刀，自己保留两把，其余三把则分赠三子。曹植得到宝刀后作赋赞之。此文细致地描绘了宝刀的制作过程和精美品质，使用

---

① 龚克昌，周广璜，苏瑞隆. 全三国赋评注［M］. 济南：齐鲁书社，2013：438-441.

② 此非完篇，括号内文字出自《太平御览》.

了许多与刀剑有关的典故，生动自然，文辞优美。今人作冶金史研究时，常引用这首赋。在此，对其中的锻造工艺做进一步解读和阐释。

"乃炽火炎炉，融铁挺英"说明先将铁（钢）在高温的炉中加热到变软或表面熔化，没有全部变为液态。"挺英"即再让铁挺直，结合后一句"乌获奋椎"说明这里是锻打挺直，不是铸造后冷却变直。"融""挺"并非一次，而是反复加热、锻打；其间可能还有折叠工序。宋代《太平御览》记载这五把刀为"百辟"宝刀；"百辟"又称"百炼利器"[①]，现代冶金史研究者据此认为这是百炼钢，也印证了上述解释。

"乌获"是战国时秦国的大力士，后世泛称有力气的人。"欧冶"即欧冶子，传说中春秋时期制作刀剑的名家。"乌获奋椎，欧冶是营"这句话称赞了这把宝刀的制作水平很高，出自名家之手。

"扇景风以激气，飞光鉴于天庭"描绘了锻铁作坊内的工作场景——鼓风锻冶，火焰飞腾，照亮了天空。"扇"并非使用扇子，也不是唐宋出现的木扇，应当是皮囊。

"然后砺以五方之石，鉴以中黄之壤"是用各种砺石来打磨。如先用较粗的砺石打磨外形，加工作刃，再用细的砺石打磨平滑以及开刃，最后用专门的中黄之土壤抛光刀身。

"规圆景以定环"，即用圆规画出圆形的图案来确定刀首环的形状，比喻制作之精，标准之高。

"垂华纷之葳蕤，流翠采之滉瀁"是说刀身花纹繁多而灿烂，表面浮动闪耀着光芒。

《宝刀赋》辞藻华丽，文采飞扬，曹植在创作时应该是深入到制作作坊汇总，现场观看了锻造过程，获得了感性认识，故而内容翔实，生动形象，成为千古佳作。曹子建用其八斗之才为汉代百炼钢锻造作了最好的脚注。

东汉末出现的灌钢工艺也出现在了文学作品中。

---

① 韩汝玢，柯俊. 中国科学技术史：矿冶卷［M］. 北京：科学出版社，2007：618.

东汉王粲《刀铭》云①：

> 相时阴阳，制兹利兵。和诸色剂，考诸浊清。灌襞已数，质象已呈。附反载颖，舒中错形。

何堂坤认为"襞"指钢铁料多层积叠、多次折叠，"灌"指将生铁水灌炼到熟铁料之间，"灌襞已数"意指整个灌炼工艺中积叠、折叠、灌炼已进行了多次②。该文献记载被认为是灌钢工艺发明于东汉晚期的主要证据之一。

西晋张协的《七命》中也描述了用灌钢法造剑的过程③：

> 楚之阳剑，欧冶所营。邪溪之铤，赤山之精。销踰羊头，镁越锻成。乃炼乃铄，万辟千灌。丰隆奋椎，飞廉扇炭。神器化成，阳文阴缦。既乃流绮星连，浮彩艳发。光如散电，质如耀雪。霜锷水凝，冰刃露洁。形冠豪曹，名珍巨阙。

前人研究中已经指出，销是生铁，璞是经过锻制的熟铁。"乃炼乃铄"就是将生铁熔化。"万辟千灌"即将生铁反复渗透到熟铁层之间，形成含碳量、碳分布可控的钢制品④。

汉代以后的文学家在其诗词歌赋中也经常以锻为主题。如唐代"大历十才子"之一的韩翃《送刘将军》"明光细甲照钑锻，昨日承恩拜虎牙"⑤。白居易《助教员外窦七校书》"漂流随大海，锤锻任洪炉"⑥。

二、以锻造工艺比喻哲学道理

锻打工艺通过火与力的作用使铁的性能发生改变。不同的思想流派都借

① 欧阳询. 艺文类聚［M］. 上海：上海古籍出版社，1982：1084.

② 何堂坤. 中国古代金属冶炼和加工工程技术史［M］. 太原：山西教育出版社，2009：302-303.

③ 严可均. 全上古三代秦汉三国六朝文［M］. 北京：中华书局，1958：3906.

④ 杨宽. 中国古代冶铁技术发展史［M］. 上海：上海人民出版社，1982：263.

⑤ 彭定求，曹寅，沈三曾，等. 全唐诗［M］. 北京：中华书局，960：2750.

⑥ 白居易. 白居易诗集校注［M］. 谢思炜，校注. 北京：中华书局，2006：1247.

用这一点来阐述对事物变化的看法。

《庄子》"卷第三·大宗师第六"①：

> 意而子曰："夫无庄之失其美，据梁之失其力，黄帝之亡其知，皆在炉锤之闲（通"间"，笔者注）耳。
>
> 吕注：炉所以镕铸，锤所以锻炼也。言三人者之失，亡其所累，非天性无之，亦在于镕铸锻链之间也。

"无庄"是古之美人，后来年纪大了，失去了美貌；"据梁"为古之勇士，年岁增长，不再有勇力；"黄帝"乃古之圣贤，年纪大了，智力衰退。这三人都失去了自己曾经的特长，究其原因，"皆在炉捶之间耳"。庄子认为，这就像一块铁经过反复加热、锤打一样；锻炼的太久就失去了自身特长或天性。"炉锤"一词在道家中的负面含义出处即在《庄子》。

东汉王充《论衡》"率性篇"中以锻造为例展开论述②：

> 世称利剑有千金之价，棠溪、鱼肠之属，龙泉、太阿之辈，其本链，山中之恒铁也，冶工锻（通"锻"，笔者注）炼，成为铦利。岂利剑之锻与炼，乃异质哉？工良师巧，炼一数至也。试取东下直一金之剑，更熟锻炼，足其火，齐其铦，犹千金之剑也。夫铁石天然，尚为锻炼者变易故质，况人含五常之性，贤圣未之熟锻炼耳，奚患性之不善哉？古贵良医者，能知笃剧之病所从生起，而以针药治而已之。如徒知病之名而坐观之，何以为奇？夫人有不善，则乃性命之疾也，无其教治，而欲令变更，岂不难哉？

以上为黄晖的《论衡校释》本，释"齐"为利，释"铦"为刃。马宗霍认为应断句为"足其火齐，其铦犹千金之剑也"。"火齐"即火候，"铦"为

---

① 吕惠卿. 庄子义集校［M］. 北京：中华书局，2009：147–148.

② 黄晖. 论衡校释［M］. 北京：中华书局，2018：63–64.

锋利^①。

　　一般认为王充以道家的"自然无为"为立论宗旨，以"天"为天道观的最高范畴，应属于道家的思想流派，但不用老庄哲学，与黄老之学和道教思想也不同。这段话中，王充讲述了高水平工匠将价值一金之剑进一步冶炼和锻造可以达到千金之剑的品质；古代良医知道生病的原因，能以针药治疗；人的本性中有不善之处，如果不加教治就令其改正，这怎么能实现呢？王充借用天然铁石经过锻炼可以提升事物的性能和价值的例子，阐释了要积极有为、教化救治的观点。

　　汉明帝时期，佛教传到中国后，译出的第一本经书《佛说四十二章经》，其中言道^②：

　　　　佛言：如人锻铁，去滓成器，器即精好。学道之人，去心垢染，行即清净矣。

　　佛教典籍中也用同样的例子，用来证明相反的道理。佛家从个体的角度出发，指出人经过历练，方成大器。

三、锻造含义的引申使用

　　韩非子是法家的代表性人物，他以锤锻可以修整铁器，来比喻应该用法令或权术来实施管理。

　　《韩非子》"外储说右下"云^③：

　　　　椎锻者，所以平不夷也。……淖齿之用齐也，擢闵王之筋；李兑之用赵也，饿杀主父。此二君者，皆不能用其椎锻榜檠，故身死为戮，而为天下笑。

---

① 马宗霍.论衡校释信笺识［M］.北京：中华书局，2010：8-29.

② 蕅益智旭.佛说四十二章经解［M］.成都：巴蜀书社，2014：99.

③ 韩非子［M］.四部备要·子部：第五十二册.北京：中华书局据上海中华书局1939年版影印，1989：100.

当权力走向极端，"锻炼"一词相应有了负面的含义，用来指玩弄法律，罗织罪名，对人进行诬陷，如《后汉书》"韦彪传"记载 [1]：

> 忠孝之人，持心近厚；锻炼之吏，持心近薄。

注曰：

> 仓颉篇曰："锻，椎也。"锻炼犹成孰也。言深文之吏，入人之罪，犹工冶陶铸锻炼，使之成孰也。前汉路温舒上疏曰"锻炼而周内之"。

后世也以锻炼指代人在社会上历练，如宋代孙觌《鸿庆居士集》序中写道 [2]：

> 大凡文人才士，少之时屈首受书，未能多阅天下之义理；壮则从事四方，志有所分；及其老也，血气既衰，聪明随之，虽有著述，鲜克名家。此古今之通患也。其或轶群迈往、赋才独异，而复天假之年，磨淬锻炼，重之以江山之助，名章隽语少而成，壮而盈，晚而愈精，有若户部尚书晋陵孙公，盖千万人中时一遇焉。

锻炼还被用来反复推敲和凝练文章。《颜元集》"朱子语类评·训门人类"有言 [3]：

> 朱子言：学者做工夫，须如大火锻炼通红成汁方好。今学者虽费许多工夫看文字，下梢头都不得力、不济事者，只缘不熟耳。

---

① 范晔. 后汉书［M］. 北京：中华书局，1965：918.

② 祝尚书. 宋集序跋汇编［M］. 北京：中华书局，2010：1067.

③ 颜元. 颜元集［M］. 北京：中华书局，1987：252.

第八章

汉代钢铁锻造工艺的演进、区域性发展和影响

两汉时期，随着中央集权多民族统一国家的形成和发展，中国钢铁业在战国晚期初步形成的基础上获得了全面发展，中国社会全面进入到铁器时代。基于生铁及生铁制钢技术体系所具有的多种优越性，钢铁技术不断进步和创新，铁器生产的质量迅速提高、规模迅速扩大，铁器类型的进一步增多，铁器形态和结构的基本完善，铁器普及到社会生活的各个领域，中原地区铁器化基本完成，边疆地区铁器化程度日益提高，实现了自进入青铜时代以来的三千年未有之大变局，推动了中华文明进入了大繁荣的新时期。

两汉时期钢铁锻造工艺是中国社会铁器化这一宏大历史变革的重要推动力量。本书已经用大量的章节多角度探讨了汉代钢铁锻造工艺知识、装备、产品及社会赋存。在此基础上，结合白云翔、韩汝玢、陈建立等关于冶铁史的研究，对汉代锻造工艺的演进、区域性发展及影响做进一步总结和论述。

第一节　锻造知识与工艺的范式化演进

至迟在中国商周时期，锻造技艺已经成为一类独立的知识，工匠们对此已经开始了有意识的探索。先秦时期在锻打方面积累了不少经验知识。秦汉时期，通过继承和创新，钢铁锻造工艺终有大成。

锻造知识和工艺有着长期的历史演化背景。如果向前追溯，以施加外力的方式制作加工器物是人类诞生之初就已具有的最基本、最一般的行为。这种制作和加工方式从石器时代、青铜时代一直延续到了到铁器时代，最终衍生出钢铁锻造工艺，在汉代达到了高峰。

中国有着长达两百万年的旧石器时代。在此期间，人们一直将压力加工作为制作工具的首要工序。到了新石器时代，磨砺工艺使得石器外观和性能实现了飞跃，但在磨砺之前，仍需要破打石片加工出坯料。铜作为主要材料的使用时期长达四千余年，红铜、黄铜、锡青铜、铅锡青铜合金配比及其对性能有何影响，热锻、冷锻、淬火有何种影响，如何把握火候等，这些锻造技术在青铜时代经过数千年的摸索和积累，最终为工匠们所熟知并能灵活应用于制作各种青铜器具。

进入铁器时代，钢铁锻造工艺逐渐走上了中国历史的舞台，经过春秋战国的长期酝酿，到了汉代，成为制造兵器、优质工具等高品质铁器的必要工艺，迸发出了强大的生产力，成为铁器制作工艺的主角之一。

汉代以前，铁器的使用已经长达一千余年，块炼铁、块炼渗碳钢、可锻铸铁、铸铁脱碳钢都利用了锻打工艺。块炼铁和块炼渗碳钢冶炼含渣量大，必须通过锻打除渣，渗碳增碳，但这需要很大的工作量，增加了制作成本，产品类型和用途受到限制。目前发现的块炼铁或块炼钢产品大都是剑、刀、矛、戟、匕首等兵器，或者带钩等配饰，都是高附加值产品，很少有块炼渗碳钢农具、一般工具等。生铁经历过渣铁液态分离，其纯净程度远高于块炼铁，但由于本身脆硬，使用场合受限，也无法直接锻造加工，多用于铸造农具以提高生产力，或者铸造大型铁器，如鼎、釜等，始终不能用于高强度的武力对抗或精细的铁器艺术，其产品的附加值受限。自生铁发明之后，工匠们努力探索，力图将锻造工艺应用到铸铁产品上，公元前5世纪终于出现了可锻铸铁、铸铁脱碳钢，战国末期的秦国也发明了炒钢术。这些技术积累孕育出一场大的变革。

进入汉代，炒钢技术开始广泛应用，又发明了百炼钢，东汉末期发展出灌钢术。两汉时期，正是"生铁冶炼及制钢技术体系"进一步构建到基本形成的阶段。这一系列的脱碳和制钢技术为锻造工艺的开展与提升提供了广阔的空间，锻造工艺由此拓展到了农具、工具、车马器以及日用器的加工领域。钢铁锻工已经普遍具备了看火候、退火、淬火，以及渗碳、脱碳，还有自由锻打、折叠锻造等一系列工艺知识。工匠们有能力通过选材和改善材料属性，开发出类型丰富的锻造工艺，显著提升了锻造产品质量，锻造工艺因此获得了巨大的发展空间。这种变化是全局性的、开拓性的，影响深远。

从人类知识形成的角度讲，打制石器虽然不属于塑性加工，原始人对石器材料性质的认识不能照搬到金属加工领域，然而从工匠的角度来看，识别并利用材料自身属性，选用合适的加工工具和工艺方法，这些开展工作的基本程序是相通的。当面对不同的材料时，人们必然会有意识地顺着这些基本程序进行探索，建立工艺流程。然后，从材料的客观属性来看，虽然从石器、青铜到铁器发生了改变，但材料的性能存在着"非塑性—半塑性—塑性"的连续性过渡。沿着这条主线，用施加外力来制作和加工器物的这种方式得以不断延续，而非断层式结束。最后，"段"字的发明与演变以及锡青铜的"半塑性"锻打工艺从史料的角度告诉我们，人们对锻造工艺的摸索、相关知识的建立是从石器打制、青铜锻打到钢铁锻造一路发展而来的。

在这里，我们套用一下"范式"的概念，人们在制作和加工器物时，不断总结工艺经验、积累形成知识，构建了阶段性的知识范式。当材料发生改变时，随之构建出新的知识范式；但由于材料的性能存在着"非塑性—半塑性—塑性"的连续性过渡，这些知识范式之间的关系不是互相割裂的，不是断层式的塌陷和重构，而是在不同的细节上先后表现出了继承性和延续性。由此，这条主线就将这些知识范式串联了起来，连接成了一个更大的知识体系。在这个体系中，随着材料的进步，加工工艺在不断演变，范式内部知识量越来越大，复杂化程度越来越高。

第二节　古代无机材料制作加工工艺比较分析

无机材料①是人类制造工具所使用的最主要材料。我们将视野从锻造工艺拓展到整个无机材料制作工艺，开展综合比较，并对其技术思想进行探讨。

为了方便讨论，将古代无机材料制品制作工艺分为材料和加工方式两个维度。材料包括非金属的石、陶、瓷和金属的铜、铁；加工方式包括用外力的锻造、用高温的铸造（烧制）两种。对材料和加工方式开展纵向、横向的比较和讨论，通过工艺互鉴来提炼和加深对各种材料、工艺在古代无机类材料加工工艺整体范畴中的定位、内涵与特征的理解和认识，进而对技术发展的逻辑和思想进行一些阐释。

首先，从纵向简单总结梳理一下高温铸造（烧制）工艺的内容和路线。古人很早就学会了用高温来加工无机材料，制造各种器物，也走过了一段工艺和知识范式演化的历程：这就是陶瓷烧制、青铜铸造、铁器铸造。

制作陶器时，高温下坯料在宏观上虽然没有变为液态，但其粗粒子在接合点熔合、粘接在一起，冷却后被永久硬化；烧制瓷器时，则经过更高的温度，其粗粒子融合在一起，坯料在物理、化学及矿物学上的性质也有大幅的转变。陶和瓷的烧制都可以视作高温下材料局部熔化、粘接而成。金属铸造也是在高温下开展，很大程度上借助了陶瓷烧造中积累起来的技术。如木炭的烧制、炉窑的设计和建造、观察火候、控制炉窑温度和调节气氛等；陶瓷烧制有选料和配料的内容，青铜、生铁被发明并用于铸造也是受益于加入了合金元素②，使熔点降低，这都是技术路线的相同之处。不同之处陶瓷是手动拉坯，先成型，后烧制；金属材料是先液化，后成型，而且是在重力作用自动流动到型腔中，成型快，且能批量生产。烧制陶瓷和金属铸造所用的材料虽

---

① 古代开展加工制造所用材料可以分为有机材料和无机材料两种。前者来源于动植物，如毛、棉、丝、木、竹、藤、漆、纤维等。与无机材料的属性、加工工艺产别很大，超出了本书所涉及的范畴。

② 古人向铜中加入锡、铅等是有意识的行为；冶炼生铁时，铁中渗入了碳，古人在知识上没有认识到这个层面，但在工艺上已经掌握了这些规律。

然不同，但其工艺核心内容都是沿着"部分熔化—完全熔化"这条路线发展下来的。

然后，再以材料为经、以加工方式为纬进行比较和探讨，会发现他们的关系是在共性中存在异性，异性中也蕴藏共性。

非金属的石器和陶瓷器材料的加工方式，都包括了外力作用下的减材、高温促成的增材两种进路。不同之处是，石器制造可以视为先在地球内部高温烧制，由自然界完成增材过程，再由人类进行减材加工；陶瓷器则是先由自然界完成减材（黏土和高岭土在地表风化而成），再由人类增材制造。

金属铜和铁的加工方式，都涉及了外力的锻造和高温的铸造两种方式。在锻造工艺中，有冷锻，有热锻，还有通过热处理提高塑性。青铜是淬火，铁是退火。可见，人们在金属材料的锻造加工中引入了高温技术来改善材料性能，这也缘于金属材料本身自带的优势，工艺复杂化程度更高，比非金属材料的加工有了巨大进步。铸造方面，铜的熔点略低，铸造工艺发展较早，又可加入锡、铅进一步降低熔点、提升流动性。铁的熔点较高，铸造难度略有升级，可通过提升炉温、渗碳降低熔点两个方向的技术拓展得以实现。

通过这一系列的比较，丰富了我们对古代工艺的认识。以上讨论虽然使用了古代所没有的名词，但在知识、方法和理论层面并没有引入多少现代科学内容，而且也都是在宏观的层面来开展讨论。相信古人可以在一定程度上开展这样的比较和思考，我们这里只是力图将其全面化和系统化。

华觉明先生从中国古代冶铁术、烹调术、医术，以及车辆、弓矢等制作技艺的角度出发，论述中国的传统技术观是一种有机的、整体的、综合的技术观，它以"和"为理念，采取"和"的方式与手段，来达到"和"的指归[①]。其他学者从哲学角度论述了中华传统文化中"和"的哲学思想，世界"多样性统一"和"冲突与融合"基本存在方式以及系统构成——"天人合一"的宇宙观、"和而不同"的社会观、"协和万邦"的国际观、"人心和善"的道德

---

① 华觉明. 和的哲学：从技术和文化来考察[M]// 中国古代金属技术：铜和铁造就的文明，郑州：大象出版社，1999：634-647.

观①。提出"和合"是中国古代具有朴素辩证法的哲学概念，被广泛运用于认识人与人、人与社会、人与自然等各个方面，体现"和而不同"的辩证思想，强调"求同存异"的系统思维，以此推动事物的发展②。

本节的总结和比较也呈现出了自然造物与天工开物（本意是说人用高明的方法来加工事物）所具有的"和"的辩证关系。减材与增材，锻造与铸造，冷加工与热处理，这些工艺呈现出了多样性、差异性、分殊性，他们之间又互相关联、互相渗透、互相支撑、互相补充，共同组成了古代无机材料制品的制作工艺体系，创造出了各种石器、铜器和铁器，发展各种型和式，应用于社会的方方面面，创造出了灿烂辉煌的中华文明，形成了中国古代特色的物质文化。

第三节　汉王朝政治演变与冶铁业及锻造产品的发展

中国古代的冶铁业兴起于春秋时期。铁器的使用大大提高了劳动生产率，铁器生产者、贩卖者都由此获得了巨大的经济收益，性能优良的钢制兵器能显著提升武装力量的战斗力，从业的采矿、冶炼工人汇聚在一起，也是一股不可忽视的有组织力量。冶铁业从方方面面对国计民生构成了重大影响。各方势力都想积极参与或者掌控这一新兴产业。其中影响最大的是冶铁业和盐业政府垄断经营，史称"盐铁专营"。

最早的盐铁专营始于春秋时期。周平王东迁之后，周王室的权威大大衰弱，诸侯内部篡位、互相攻伐，周边民族也趁机入侵，周朝面临严重的危机。《管子》一书中记录了齐桓公曾借黄帝的故事表露出自己有陶冶天下、重塑秩序的政治愿望。齐桓公任用管仲为相，施行了一系列的经济政策，其中很重要的一项就是"官山海"。政府垄断盐、铁这些必需的大宗商品的生产和经

① 陈秉公.论中华传统文化"和合"理念[J].社会科学研究,2019(1):1-7.
② 王啸枫.中国传统"和合"哲学及其当代价值[J].哲学进展,2023,12(1):78-81.

营，补充财政收入，同时以国家的力量推广铁质农具和工具，提高社会生产力。开创了政府垄断铁器生产和经营之先河。齐国一系列的政策助力齐桓公成为春秋五霸之首。战国时期，各国冶铁业基本都向民间开放。邯郸郭纵等人因为冶铁而致富，其家产堪比王侯。秦朝是中国第一个中央集权制的帝国，也施行了铁官制度，但没有禁止民间冶铁。秦朝国祚太短，在东方六国旧贵族势力和百姓联合反抗下，很快被推翻。这些可以视作两汉时期帝国政治与汉代冶铁业发展的预演。

汉朝初立到汉武帝初期，冶铁业继承秦制，铁器官营和私营并存，但铁器的生产和销售大都掌握在少数富商豪强手中，并且其规模巨大，铁器生产开始快速发展。一方面，这是出于社会的迫切需求。当时社会刚经历了大动荡，人口从秦统一六国时的 4000 万锐减到 1500 万～1800 万，民生凋敝，急需恢复社会生产。汉王朝长期采取与民休养的政策，允许百姓开发山泽之利，政府从中收税。另一方面，汉王朝中央集权的组织形式尚未建成，统治集团内部处于分权阶段，斗争异常激烈。高祖刘邦在位期间，联合沛县系的勋贵集团和外戚势力组成中央势力，平定了异姓诸侯王的势力，大封刘姓诸侯王，壮大宗室力量。吕后掌权时期，皇权屡弱，宗室诸侯力量受到严重打击，吕姓外戚势力壮大。吕后死后，勋贵集团和刘姓宗室很快消灭了吕姓外戚势力，推选温和的代王刘恒即位，勋贵集团逐渐消亡，宗室诸侯力量逐渐增强。汉景帝在位期间，通过削藩和平定"七国之乱"，中央可以直接控制地方。

汉初冶铁业和钢铁锻造产品在战国和秦代基础上有了进一步的发展。战国末期东方诸国的兵器业已铁器化，秦国的兵器依然以青铜为主，只是生产工具已广泛应用铁器。进入汉代，生产工具均为铁制，铁兵器开始多于铜兵器，但车马器和日用器具中铜制品多于铁制品。锻造铁器的类型一方面传承先秦样式，另一方面也出现了很多新的类型。手工业中出现大量的专业工具，同类工具中的不同类型迅速增多。薄片状或带刃工具多数经过了锻打硬化、淬火等处理，更加轻便锋利、坚韧耐用，如铁锉、铁锯、凿、刨刀、刻刀等。一些厚重的装柄铁器如钁、锛、铲等除了经过整体锻打或锻造成型，銎部也采用了锻造成形的加工方式，形成了较为明显的锋刃，结构更合理。综合采

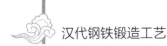

用折叠锻打和淬火技术，长剑的韧性和抗折能力显著提高，迅速发展为主战常用兵器；锻制的铁甲胄等防护装备大量增加，成为军队的专用配置，严禁民间制造。长柄的矛、铍、铩等新型兵器产生，表明铁兵器开始逐步脱离青铜兵器窠臼的束缚。日用器具型式更加轻便、灵巧和多样化，出现了三足架、铁炉等日用器具，显示出铁器在日常生活领域的进一步普及。

汉朝从武帝元狩四年（公元前118年）开始施行盐铁专营。关于盐铁官营，始议于元狩三年（公元前117年），武帝采纳郑当时的建议，下令实施盐铁官营政策，将原属少府管辖的盐铁划归大农令，由国家垄断盐铁的生产，并任命大盐商东郭咸阳、大冶铁商孔仅为大农丞专门负责此事。桑弘羊由于善于计算经济问题，仍作为侍中参与盐铁官营规划，负责"计算"和"言利"之事。这项政策的规模和影响力不仅是空前的，对后来历代政治经济政策和冶铁业的发展都有重大影响。汉武帝时期颁行盐铁专营政策并能够得以实施，基于多个环环相扣的原因。

其一，汉朝实现了中央集权和皇帝专权。汉武帝即位、逐渐掌权后，实施了一系列重大改革，"罢黜百家，独尊儒术"将宣扬忠君爱国的儒家思想设立为国家主体意识形态；颁行推恩令，进一步分散和削弱宗室诸侯势力；通过察举、征辟等渠道任用平民出身、没有贵族背景的人为将相和一般官吏。设立宫廷官（中朝官）体系，如尚书、大司马领尚书事，掌握机密要政，直接听命于皇帝，将中央政府的权力进一步集中到皇帝手中。汉武帝完成了这些意识形态、政治形态的建设之后，中央集权、皇帝专权的制度终于形成，并奠定了此后中国两千多年封建社会的基本政治面貌。

其二，维护国家安全、拓展国家版图需要强大的财政支持。其中花费最大的是持续44年的对匈奴用兵。元光二年（公元前133年）马邑之谋起，汉朝接连发动了河南之战（元朔二年，公元前127年）、漠南之战（元朔五年，公元前124年）、河西之战（元狩二年，公元前121年）、漠北之战（元狩四年，公元前119年）。每次出征，兵额都在十万以上。《史记·平准书》记载：元朔五年，发动十万余人修筑朔方城，各种物资从山东漕运到河套地区，花费数十亿乃至上百亿；漠南之战及次年的两次出征，奖励军士、安置俘虏花费三十余万斤黄金；过了两年，浑邪王率数万部众来降，花费安置费一百多亿。这些重大行动很快就耗光了自高祖以来的国库积累。为此，汉朝也曾首开卖官之先河，与秦朝和孝景帝期间的鬻爵相比，买官者可以得到实权。但这样仍然不能解决问题。

其三，政策的合法性。"普天之下，莫非王土"是中国古代的政治基础，但这句话也只是一个概念，落实起来要有具体的法律和政策。在汉代，耕地为地主或农民私有，但国家要收取地租，收入归政府，由大司农负责；非耕地的山林池泽所有权归国家，百姓采猎按照比例收取赋税，收入归皇帝个人，由皇帝的经济总管——宫廷官少府负责。冶铁需要开发矿山，属于山泽之利的范畴。从当时的法理上讲，这一领域的收益也归皇帝。战国以后，盐铁之利逐渐膨胀，乃至山林池泽的收入超过全国的田租。在冶铁业向民间开放的时候，能组织大量人力开山冶铁的人，不是豪强就是富商。汉初施行与民修养的政策，豪强和富商从冶铁业中获得了巨大的利益。汉朝对外征战，国家财力不够时，汉武帝用少府的收入用来支付，相当于将皇帝从山林池泽的个人收益捐赠给国家。汉武帝也号召盐铁商人为国家捐款，但响应者寥寥，于是将全国的盐铁经营权收回，派政府官员煮盐冶铁，收益全部归政府。这就是汉武帝施行盐铁专营的法理依据。当时，除了盐铁专营，还推行了算缗、告缗、均输、平准、币制改革、酒类专卖等一系列政策扩大财政收入。

汉武帝时期，全国设置了49处铁官，大约一半集中在如今的河南省境内，远者分布到如今的内蒙古和新疆。这些铁官的职能有所不同，大的郡县开设冶铁厂，负责冶铁和大批量铸造，小的郡县和偏僻地区设立小铁官负责制作和销售，产品有铸有锻。从汉武帝元狩四年到东汉前期，中央集权相对稳定。盐铁之利甚大，在中央与豪强的较量中，铁官之制曾短期罢黜，但很快又恢复。但专营期间，铁官腐败、铁器质量下降等各种弊端也屡见不鲜。

这一时期，中原地区的生产工具完全铁器化，铁兵器多于铜兵器，成为实战中的主要器械；车马器中铜器仍多于铁器，但日用铁器的种类和数量明显增多。汉长安城未央宫毁于西汉末年的战火，在此出土的工具和兵器中，除弩机外，均为铁制，说明新莽时期实战铁兵中的铁器已经取代了铜器。铁

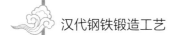

器中各种加工工具继续向专门化方向发展。例如，锤的形态更加多样化，出现了锥状锤；铁钳发展出多种不同的形制和结构。铁匠们能够依据工作需求和自身经验制作各式各样的锻铁工具，锻造工艺进一步丰富，实现了专门化。农具中轻便高效的锻造产品日益增多。兵器中的长刀、短刀等新型兵器产生并迅速成为主战兵器。"劈砍"成了主要的攻击方式，意味着刀所能承受更高的横向剪切力，适应了战争和格斗形式变化的需要。铁兵器脱离了青铜兵器的窠臼，开始独立发展。出现剑形刺和钩形援相结合的钩戟，援能够承受更高的横向剪切力，勾拉的功能得到加强。铁器在日常生活中的应用程度进一步提高，锻造而成的铁制盆、盘、锁、筷、剪等轻巧日用器具出现。这一时期，铁器在社会生活各个领域的应用迅速得到普及。

东汉章帝死后，和帝幼年登基，太后临朝，外戚专权，旋即废除冶铁业政府专营，重新向民间开放，使其自由发展，实行征税制，直至东汉结束。史学家们普遍认为，废除盐铁专营是中央与地方豪强势力竞争的重要转折点，自此汉代中央集权日渐衰弱。实际上和帝是一位有作为的皇帝，14岁依靠宦官清除外戚，在位期间"躬亲万机"，国力空前强盛，彻底平定北匈奴，"燕然勒石"，征服西域，遣使罗马，史称"永元之隆"，有汉武气象。然而和帝27岁就离世，在位17年。和帝开了宦官干政之先河，之后东汉陷入外戚与宦官轮流秉政的局面，中央再也无力收回盐铁专营之权，豪强凭此获得了巨大的利益，豪强并起之势已经不可逆转，酝酿出了汉末的社会大动乱。

这一时期，各地的冶铁业快速发展，新产品不断涌现。如出现了钺戟、钩镶等新型锻造兵器。日用器具中增添了提灯、多枝灯等锻造产品。其外形繁复者多仿自同类青铜制品，而功能独特者多为钢铁性能提升而创新的器物。这正是铁器完全普及、冶铁业自由发展之后，铁器继续发展所出现的必然现象。钢铁锻造工艺拓展到了武器制作、农具加工、工具制作、交通日用等社会各个方面，为社会生产力的提升提供了有力支持。

冶铁业是一个新兴的产业，显著提高了生产力，推动社会快速发展。它与社会财富、权力的分配形成了正向反馈的作用机制，加深了社会复杂化。探索建立合适的社会制度，调和新兴产业、社会力量、利益分配，实现社会稳定、协调发展是中国历代王朝的重大政治课题，也是当今冶金史与社会史研究重要结合点。汉朝是中国全面进入铁器时代的第一个大一统的封建王朝。当时的实践和探索为后人提供了宝贵的历史经验，对今天仍然有重要的启示。

第四节　边疆地区铁器锻造工艺的发展

两汉时期，边疆地区钢铁锻造工艺的文献和考古资料相对薄弱，本书一直以中原地区为主线，这里需要专门对边疆地区做一些补充探讨。

两汉时期生铁及生铁制钢技术体系整体存在着明显的中原系统向四周辐射的特征，大体上分为三个层次：周边地区从中原输入汉式铁器产品；从中原输入生铁原料在周边地区铸造成所需产品或脱碳制钢锻造成器；在周边地区冶炼生铁开展全流程铁器制作。但具体到钢铁锻造工艺而言，各地区存在明显的产别，有一定的特殊性。主要原因是部分地区在"中原系统"的钢铁技术传入之前，已经存在块炼铁生产工艺，包含了一定的锻造工艺。新疆早在公元前第一千纪就出现了不少块炼铁制品，采用锻造工艺制作成形，但此后钢铁技术未能如中原地区一样获得较大发展，锻造产品多为小件制品。两汉时期，当地原有的锻造技术仍在延续，从中原输入主要是生铁铸造产品和铸造技术。具体而言，秦及西汉时期的铁器发现较少，而匈奴势力被彻底赶出这一地区之后，西汉后期至汉晋时期的铁器多有发现，包括短剑、镞等兵器，镰刀、各种小刀等工具，带扣、耳饰等装饰用品，以及马具等小件铁器；较大的工具发现有鹤嘴斧、空首斧、铲和犁铧等。轻便的小件锻造铁器本地特色显著，较大的铸铁工具为中原地区所常见，当为西汉后期在此屯田的军士传入，这在《汉书》中也有所体现。

陇、青、河套地区发现铁器的时代更早。甘肃陈旗磨沟发现的公元前14世纪的块炼铁制品即是锻造而成。西汉时期，这一地区中原系统铁器迅速扩展，虽有少数具有西北地方特色小件铁器，但大多属于中原系统的铸铁器。

到了东汉，这一地区已普遍使用铁器。铸铁器中原特征明显，环首中长剑、三翼镞、平刃镞、鍑、带饰、马面饰等地域特色鲜明。

燕山地带及辽西地区早在战国晚期随着燕国势力的进入，中原系统铁器就已传入。秦汉时期这一地区的钢铁锻造技术的发展与中原地区大致同步。这与青铜时代夏家店文化上层青铜技术的发展大相径庭，显示出了经历千年发展，汉文化势力明显向这一带扩张。

中原两汉时期，东北地区南部为早期鲜卑文化时代。《后汉书》记载与鲜卑族同枝的乌桓国："其男子能作弓矢鞍勒，锻金铁为兵器"[①]；《三国志》"魏书·乌丸鲜卑东夷传"："（乌桓国）大人能作弓矢鞍勒，锻金铁为兵器，能刺韦作文绣，织缕毡褐。"[②]该地区的其铸铁生产工具以及锻造的环首长刀、矛等进攻性武器明显具有中原特色；而锻造的铜柄铁剑、双刃尖锋镞、双翼镞、铲头镞、三翼镞、箭囊和马具等有明显的北方草原特点。显然在两汉时期，这一地区的锻造技术仍然留存着本地特色。但与此同时，汉武帝时在辽东郡设立铁官，后又经历汉匈战争，再加上工匠迁徙、民间商贸等方式，其中最有可能是从中原地区输入大量铁料，然后在当地加工制作[③]。东北地区北部铁器的出现和使用较晚，约在公元前后，多是具有地方特色的铁刀、矛、镞、马具以及铠甲等[④]。

东南沿海地区与西北和东北地区有显著差别，先秦时期是否出现铁器尚未探明，但秦汉以后的钢铁技术发展相当迅速。铸铁农具明显属于中原系统，锸、斧、钉、钩、削、錾、凿整体用铸铁脱碳钢锻打而成，矛、剑、匕首等大都用炒钢锻造[⑤]。该地区很可能同时传入了铸造技术和锻造技术。锻造技术相

① 范晔. 后汉书 [M]. 北京：中华书局，1965：2980.

② 陈寿. 三国志 [M]. 北京：中华书局，1982：981.

③ 陈建立，韩汝玢，斋藤努. 从铁器的金属学研究看中国古代东北地区铁器和冶铁业的发展 [J]. 北方文物，2005（1）：17-28.

④ 原系东胡的一支，公元前 3 世纪末，匈奴破东胡后，迁至乌桓山（又称乌丸山），以山名为族号，活动于辽西一代；两汉时两次南迁，逐渐壮大，受汉护乌桓校尉管辖，分成若干部落，各自为政。东汉末年曹操北征乌桓后部落分散，被其他民族同化。

⑤ 陈建立，杨琮，张焕新，等. 福建武夷山城村汉城出土铁器的金相实验研究 [J]. 文物，2008（3）：88-96.

对灵活，锻制铁器的形制在当地有所变化。

岭南地区的中原铁器出现于战国晚期。在秦汉时期被统一，汉代又经历一段相对独立的时期，其情形相对复杂。一类是形态结构和制作技法与中原地区铁器相同的铁器，有铸有锻，如凹口插、锤、长剑、中长剑、戟、鼎和釜等，传自中原地区。但另一些锻造铁器与中原地区形态近似，又有一些区别，如锻銎铁锛、凿、铲刀、铲等，当是模仿中原地区的同类铁器，采用中原地区的锻銎技法在当地制造的。

云贵地区铜矿丰富，从西汉中期开始大量使用铁器之后，其锻造工艺也体现出显著的内外结合特征，如李家山等地出土的铜柄铁剑、铜骹铁矛、铜銎铁斧、铜柄铁锥等。很可能是当地尚不能冶铁，需要将铁料从外面输运进来。而全铁制的长剑、环首短刀、戟和环首削刀等显然是从中原地区作为产品直接传入的。东汉以后，当地铜铁复合制品日渐消失，而代之以全铁制品，尤其是中原系统铁器广为流行。表明当地已经开始冶铁，铁不再稀缺。

第五节　锻造工艺的社会影响

从汉代开始，中国全面进入铁器社会。锻造工艺在钢铁材料上得到了远比青铜更为广泛、有效的应用。锻造工艺的影响显著扩大，深入到了社会各个方面。

从工艺特征、销售方式和场所分布来看，锻造工艺的灵活性、适应性和普及性强于铸造工艺。铁器铸造一般在固定的场所开展，有一定的规模性；铸造小型铁器，其生产方式是进行大批量、标准化的铸造，通过市场销售；铸造大型铁器，主要是通过订单式生产，但数量较少。铁器锻造有的是在大型制铁场集中开展，考古发现的锻造遗址即属于此类；更为普遍的是个体铁匠们分散、独立经营，数量庞大。在传统社会中，几乎所有的城镇都有铁匠铺，农村中也会有固定的铁匠或者流动铁匠。这些工匠按照自己的经验和习惯锻造通用铁器，或者按照顾客的特殊需求生产专用铁器，也会应顾客的需求，

经常修理各种铁器。这些铁匠们多数来自于民间、生活在民间、工作于民间，其工艺也在民间传承。锻造工艺直接接触顾客的机会要远远高于铸造。对于各个阶层的人而言，锻造是看得见、听得到、想得起、谈得出的一种活动。这一广泛的社会基础决定了锻造工艺具有广泛的社会影响。

锻造也是一种技术工种。铁匠们比农村中仅从事耕种或养殖的人有更为丰厚的收入，凭借其手艺和信誉更容易建立良好的人际关系。无论是在城市还是在农村里，人们经常要购买或维修一些与生活、生产紧密相关的铁器。工匠们有着稳定而广泛的市场。与其他技术工匠一样，铁匠们借此可以获得较为稳定的收入；一些手艺高超、思维灵活、善于创新的工匠具有较高的竞争力，更容易得到客户的青睐。如果常住地市场不好，还可以到外地开拓业务，摆脱了土地的限制和束缚。怀柔渤海镇张生师傅、钢城上北港村铁匠郝纪迎师傅都曾向本书作者表述过，由于自己的手艺好，生意多，与本村的一般居民相比，家境都比较富裕。当初之所以跟随长辈学习和从事铁匠营生，很大程度上也是出于这一点。

在传统社会中，锻造融入到人们的文化领域。至迟从西周起，人们为此而不断造字，对锻造工艺有了细化的指代和描述。社会大众经常把锻造作为具有高度实证性的事例来证明和阐释其他的道理，促成了锻造工艺知识向文化领域的转移。锻造为粗劣之顽铁赋予了坚忍不拔的品质，实现了自身品质的升华，这种华丽蜕变成为文学作品所称颂的创造性活动，曹植、白居易、温庭钧、苏轼这些文学巨匠们为之写诗作赋。锻造活动经历千锤百炼，方得始终，人们也从这一过程中悟出了人生的哲理和真谛。庄子、韩非子、王充、杜甫等秉承不同哲学思想的大家们都曾以锻造为例，阐述自己的道理。在普通人的口中，锻造相关活动被赋予了多重含义，如写作文章时，内容和文笔需要反复锻炼；步入社会后，为人处世会得到锻炼；在牢狱之中遭受肉体刑罚也被称为锻炼，直到近代，锻炼身体才有了健身的含义。

结　语

　　汉朝是中华文明发展史上一个伟大的时代。钢铁锻造正是构成这个伟大时代的一块重要基石。锻造活动古已有之，但只有两汉社会全面进入铁器时代之时，锻造工艺也随之得到了大发展，其显著特征是在"生铁冶炼及制钢技术体系"基础上形成了类型多样、技术先进的"中原系统"锻造工艺，广泛应用于各个领域，对汉代军事、经济等发展产生了重要影响。

　　古代文献资料为我们勾勒出了与汉代锻造活动有关的鲜活、丰满的社会面貌，包括了语言文字、生产活动、锻造装备与工艺、锻造产品，乃至锻造机构、工匠及价格，周边地区的锻造生产，以及锻造在文化和思想领域的反响等，帮助我们对古代锻造有了更丰富的认识。

　　本研究据最新考古发现，提出了汉代锻铁炉存在平铺式（中原地区）、立式（关中地区）两种类型；提出了汉代锻砧除已发现的方块状，应该还有细长枝状，从侧面独立安装在木制底座上。汉代铁锤、铁钳、铁錾、砺石等工具已经具备了多样化、专门化。锻造材质有块炼铁、铸铁脱碳钢、炒钢、灌钢、百炼钢等。工匠们能够灵活应用各式工具开展镦粗、拔长、展宽、折叠、冲孔、扩孔、弯曲、扭转、锻接等多种成形工艺；加热、渗碳、淬火等工艺均已成熟，到东汉末，已经能够生产夹钢、贴钢制品。借助这些工艺，汉代工匠制作了很多性能优良、物美价廉的兵器、农具、工具、日用器等。

　　与周边地区相比，"中原系统"锻造工艺在类型和产品性价方面具有明显优势，体现出了向四周辐射的态势。但周边地区在块炼铁技术上形成的锻造工艺也独具特色，有很强的生命力。在汉代，"中原系统"锻造工艺外传的方

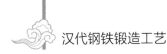

向主要是受汉文化影响较大的岭南、闽越、燕辽一带，系在生铁及生铁制钢技术体系外传的基础上进行；与生铁产品及冶炼技术相比，呈现出一定的延后性。

纵观历史，再看秦汉，那时的锻造工艺、知识为实现中华民族全面进入铁器时代以及在铁器时代中华文明的繁荣和延续做出了重大贡献，也当成为技术史研究领域的重要内容。

后　记

　　很多人少时都有一个侠客梦；要成为侠客得有般配的兵刃。从小学到中学，我在农村老家最爱做的事情就是一边锻造各式刀剑，一边沉醉于自己的侠客梦中，浮想联翩。当时无论如何都不会梦到，二十多年后，古代锻造工艺研究竟成为自己承担的学术课题。随着研究的开展和深入，愈加体会到中国传统锻造工艺之精深，历史上对国计民生影响之深刻，需以虔诚之心态而不懈努力。

　　2017 年 9 月，在张柏春研究员的建议下，我选择"汉代钢铁锻造工艺研究"为题目，申报并得到了中国科学院自然科学史研究所"十三五"重大突破项目"科技知识的创造与传播"（第二期）第二批课题的立项支持。在立项会议上，韩琦研究员、罗桂环研究员、苏荣誉研究员、李延祥教授、曹幸穗研究员等专家从课题研究的可行性、核心问题、具体内容、计划安排等各方面提出质询和建议。课题立项后，在我开展研究的过程中，专家们的教诲一直萦绕耳边，时刻提醒自己。

　　锻造工艺的已有研究尚属薄弱，需要从基础工作做起。本人查阅和参考了大量古代文献、考古发掘报告、铁器考古研究文献，将其中有关锻造的部分提炼出来，作为本研究的资料基础。重点关注并实地考察了近年来新发掘的汉代冶铁遗址，走访多位传统铁匠，请他们仿造汉代铁器，增加实际认识。在此期间，得到了很多前辈学者、同年好友、手工艺人的热心帮助。

　　张柏春研究员始终关心、支持和指导本课题研究，强调要从机械加工制造的角度出发，对锻造工艺的相关器物、工艺、知识等开展综合研究，同时也指出古代锻造工艺内容广泛而深邃，不是一朝一夕能完成，需要穷毕生之功，建议我选择两汉时期这个锻造工艺发展最快、成就最显著的阶段为切入点，

做初步探索。

我博士毕业于北京科技大学科技史与文化遗产研究院，学位论文题目是"中国古代冶铁竖炉炉型研究"。冶炼生铁是铁器锻造加工的上游工艺。博士在读期间的很多工作为开展锻造工艺研究奠定了基础，提供了直接帮助。开展"汉代钢铁锻造工艺"研究期间，得到了导师潜伟教授，及韩汝玢教授、孙淑云教授、李延祥教授的指导和帮助。研究院资料室为本课题研究提供了诸多便利。

本课题研究期间，我曾多次求教于华觉明先生，向白云翔先生汇报交流，得到了诸多肯定和有益的指导。炉型考察和文物研究过程中得到了湖南省文物考古研究所、咸阳市文物考古研究所等文博单位，以及莫林恒先生、罗胜强先生的大力支持。他们为本研究提供了很多重要资料。

为了提高自己的业务水平，解决在研究中遇到疑惑，2021年3月，我参加了中国机械工程学会热处理分会在上海举办的"第八期金相检验及先关标准技术培训班"，学习了很多锻造工艺的理论知识。我到山东钢城、北京怀柔等地调查传统钢铁锻造工艺，委托钢城上北港村郝纪迎师傅带领侄子郝慎修、徒弟亓振仿制西汉南越王墓出土铁刀、汉代铁钳，开展访谈、拍照、录像，也会自己上手操作，与郝师傅交流手艺，学到了很多实践知识。

本研究成稿过程中，先后请自然科学史研究所在读博士研究生、广西民族博物馆覃椿篍馆员协助从数据库中检索古代有关锻造的文献线索；请自然科学史研究所在读博士研究生、故宫博物院王婕馆员修改和校对文字。在编辑出版中，山东科学技术出版社编辑杨磊先生、位彬老师对本书做了仔细的校订和修改。

我向长期以来指导培育我的学术前辈、关心帮助我的同年好友、支持我开展复原实验的工匠们以及山东科技出版社致以真诚的敬意和衷心的感谢！

由于本人学识所限，本书还存在疏漏和有待提升之处，敬请专家和读者指教！

黄兴

2023年4月20日

于中国科学院中关村基础科学院区